普通高等教育土木类专业"十四五"系列教材

JIANSHE GONGCHENG JIANLI

建设工程监理

● 主编 杜兴亮

郑州大学出版社

图书在版编目(CIP)数据

建设工程监理 / 杜光亮主编. —— 郑州：郑州大学出版社，2023.7
ISBN 978-7-5645-9550-0

Ⅰ.①建… Ⅱ.①杜… Ⅲ.①建筑工程-监理工作-高等学校-教材
Ⅳ.①TU712

中国国家版本馆 CIP 数据核字(2023)第 044437 号

建设工程监理
JIANSHE GONGCHENG JIANLI

策划编辑	祁小冬	封面设计	苏永生
责任编辑	刘永静	版式设计	苏永生
责任校对	李 蕊	责任监制	李瑞卿
出版发行	郑州大学出版社有限公司	地 址	郑州市大学路40号(450052)
出版人	孙保营	网 址	http://www.zzup.cn
经 销	全国新华书店	发行电话	0371-66966070
印 刷	河南龙华印务有限公司		
开 本	787 mm×1 092 mm 1/16		
印 张	15.75	字 数	380 千字
版 次	2023 年 7 月第 1 版	印 次	2023 年 7 月第 1 次印刷
书 号	ISBN 978-7-5645-9550-0	定 价	45.00 元

本书如有印装质量问题，请与本社联系调换。

本书作者
Authors

主　　编　杜兴亮
副主编　　王瑞波　闫振林
参　　编　胡振宇　武宗亮　母亚莉
　　　　　马明全

前言

建设工程监理制度是我国建设工程管理体制改革的重要制度之一。近年来,随着监理业务的不断扩大,监理企业和监理从业人员的数量越来越多,为了提升监理服务质量,提高行业的社会认可度,监理从业人员或有意向了解工程监理工作的相关人员亟需进行系统的监理知识学习。

本书紧密结合建筑业改革及监理工作标准,聚焦相关法律法规及国家标准、国务院文件、九部委标准文件,在注重法规政策及标准的全面性基础上,突出了时效性和理论的先进性。加强知识的系统性,突出可操作性,尽可能贴近工程监理实际,并充分结合当前工程建设管理发展形势,反映了工程建设实施组织模式变革及工程管理信息化、集成化、国际化等内容。

本书共十章,包括:建设工程监理制度;建设工程监理相关法律法规及监理规范;工程监理企业与监理工程师;建设工程监理招投标与合同管理;建设工程监理组织;建设工程监理规划与实施细则;建设工程监理工作内容和主要方式;建设工程监理文件资料管理;建设工程项目管理及服务;国际工程咨询与实施组织模式。

第一章、第九章、第十章由河南财政金融学院杜兴亮编写,第二章第一节由河南中尚工程咨询有限公司母亚莉编写,第二章第二节、第五章、第八章第三节由黄河科技学院马明全编写,第三章由河南中尚工程咨询有限公司王瑞波编写,第四章、第六章由河南财政金融学院闫振林编写,第七章由河南财政金融学院胡振宇编写,第八章的第一节、第二节由新乡黄河河务局封丘黄河河务局武宗亮编写。

本书可作为工程监理单位、建设单位、勘察设计单位、施工单位和政府各级建设主管部门有关人员的参考书及普通高等院校建设监理、工程管理、工程造价、土木工程类专业学生的教材。

  本书是在参考全国监理工程师培训考试用书的基础上编写而成的,在此,谨向原书编审者致以诚挚的谢意!

  由于水平有限,书中难免有不妥之处,请广大读者批评指正。

编者

2023 年 1 月

目录 CONTENTS

第一章	建设工程监理制度	1
第一节	建设工程监理概述	1
第二节	建设工程监理相关制度	8

第二章　建设工程监理相关法律法规及监理规范 ················ 13
 第一节　建设工程监理相关法律法规 ························ 13
 第二节　建设工程监理规范 ································ 55

第三章　工程监理企业与监理工程师 ·························· 65
 第一节　工程监理企业 ···································· 65
 第二节　监理工程师 ······································ 69

第四章　建设工程监理招投标与合同管理 ······················ 73
 第一节　建设工程监理招标程序和评标方法 ················ 73
 第二节　建设工程监理投标工作内容和策略 ················ 84
 第三节　建设工程监理合同管理 ···························· 92

第五章　建设工程监理组织 ·································· 98
 第一节　建设工程监理委托方式及实施程序 ················ 98
 第二节　项目监理机构及监理人员职责 ···················· 103

第六章　建设工程监理规划与实施细则 ························ 114
 第一节　概述 ·· 114
 第二节　监理规划 ·· 115
 第三节　监理实施细则 ···································· 127

第七章　建设工程监理工作内容和主要方式 ···················· 132
 第一节　建设工程监理工作内容 ···························· 132
 第二节　建设工程监理主要方式 ···························· 152
 第三节　建设工程监理信息化 ······························ 156

第八章　建设工程监理文件资料管理 ·························· 162
 第一节　概述 ·· 162
 第二节　建设工程监理基本表式及主要文件资料 ············ 165

　　第三节　建设工程监理文件资料管理职责和要求…………………………… 191
第九章　建设工程项目管理及服务…………………………………………………… 199
　　第一节　工程建设程序………………………………………………………… 199
　　第二节　工程建设组织实施模式……………………………………………… 203
　　第三节　建设工程项目管理…………………………………………………… 207
　　第四节　建设工程勘察、设计、保修阶段服务内容………………………… 216
　　第五节　建设工程监理与项目管理一体化…………………………………… 221
　　第六节　建设工程项目全过程集成化管理…………………………………… 224
第十章　国际工程咨询与实施组织模式……………………………………………… 227
　　第一节　国际工程咨询………………………………………………………… 227
　　第二节　国际工程组织实施模式……………………………………………… 233
参考文献………………………………………………………………………………… 244

第一章 建设工程监理制度

我国的建设工程监理制度于1988年开始试点,1997年《中华人民共和国建筑法》以法律制度的形式做出规定,"国家推行建筑工程监理制度",从而使建设工程监理制度在全国范围内进入全面推行阶段,从法律上明确了监理制度的法律地位。

目前建设工程监理制度是我国工程建设领域的重要管理制度之一,而且此项制度的实施加快了我国工程建设管理方式向社会化、专业化方向发展,促进工程建设管理水平和投资效益的提高。除此之外,我国工程建设领域的重要管理制度还有建设项目法人制度、招标投标制度、合同管理制度等。

第一节 建设工程监理概述

一、建设工程监理的涵义及性质

(一)建设工程监理的涵义

建设工程监理是指具有相应资质的工程监理单位受建设单位委托,根据法律法规、工程建设标准、勘察设计文件及合同,在施工阶段代表建设单位对建设工程质量、造价、进度进行控制,对合同、信息进行管理,对工程建设相关方关系进行协调,对承建单位的建设行为进行监控并履行建设工程安全生产管理法定职责的服务活动。

建设工程监理的实行,使得建筑市场的结构由传统的二元主体结构,即以建设单位和施工单位为主体的结构,转变为建设单位、工程监理单位和施工单位的新型三元主体结构。建设单位(业主、项目法人)是工程监理任务的委托方,拥有工程建设中重大问题的决定权;工程监理单位是监理任务的受托方,拥有重大问题的建议权和非重大问题的决策权;施工单位是承担基本建设工程施工任务的一方。

工程监理单位在建设单位的委托授权范围内从事专业化服务活动。与国际上一般的工程项目管理咨询服务不同,建设工程监理是一项具有中国特色的工程建设管理制度,目前的工程监理不仅定位于工程施工阶段,而且法律法规将工程质量、安全生产管理方面的责任赋予工程监理单位。

建设工程监理的涵义可从以下几方面理解。

1. 建设工程监理行为主体

根据《中华人民共和国建筑法》(2019修正)(以下简称《建筑法》),第三十一条明确规定:"实行监理的建筑工程,由建设单位委托具有相应资质条件的工程监理单位监理"。工程监理的行为主体是工程监理单位。

建设工程监理应当由具有相应资质条件的工程监理单位实施,但是其不同于政府主管部门监督管理的是,后者属于行政性监督管理,其行为主体是政府主管部门,而由工程监理单位实施工程监理的行为主体是工程监理单位。同样,建设单位自行管理、工程总承包单位或施工总承包单位对分包单位的监督管理都不是工程监理。

2. 建设工程监理实施前提

《建筑法》第三十一条明确规定:"建设单位与其委托的工程监理单位应当订立书面委托监理合同"。即建设工程监理实施的前提是需要建设单位的委托和授权,并且工程监理单位只有与建设单位订立书面委托监理合同,明确监理工作的范围、内容、服务期限和酬金,以及双方义务、违约责任后,才能在规定的范围内实施监理。工程监理单位在委托监理的工程中拥有一定管理权限,是建设单位授权的结果。

3. 建设工程监理实施依据

按照我国工程建设监理的有关规定,工程建设监理的依据是国家批准的工程项目建设文件,有关工程建设的法律、法规和工程建设监理合同及其他工程建设合同。

(1)国家批准的工程项目建设文件:主要包括建设计划、规划、设计文件等。这既是政府有关部门对工程建设进行审查、控制的结果,是一种许可,也是工程实施的依据。

(2)有关工程建设的法律:主要是指与工程建设活动有关的法律,如《建筑法》、《中华人民共和国民法典》(合同编)[以下简称《民法典》(合同编)]、《中华人民共和国招标投标法》(以下简称《招标投标法》)等。

(3)有关工程建设的法规:国务院制定的行政法规,如《建设工程质量管理条例》等;省级人大及常委会、省所在市人大及常委会,国务院批准的较大的市人大及常委会制定的地方性法规。

(4)依法签订的工程建设合同:它是工程建设监理工作具体控制工程投资、质量、进度的主要依据。监理工程师以此为尺度严格监理,实施并努力达到工程目标。监理单位必须依据监理委托合同中的授权行事。

4. 建设工程监理实施范围

《建筑法》第三十条:"国家推行建筑工程监理制度。国务院可以规定实行强制监理的建筑工程的范围。"第三十二条:"建筑工程监理应当依照法律、行政法规及有关的技术标准、设计文件和建筑工程承包合同,对承包单位在施工质量、建设工期和建设资金使用等方面,代表建设单位实施监督。工程监理人员认为工程施工不符合工程设计要求、施工技术标准和合同约定的,有权要求建筑施工企业改正。工程监理人员发现工程设计不符合建筑工程质量标准或者合同约定的质量要求的,应当报告建设单位要求设计单位改正。"

目前建设工程监理定位于工程施工阶段,工程监理单位受建设单位委托,按照建设工程监理合同约定,在工程勘察、设计、保修等阶段提供的服务均为相关服务。工程监理单位可以将自身的经营范围加以拓展,为建设单位提供包括投资决策综合性咨询、工程建设全过程咨询乃至全过程工程咨询在内的服务。

建筑工程必须实行监理的范围包括:国家重点建设工程,指依据《国家重点建设项目管理办法》所确定的对国民经济和社会发展有重大影响的骨干项目;大中型公用事业工程;成片开发建设的住宅小区工程;利用外国政府或者国际组织贷款、援助资金的工程;国家规定必须实行监理的其他工程。

5. 建设工程监理基本职责

建设工程监理是一项具有中国特色的工程建设管理制度。工程监理单位的基本职责可以被称为"三控两管一协调",即在建设单位委托授权范围内,通过合同管理和信息管理,以及协调工程建设相关方之间的关系,控制建设工程质量、造价和进度三大目标。除此之外,还应该履行建设工程安全生产管理的法定职责,这是《建设工程安全生产管理条例》(国务院令第393号)中赋予工程监理单位的社会责任。

(二)建设工程监理的性质

建设工程监理的性质可分为服务性、科学性、独立性和公平性四方面。

1. 服务性

在工程项目建设过程中,工程监理单位的监理人员利用自己的知识、技能和经验以及必要的试验、检测手段,为建设单位提供专业性的管理和技术服务,以满足建设单位对工程项目管理的需要。工程监理单位既不直接参与工程设计,也不直接参与工程施工;既不向建设单位承包工程造价,也不参与施工单位的利润分成,他们所获得的报酬仅是技术管理服务性的报酬。

工程监理单位不能完全取代建设单位的管理活动,他们的服务对象是建设单位。此外,工程监理单位不具有工程建设重大问题的决策权,只能在签订的工程监理合同授权范围内采用规划、控制、协调等方法,控制建设工程质量、造价和进度,开展监理服务,并履行建设工程安全生产管理的监理职责,协助建设单位在计划目标内完成工程建设任务。而且,对于政府有关管理部门的审批许可权和监督管理权,工程监理单位也不能取代。

2. 科学性

科学性是由建设工程监理的基本任务决定的。工程监理单位需要协助建设单位实现其投资目的,并力求在预定的投资、进度、质量目标内实现其工程项目,这就要求工程监理单位在从事监理活动时应当遵守科学性的准则。但由于工程建设规模日趋庞大,工程技术发展日新月异,建设环境日益复杂,功能需求及建设标准越来越高,工程建设参与单位越来越多,市场竞争愈发激烈,工程风险日渐增加,工程监理单位只有不断地采用更科学的思想、理论、方法和手段,才能驾驭工程项目建设。

按照科学性的要求,为了满足建设工程监理实际工作的需求,工程监理单位应当有组织管理能力强、工程建设经验丰富的领导人员;应有足够数量、业务素质合格、管理经验丰富和较强应变能力的监理工程师组成的骨干队伍;应有健全的管理制度、科学的管理方法和手段;应掌握先进的监理理论、方法,积累大量的资料以及数据;应有科学的工作态度和严谨的工作作风,现代化的监理手段等。

3. 独立性

国际咨询工程师联合会(FIDIC)提出,工程咨询公司是一个受聘于业主去履行服务的一个独立的公司,而且咨询工程师也应是独立工作的人员。根据《建设工程监理规范》(GB/T 50319—2013),工程监理单位应秉承公平、独立、诚信、科学的原则来开展建设工程监理的相关服务活动。《建筑法》第三十四条规定:"……工程监理单位与被监理工的承包单位以及建筑材料、建筑构配件和设备供应单位不得有隶属关系或者其他利害关系。……"

按照独立性的要求,工程监理单位在履行监理合同义务和开展相关服务活动时,应严格按照法律法规、工程建设标准、勘察设计文件、建设工程监理合同及有关建设工程合同等实施监理。在建设工程监理工作过程中,要建立项目监理机构,按照自己既定的工作计划和程序,确定自己的工作准则,采用科学的方法和手段,有判断性地、独立地开展工作。

4. 公平性

FIDIC 的《土木工程施工合同条件》(红皮书)自1957年第一版发布以来,每一版都遵循着一个重要原则,即要求咨询工程师"公正"(impartiality),即处理施工合同中有关问题时做到不偏袒任何一方。该原则也成为我国工程监理制度建立初期的一个重要性质。在《建筑法》第三十四条中也明确规定:"……工程监理单位应当根据建设单位的委托,客观、公正地执行监理任务……"然而,在 FIDIC 于1999年发布的第一版《土木工程施工合同条件》中对咨询工程师的公正性要求不复存在,而只一味地要求"公平"(fair)。咨询工程师不充当调解人或仲裁人的角色,只是接受业主委托负责进行施工合同管理的委托人。

在 FIDIC《土木工程施工合同条件》中明确要求咨询工程师保持"中立"(neutral),但是由于我国工程监理单位受建设单位委托实施建设工程监理,无法成为完全公正或不偏不倚的第三方,尽管如此,我们还是需要公平地对待建设单位和施工单位双方。特别是当建设单位与施工单位二者发生利益冲突或者矛盾时,工程监理单位应以事实为依据,以法律法规和有关合同为准绳,在维护建设单位合法权益的同时,不能损害施工单位的合法权益。对于建设单位和施工单位之间的结算、争议、索赔等问题,工程监理单位应站在第三方的立场上客观、公平地去解决问题。公平才是建设工程监理行业能够长期生存和发展的基本职业道德准则。

二、工程监理的法律地位和法律责任

(一)工程监理的法律地位

自建设工程监理制度实施以来,有关法律、行政法规、部门规章等的颁布和实施使得工程监理的法律地位逐步明确。

1. 对实施监理的工程范围进行了明确规定

《建筑法》第三十条规定:"国家推行建筑工程监理制度。国务院可以规定实行强制监理的建筑工程的范围。"为了确定必须实行监理的建设工程项目的具体范围和规模标准,规范建设工程监理活动,《建设工程质量管理条例》第十二条规定,下列建设工程必须实行监理:①国家重点建设工程;②大中型公用事业工程;③成片开发建设的住宅小区工程;④利用外国政府或者国际组织贷款、援助资金的工程;⑤国家规定必须实行监理的其他工程。

《建设工程监理范围和规模标准规定》(建设部令第86号)又对必须实行监理的建设工程范围和规模标准进行了进一步的细化。将实施监理的工程范围概括如下:

(1)国家重点建设工程,指依据《国家重点建设项目管理办法》所确定的对国民经济和社会发展有重大影响的骨干项目,包括:

1）基础设施、基础产业和支柱产业中的大型项目；
2）高科技并能带动行业技术进步的项目；
3）跨地区并对全国经济发展或者区域经济发展有重大影响的项目；
4）对社会发展有重大影响的项目；
5）其他骨干项目。
（2）大中型公用事业工程，指项目总投资额在 3000 万元以上的下列工程项目：
1）供水、供电、供气、供热等市政工程项目；
2）科技、教育、文化等项目；
3）体育、旅游、商业等项目；
4）卫生、社会福利等项目；
5）其他公用事业项目。
（3）成片开发建设的住宅小区工程。建筑面积在 5 万平方米以上的住宅建设工程必须实行监理；5 万平方米以下的住宅建设工程，可以实行监理，具体范围和规模标准，由省、自治区、直辖市人民政府建设行政主管部门规定。为了保证住宅质量，对高层住宅及地基、结构复杂的多层住宅应当实行监理。
（4）利用外国政府或者国际组织贷款、援助资金的工程，包括：
1）使用世界银行、亚洲开发银行等国际组织贷款资金的项目；
2）使用国外政府及其机构贷款资金的项目；
3）使用国际组织或者国外政府援助资金的项目。
（5）国家规定必须实行监理的其他工程
1）项目总投资额在 3000 万元以上关系社会公共利益、公众安全的下列基础设施项目：
①煤炭、石油、化工、天然气、电力、新能源等项目；
②铁路、公路、管道、水运、民航以及其他交通运输业等项目；
③邮政、电信枢纽、通信、信息网络等项目；
④防洪、灌溉、排涝、发电、引（供）水、滩涂治理、水资源保护、水土保持等水利建设项目；
⑤道路、桥梁、地铁和轻轨交通、污水排放及处理、垃圾处理、地下管道、公共停车场等城市基础设施项目；
⑥生态环境保护项目；
⑦其他基础设施项目。
2）学校、影剧院、体育场馆项目。

2. 对建设单位委托工程监理单位的职责进行了明确规定

《建筑法》第三十一条规定："实行监理的建筑工程，由建设单位委托具有相应资质条件的工程监理单位监理。建设单位与其委托的工程监理单位应当订立书面委托监理合同。"

《建设工程质量管理条例》第十二条规定："实行监理的建设工程，建设单位应当委托具有相应资质等级的工程监理单位进行监理，也可以委托具有工程监理相应资质等级并与被监理工程的施工承包单位没有隶属关系或者其他利害关系的该工程的设计单位进行监理。"

3. 对工程监理单位的职责进行了明确规定

《建筑法》第三十四条规定:"工程监理单位应当在其资质等级许可的监理范围内,承担工程监理业务。工程监理单位应当根据建设单位的委托,客观、公正地执行监理任务。工程监理单位与被监理工程的承包单位以及建筑材料、建筑构配件和设备供应单位不得有隶属关系或者其他利害关系。工程监理单位不得转让工程监理业务。"

《建设工程质量管理条例》第三十七条规定:"工程监理单位应当选派具备相应资格的总监理工程师和监理工程师进驻施工现场。未经监理工程师签字,建筑材料、建筑构配件和设备不得在工程上使用或者安装,施工单位不得进行下一道工序的施工。未经总监理工程师签字,建设单位不拨付工程款,不进行竣工验收。"

《建设工程安全生产管理条例》第十四条规定:"工程监理单位应当审查施工组织设计中的安全技术措施或者专项施工方案是否符合工程建设强制性标准。工程监理单位在实施监理过程中,发现存在安全事故隐患的,应当要求施工单位整改;情况严重的,应当要求施工单位暂时停止施工,并及时报告建设单位。施工单位拒不整改或者不停止施工的,工程监理单位应当及时向有关主管部门报告。"

4. 对工程监理人员的职责进行了明确

《建筑法》第三十二条规定:"……工程监理人员认为工程施工不符合工程设计要求、施工技术标准和合同约定的,有权要求建筑施工企业改正。工程监理人员发现工程设计不符合建筑工程质量标准或者合同约定的质量要求的,应当报告建设单位要求设计单位改正。"

《建设工程质量管理条例》第三十八条规定:"监理工程师应当按照工程监理规范的要求,采取旁站、巡视和平行检验等形式,对建设工程实施监理。"

(二)工程监理的法律责任

1. 工程监理单位的法律责任

(1)《建筑法》第三十五条规定:"工程监理单位不按照委托监理合同的约定履行监理义务,对应当监督检查的项目不检查或者不按照规定检查,给建设单位造成损失的,应当承担相应的赔偿责任。"《建筑法》第六十九条规定:"工程监理单位与建设单位或者建筑施工企业串通,弄虚作假、降低工程质量的,责令改正,处以罚款,降低资质等级或者吊销资质证书;有违法所得的,予以没收;造成损失的,承担连带赔偿责任;构成犯罪的,依法追究刑事责任。工程监理单位转让监理业务的,责令改正,没收违法所得,可以责令停业整顿,降低资质等级;情节严重的,吊销资质证书。"

《建设工程质量管理条例》第六十条规定:"违反本条例规定,勘察、设计、施工、工程监理单位超越本单位资质等级承揽工程的责令停止违法行为,对勘察、设计单位或者工程监理单位处合同约定的勘察费、设计费或者监理酬金1倍以上2倍以下的罚款;对施工单位处工程合同价款百分之二以上百分之四以下的罚款,可以责令停业整顿,降低资质等级;情节严重的,吊销资质证书;有违法所得的,予以没收。

未取得资质证书承揽工程的,予以取缔,依照前款规定处以罚款;有违法所得的,予以没收。以欺骗手段取得资质证书承揽工程的,吊销资质证书,依照本条第一款规定处以罚款;有违法所得的,予以没收。"

《建设工程质量管理条例》第六十二条规定:"违反本条例规定,承包单位将承包的工程转包或者违法分包的,责令改正,没收违法所得,对勘察、设计单位处合同约定的勘察费、设计费百分之二十五以上百分之五十以下的罚款;对施工单位处工程合同价款百分之零点五以上百分之一以下的罚款;可以责令停业整顿,降低资质等级;情节严重的,吊销资质证书。工程监理单位转让工程监理业务的,责令改正,没收违法所得,处合同约定的监理酬金百分之二十五以上百分之五十以下的罚款;可以责令停业整顿,降低资质等级;情节严重的,吊销资质证书。"

《建设工程质量管理条例》第六十七条规定:"工程监理单位有下列行为之一的,责令改正,处 50 万元以上 100 万元以下的罚款,降低资质等级或者吊销资质证书;有违法所得的,予以没收;造成损失的,承担连带赔偿责任:

1) 与建设单位或者施工单位串通,弄虚作假、降低工程质量的;
2) 将不合格的建设工程、建筑材料、建筑构配件和设备按照合格签字的。"

《建设工程质量管理条例》第六十八条规定:"违反本条例规定,工程监理单位与被监理工程的施工承包单位以及建筑材料、建筑构配件和设备供应单位有隶属关系或者其他利害关系承担该项建设工程的监理业务的,责令改正,处 5 万元以上 10 万元以下的罚款,降低资质等级或者吊销资质证书;有违法所得的,予以没收。"

(2)《建设工程安全生产管理条例》第五十七条规定:"违反本条例的规定,工程监理单位有下列行为之一的,责令限期改正,逾期未改正的,责令停业整顿,并处 10 万元以上 30 万元以下的罚款;情节严重的,降低资质等级,直至吊销资质证书;造成重大安全事故,构成犯罪的,对直接责任人员,依照刑法有关规定追究刑事责任;造成损失的,依法承担赔偿责任:

1) 未对施工组织设计中的安全技术措施或者专项施工方案进行审查的;
2) 发现安全事故隐患未及时要求施工单位整改或者暂时停止施工的;
3) 施工单位拒不整改或者不停止施工,未及时向有关主管部门报告的;
4) 未依照法律、法规和工程建设强制性标准实施监理的。"

(3)《中华人民共和国刑法》(以下简称《刑法》)第一百三十七条规定:"建设单位、设计单位、施工单位、工程监理单位违反国家规定,降低工程质量标准,造成重大安全事故的,对直接责任人员,处五年以下有期徒刑或者拘役,并处罚金;后果特别严重的,处五年以上十年以下有期徒刑,并处罚金。"

2. 监理工程师的法律责任

工程监理单位是签订的工程监理合同中的被委托人。监理工程师一般在工程监理单位任职,主要业务是受工程监理单位委托,代表工程监理单位监控工程质量、工程进度、投资控制以及合同管理、安全管理、组织与协调;代表工程监理单位完成委托监理合同约定的委托事项,是工程监理单位和承包商之间的桥梁。因此,监理工程师的法律地位主要表现为受托人的权利和义务。

《建筑法》第三十五条规定:"工程监理单位不按照委托监理合同的约定履行监理义

务,对应当监督检查的项目不检查或者不按照规定检查,给建设单位造成损失的,应当承担相应的赔偿责任。"《建设工程质量管理条例》第三十六条规定:"工程监理单位应当依照法律、法规以及有关技术标准、设计文件和建设工程承包合同,代表建设单位对施工质量实施监理并对施工质量承担监理责任。"《建设工程安全生产管理条例》第十四条规定:"工程监理单位和监理工程师应当按照法律、法规和工程建设强制性标准实施监理,并对建设工程安全生产承担监理责任。"

因此,如果监理工程师出现工作过错,其行为将被视为工程监理单位违约,应承担相应的违约责任。工程监理单位在承担违约赔偿责任后,有权在企业内部向有过错行为的监理工程师追偿损失。由监理工程师个人过失引发的合同违约行为,监理工程师必然要与工程监理单位承担一定的连带责任。如果监理工程师有下列行为之一,则要承担一定的监理责任:

①未对施工组织设计中的安全技术措施或者专项施工方案进行审查;
②发现安全事故隐患未及时要求施工单位整改或者暂时停止施工;
③施工单位拒不整改或者不停止施工,未及时向有关主管部门报告;
④未依照法律、法规和工程建设强制性标准实施监理。

如果监理工程师有下列行为之一,则应当与质量、安全事故责任主体承担连带责任:
①违章指挥或者发出错误指令,引起安全事故的;
②将不合格的建设工程、建筑材料、建筑构配件和设备按照合格签字,造成工程质量事故,由此引发安全事故的;
③与建设单位或施工企业串通,弄虚作假、降低工程质量,从而引发安全事故的。

对于监理工程师在执业中出现的行为过失,产生不良后果的,《建设工程质量管理条例》第七十二条规定:"监理工程师因过错造成质量事故的,责令停止执业 1 年;造成重大质量事故的,吊销执业资格证书,5 年以内不予注册;情节特别恶劣的,终身不予注册。"《建设工程质量管理条例》第七十四条规定:"工程监理单位违反国家规定,降低工程质量标准,造成重大安全事故,构成犯罪的,对直接责任人员依法追究刑事责任。"

《建设工程安全生产管理条例》第五十八条规定:"监理工程师未执行法律、法规和工程建设强制性标准的,责令停止执业 3 个月以上 1 年以下;情节严重的,吊销执业资格证书,5 年内不予注册;造成重大安全事故的,终身不予注册;构成犯罪的,依照刑法有关规定追究刑事责任。"

第二节　建设工程监理相关制度

按照我国目前规定,工程监理制、项目法人责任制、招标投标制、合同管理制等制度相互关联、相互支持,共同构成了我国工程建设管理基本制度。

一、项目法人责任制

为了建立投资责任约束机制,规范建设单位行为和项目法人的行为,明确其责、权、利,提高投资效益,经营性政府投资工程需实行项目法人责任制,由项目法人对项目的策划、资金筹措、建设实施、生产经营、债务偿还和资产的保值增值,实行全过程负责。依据《中华人民共和国公司法》(以下简称《公司法》),国家计委于 1996 年制定并颁布了《关于实行建设项目法人责任制的暂行规定》。项目法人责任制核心内容:由项目法人承担投资风险,项目法人要对工程项目的建设及建成后的生产经营实行一条龙管理和全面负责。

(一)项目法人的设立

新上项目在项目建议书被批准后,应及时组建项目法人筹备组,具体负责项目法人的筹建工作。项目法人筹备组主要由项目的投资方派代表组成。有关单位在申报项目可行性研究报告时,须同时提出项目法人的组建方案。否则,其项目可行性研究报告不予审批。

项目可行性研究报告经批准后,应正式成立项目法人,并按有关规定确保资本金按时到位,同时及时办理公司设立登记。项目法人对项目的策划、资金筹措、建设实施、生产经营、债务偿还和资产的保值增值,实行全过程负责。

项目法人可按《公司法》的规定设立有限责任公司(包括国有独资公司)和股份有限公司。若由原有企业在负责建设的大中型基建项目过程中需新设立子公司的,则要重新设立项目法人;但是若新设立的分公司或分厂,不具有法人资格,只是公司的分支机构,原企业法人即是项目法人,并且原企业法人应向分公司或分厂派遣专职管理人员,并对其实行考核。

(二)项目法人的职权

项目法人是指具有民事权利能力和民事行为能力,依法独立享有民事权利和承担民事义务的,并以建设项目为目的,从事项目管理的最高权力集团或组织。一般情况下,项目法人是由项目投资方派代表组成的董事会,由董事会指定项目负责人或领导班子,代表项目法人对建设工程项目进行具体管理。因此,项目法人在建设工程项目实施阶段处于中心地位,并对项目实施的全过程负责。

1. 建设项目董事会的职权

建设项目董事会的职权:负责筹措建设资金;审核、上报项目初步设计和概算文件;审核、上报年度投资计划并落实年度资金;提出项目开工报告;研究解决建设过程中出现的重大问题;负责提出项目竣工验收申请报告;审定偿还债务计划和生产经营方针,并负责按时偿还债务;聘任或解聘项目总经理,并根据总经理的提名,聘任或解聘其他高级管理人员。

2. 项目总经理的职权

项目总经理的职权:主持公司的生产经营管理工作,组织实施董事会决议;组织实施公司年度经营计划和投资方案;组织编制项目初步设计文件,对项目工艺流程、设备选型、建设标准、总图布置提出意见,提交董事会审查;组织工程设计、施工监理、施工队伍和设备材料采购的招标工作,编制和确定招标方案、标底和评标标准,评选和确定投标、中标单位;编制并组织实施项目年度投资计划、用款计划、建设进度计划;编制项目财务预算、决算;编制并组织实施归还贷款和其他债务计划;组织工程建设实施,负责控制工程投资、工期和质量;在项目建设过程中,在批准的概算范围内对单项工程的设计进行局部调整(凡是引起生产性质、能力、产品品种和标准变化的设计调整以及概算调整,需经董事会决定并报原审批单位批准);根据董事会授权处理项目实施中的重大紧急事件,并及时向董事会报告;负责生产准备工作和培训有关人员;负责组织项目试生产和单项工程预验收;拟订生产经营计划、企业内部机构设置、劳动定员定额方案及工资福利方案;组织项目后评价,提出项目后评价报告;按时向有关部门报送项目建设、生产信息和统计资料;提请董事会聘任或解聘项目高级管理人员;拟订公司内部管理机构设置方案;拟订公司的基本管理制度;制定公司的具体规章;提请聘任或者解聘公司副经理、财务负责人;聘任或者解聘除应由董事会聘任或者解聘以外的负责管理人员。

(三)项目法人责任制与工程监理制的关系

(1)项目法人责任制是指经营性建设项目由项目法人对项目的策划、资金筹措、建设实施、生产经营、偿还债务和资产的保值增值实行全过程负责的一种项目管理制度,是实行工程监理制的必要条件。其核心是要落实"谁投资、谁决策、谁承担风险"的基本原则。实行项目法人责任制的一个重要问题在于如何做好投资决策和风险承担工作。对于项目法人来说,通过社会化、专业化服务机构的协助才能帮助其更好地承担其职责,这也为工程监理的发展提供了坚实基础。

(2)工程建设监理制是指受项目法人委托所进行的工程项目建设管理,这项制度是实行项目法人责任制的基本保障。实行工程建设监理制,项目法人在工程监理单位协助下可以依据自身需求和有关规定的要求委托监理进行建设工程质量、造价、进度目标有效控制,从而在计划目标内完成工程建设。

二、招标投标制

为了保护国家利益、项目质量、社会公共利益,规范招标投标活动,提高经济效益,保证工程项目质量和招标投标活动当事人的合法权益,《招标投标法》规定,在中华人民共和国境内进行招标投标活动以及下列工程建设项目,包括项目的勘察、设计、施工、监理以及与工程建设有关的重要设备、材料等的采购,必须进行招标:①大型基础设施、公用事业等关系社会公共利益、公众安全的项目;②全部或者部分使用国有资金投资或者国家融资的项目;③使用国际组织或者外国政府贷款、援助资金的项目。

(一)必须招标的工程项目

根据《必须招标的工程项目规定》,下列工程必须招标:

(1)全部或者部分使用国有资金投资或者国家融资的项目包括:

1)使用预算资金200万元以上,并且该资金占投资额10%以上的项目;

2)使用国有企业事业单位资金,并且该资金占控股或者主导地位的项目。

(2)使用国际组织或者外国政府贷款、援助资金的项目包括:

1)使用世界银行、亚洲开发银行等国际组织贷款、援助资金的项目;

2)使用外国政府及其机构贷款、援助资金的项目。

(3)不属于(1)和(2)规定情形的大型基础设施、公用事业等关系社会公共利益、公众安全的项目,必须招标的具体范围由国务院发展改革部门会同国务院有关部门按照确有必要、严格限定的原则制订,报国务院批准。

（4）对于上述规定（1）至（3）范围内的项目，其勘察、设计、施工、监理以及与工程建设有关的重要设备、材料等的采购达到下列标准之一的，必须招标：

1）施工单项合同估算价在 400 万元以上；

2）重要设备、材料等货物的采购，单项合同估算价在 200 万元以上；

3）勘察、设计、监理等服务的采购，单项合同估算价在 100 万元以上。

同一项目中可以合并进行的勘察、设计、施工、监理以及与工程建设有关的重要设备、材料等的采购，合同估算价合计达到上述规定标准的，必须招标。

（二）招标投标制与工程监理制的关系

（1）招标投标制是实行工程监理制的重要保证。对于法律法规规定必须招标的监理项目，建设单位需要按规定采用招标方式选择工程监理单位，这有利于建设单位选择高水平工程监理单位，从而确保工程监理效果。

（2）工程监理制是落实招标投标制的重要手段。实行工程监理制，建设单位可以通过委托工程监理单位做好招标工作，更好地对施工单位和材料设备供应单位进行选择。工程监理制与项目法人责任制、招标投标制、合同管理制之间的关系如图 1-1 所示。

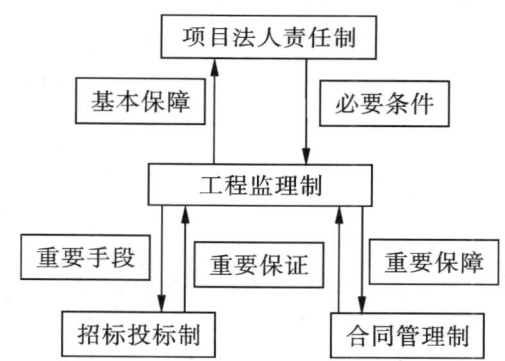

图 1-1　工程监理制与项目法人责任制、招标投标制、合同管理制之间的关系

三、合同管理制

工程建设是一个极为复杂的社会生产过程，由于现代社会化大生产和专业化分工，许多单位会参与到工程建设之中，而各类合同则是维系各参与单位之间关系的纽带。

《民法典》（合同编）明确了合同的订立、效力、履行、变更与转让、终止、违约责任等有关内容以及包括建设工程合同、委托合同在内的 19 类合同，为实行合同管理制提供了重要法律依据。

（一）工程项目合同体系

在工程项目合同体系中，建设单位和施工单位是主要的两个部分。

（1）建设单位的主要合同关系。为实现工程项目总目标，建设单位必须将建筑工程的勘察、设计、各专业工程施工、设备和材料供应、建设过程的咨询与管理等工作委托出去，必须与有关单位签订各种合同。相应的合同有工程承包（总承包、施工承包）合同、勘察设计合同、材料设备采购合同、供应合同、工程咨询(可行性研究、技术咨询、造价咨询)合同、工程监理合同、工程项目管理服务合同、工程保险合同、咨询(监理)合同、贷款合同等。

(2)施工单位的主要合同关系。施工单位通过投标接受建设单位的委托,签订相应合同。施工单位要完成合同的责任,包括由工程量表所确定的工程范围的施工、竣工和保修,为完成这些工程提供劳动力、施工设备、材料,有时也包括技术设计。任何施工单位都不可能、也不必具备所有专业工程的施工能力、材料和设备的生产和供应能力,其同样必须将许多专业工作委托出去。所以施工单位常常又有自己复杂的合同关系相关单位。相应的合同有工程分包合同、材料设备采购合同、运输合同、加工合同、租赁合同、劳务分包合同、保险合同等。

(二)合同管理制与工程监理制的关系

(1)合同管理制是实行工程监理制的重要保证。建设单位委托工程监理单位进行监理时,需要与工程监理单位签订相应的合同,明确双方的义务和责任。而工程监理单位实施监理时,需要通过签订相关的合同来管理控制工程质量、工程造价和工程进度目标。合同管理制的实施,为工程监理单位开展合同管理工作提供了法律和制度支持。

(2)工程监理制是落实合同管理制的重要保障。实行工程监理制,建设单位可以通过委托工程监理单位做好合同管理工作,更好地实现建设工程项目目标。

思考题

1. 什么是建设工程监理?怎么理解建设工程监理的涵义?
2. 建设工程监理性质有哪些?
3. 建设工程监理有何法律地位?
4. 依据《建筑法》《建设工程质量管理条例》和《建设工程安全生产管理条例》的规定,工程监理单位和监理人员的职责分别有哪些?
5. 工程监理单位和监理工程师所要履行的法律责任分别有哪些?
6. 建设项目法人责任制的基本内容是什么?
7. 项目法人的职权都有什么?
8. 工程招标投标制与工程监理制的关系是什么?合同管理制与工程监理制的关系是什么?
9. 工程项目合同体系的主要内容是什么?

第二章　建设工程监理相关法律法规及监理规范

建设工程监理的相关法律、法规是建设工程监理工作的法律依据。另外,与建设工程监理有关的部门规章、地方性法规、地方政府规章、规范性文件、国家标准、行业标准、地方标准及团体标准等,也是建设工程监理工作的法律依据和工作指南。

第一节　建设工程监理相关法律法规

一、建设工程监理相关法律

建设工程法律是指由我国最高权力机关全国人民代表大会和全国人民代表大会常务委员会通过的规范工程建设活动的法律规范,由国家主席以签署主席令的形式予以公布。在我国,法律的级别是最高的。与建设工程监理紧密相关的法律主要有《建筑法》、《招标投标法》、《民法典》(合同编)和《中华人民共和国安全生产法》(以下简称《安全生产法》)等。

(一)《建筑法》的主要内容

《建筑法》是我国工程建设领域的一部大法,以建筑市场管理为中心,以建筑工程质量和安全管理为重点,在中华人民共和国境内从事建筑活动,实施对建筑活动的监督管理,均应遵守此法。该法律于1997年11月1日第八届全国人民代表大会常务委员会第二十八次会议通过,后来进行了两次修订:第一次修正是根据2011年4月22日第十一届全国人民代表大会常务委员会第二十次会议《关于修改〈中华人民共和国建筑法〉的决定》进行,第二次修正是根据2019年4月23日第十三届全国人民代表大会常务委员会第十次会议《关于修改〈中华人民共和国建筑法〉等八部法律的决定》进行。该法律主要内容包括总则、建筑许可、建筑工程发包与承包、建筑安全生产管理、建筑工程质量管理和建筑工程监理等。

1. 建筑许可

建筑许可包括建筑工程施工许可和从业资格两方面。

(1)建筑工程施工许可。建筑工程施工许可是建设行政主管部门根据建设单位的申请,依法对建筑工程所应具备的施工条件进行审查,对符合规定条件者准许其开始施工并颁发施工许可证的一种管理制度。

1)申请领取施工许可证。建筑工程开工前,建设单位应当按照国家有关规定向工程所在地县级以上人民政府建设主管部门申请领取施工许可证,但国务院建设行政主管部门确定的限额以下的小型工程除外。另外,按照国务院规定的权限和程序批准开工报告的建筑工程,不再领取施工许可证。

建设单位申请领取施工许可证,应当具备下列条件:

①已经办理建筑工程用地批准手续;

②依法应当办理建设工程规划许可证的,已经取得建设工程规划许可证;

③需要拆迁的,其拆迁进度符合施工要求;

④已经确定建筑施工企业;

⑤有满足施工需要的资金安排、施工图纸及技术资料;

⑥有保证工程质量和安全的具体措施。

建设行政主管部门应当自收到申请之日起七日内,对符合条件的申请颁发施工许可证。

2)施工许可证的有效期限

①建设单位应当自领取施工许可证之日起三个月内开工。因故不能按期开工的,应当向发证机关申请延期;延期以两次为限,每次不超过三个月。既不开工又不申请延期或者超过延期时限的,施工许可证自行废止。

②在建的建筑工程因故中止施工的,建设单位应当自中止施工之日起一个月内,向发证机关报告,并按照规定做好建筑工程的维护管理工作。建筑工程恢复施工时,应当向发证机关报告。中止施工满一年的工程恢复施工前,建设单位应当报发证机关核验施工许可证。

③按照国务院有关规定批准开工报告的建筑工程,因故不能按期开工或者中止施工的,应当及时向批准机关报告情况。因故不能按期开工且超过六个月的,应当重新办理开工报告的批准手续。

(2)从业资格。从业资格包括工程建设各责任主体单位的资质和专业技术人员执业资格两方面内容。

1)工程建设各责任主体单位资质要求。从事建筑活动的建筑施工企业、勘察单位、设计单位和工程监理单位,应当具备下列条件:

①有符合国家规定的注册资本;

②有与其从事的建筑活动相适应的具有法定执业资格的专业技术人员;

③有从事相关建筑活动所应有的技术装备;

④法律、行政法规规定的其他条件。

从事建筑活动的建筑施工企业、勘察单位、设计单位和工程监理单位,按照其拥有的注册资本、专业技术人员、技术装备和已完成的建筑工程业绩等资质条件,划分为不同的资质等级,经资质审查合格,取得相应等级的资质证书后,方可在其资质等级许可的范围内从事建筑活动。

2)专业技术人员执业资格要求。从事建筑活动的专业技术人员,应当依法取得相应的执业资格证书,并在执业资格证书许可的范围内从事建筑活动,如建筑师、结构师、监理工程师、造价工程师、建造师等。

2. 建筑工程发包与承包

建筑工程的发包单位与承包单位应当依法订立书面合同,明确双方的权利和义务。

发包单位和承包单位应当全面履行合同约定的义务。不按照合同约定履行义务的,依法承担违约责任。建筑工程发包与承包的招标投标活动,应当遵循公开、公正、平等竞争的原则,择优选择承包单位。建筑工程的招标投标,《建筑法》没有规定的,适用有关招标投标法律的规定。

建筑工程造价应当按照国家有关规定,由发包单位与承包单位在合同中约定。公开招标发包的,其造价的约定,须遵守招标投标法律的规定。发包单位应当按照合同的约定,及时拨付工程款项。

(1)建筑工程发包。建筑工程实行招标发包的,发包单位应当将建筑工程发包给依法中标的承包单位。建筑工程实行直接发包的,发包单位应当将建筑工程发包给具有相应资质条件的承包单位。

提倡对建筑工程实行总承包,禁止将建筑工程肢解发包。建筑工程的发包单位可以将建筑工程的勘察、设计、施工、设备采购一并发包给一个工程总承包单位,也可以将建筑工程勘察、设计、施工、设备采购的一项或者多项发包给一个工程总承包单位;但是,不得将应当由一个承包单位完成的建筑工程肢解成若干部分发包给几个承包单位。

按照合同约定,建筑材料、建筑构配件和设备由工程承包单位采购的,发包单位不得指定承包单位购入用于工程的建筑材料、建筑构配件和设备或者指定生产厂、供应商。

(2)建筑工程承包。承包建筑工程的单位应当持有依法取得的资质证书,并在其资质等级许可的业务范围内承揽工程。禁止建筑施工企业超越本企业资质等级许可的业务范围或者以任何形式用其他建筑施工企业的名义承揽工程。禁止建筑施工企业以任何形式允许其他单位或者个人使用本企业的资质证书、营业执照,以本企业的名义承揽工程。

1)联合体承包。大型建筑工程或者结构复杂的建筑工程,可以由两个以上的承包单位联合共同承包。两个以上不同资质等级的单位实行联合共同承包的,应当按照资质等级低的单位的业务许可范围承揽工程。共同承包的各方对承包合同的履行承担连带责任。

2)禁止转包。禁止承包单位将其承包的全部建筑工程转包给他人,禁止承包单位将其承包的全部建筑工程肢解以后以分包的名义分别转包给他人。

3)分包。建筑工程总承包单位可以将承包工程中的部分工程发包给具有相应资质条件的分包单位;但是,除总承包合同中约定的分包外,必须经建设单位认可。施工总承包的,建筑工程主体结构的施工必须由总承包单位自行完成。建筑工程总承包单位按照总承包合同的约定对建设单位负责;分包单位按照分包合同的约定对总承包单位负责。总承包单位和分包单位就分包工程对建设单位承担连带责任。禁止分包单位将其承包的工程再分包。禁止总承包单位将工程分包给不具备相应资质条件的单位。

3.建筑安全生产管理

建筑工程安全生产管理必须坚持安全第一、预防为主的方针,建立健全安全生产的责任制度和群防群治制度。

(1)建设单位的安全生产管理。建设单位应当向建筑施工企业提供与施工现场相关的地下管线资料,建筑施工企业应当采取措施加以保护。

有下列情形之一的,建设单位应当按照国家有关规定办理申请批准手续:

1）需要临时占用规划批准范围以外场地的；
2）可能损坏道路、管线、电力、邮电通信等公共设施的；
3）需要临时停水、停电、中断道路交通的；
4）需要进行爆破作业的；
5）法律、法规规定需要办理报批手续的其他情形。

（2）建筑施工企业的安全生产管理。建筑施工企业必须依法加强对建筑安全生产的管理，执行安全生产责任制度，采取有效措施，防止伤亡和其他安全生产事故的发生。建筑施工企业的法定代表人对本企业的安全生产负责。

1）施工现场安全生产管理。施工现场安全由建筑施工企业负责。实行施工总承包的，由总承包单位负责。分包单位向总承包单位负责，服从总承包单位对施工现场的安全生产管理。

建筑施工企业应当在施工现场采取维护安全、防范危险、预防火灾等措施；有条件的，应当对施工现场实行封闭管理。

施工现场对毗邻的建筑物、构筑物和特殊作业环境可能造成损害的，建筑施工企业应当采取安全防护措施。

建筑施工企业应当遵守有关环境保护和安全生产的法律、法规的规定，采取控制和处理施工现场的各种粉尘、废气、废水、固体废物以及噪声、振动对环境的污染和危害的措施。

2）安全生产教育培训。建筑施工企业应当建立健全劳动安全生产教育培训制度，加强对职工安全生产的教育培训；未经安全生产教育培训的人员，不得上岗作业。

3）安全生产防护管理。建筑施工企业和作业人员在施工过程中，应当遵守有关安全生产的法律、法规和建筑行业安全规章、规程，不得违章指挥或者违章作业。作业人员有权对影响人身健康的作业程序和作业条件提出改进意见，有权获得安全生产所需的防护用品。作业人员对危及生命安全和人身健康的行为有权提出批评、检举和控告。

4）职工保险。建筑施工企业应当依法为职工参加工伤保险，缴纳工伤保险费。鼓励企业为从事危险作业的职工办理意外伤害保险，支付保险费。

5）装修工程施工安全生产管理。涉及建筑主体和承重结构变动的装修工程，建设单位应当在施工前委托原设计单位或者具有相应资质条件的设计单位提出设计方案；没有设计方案的，不得施工。

6）房屋拆除的安全生产管理。房屋拆除应当由具备保证安全条件的建筑施工单位承担，由建筑施工单位负责人对安全负责。

7）安全生产事故处理。施工中发生事故时，建筑施工企业应当采取紧急措施减少人员伤亡和事故损失，并按照国家有关规定及时向有关部门报告。

4. 建筑工程质量管理

建筑工程勘察、设计、施工的质量必须符合国家有关建筑工程安全标准的要求，有关建筑工程安全的国家标准不能确保建筑安全的要求时，应当及时修订。

国家对从事建筑活动的单位推行质量体系认证制度。从事建筑活动的单位根据自愿原则可以向国务院产品质量监督管理部门或者国务院产品质量监督管理部门授权的部门认可的认证机构申请质量体系认证。经认证合格的,由认证机构颁发质量体系认正证书。

建筑工程实行总承包的,工程质量由工程总承包单位负责,总承包单位将建筑工程分包给其他单位的,应当对分包工程的质量与分包单位承担连带责任。分包单位应当接受总承包单位的质量管理。

(1)建设单位的工程质量管理。建设单位不得以任何理由,要求建筑设计单位或者建筑施工企业在工程设计或者施工作业中,违反法律、行政法规和建筑工程质量、安全标准,降低工程质量。

(2)勘察、设计单位的工程质量管理。建筑工程的勘察、设计单位必须对其勘察、设计的质量负责。勘察、设计文件应当符合有关法律、行政法规的规定和建筑工程质量、安全标准、建筑工程勘察、设计技术规范以及合同的约定。设计文件选用的建筑材料、建筑构配件和设备,应当注明其规格、型号、性能等技术指标,其质量要求必须符合国家规定的标准。

建筑设计单位对设计文件选用的建筑材料、建筑构配件和设备,不得指定生产厂、供应商。

(3)施工单位的工程质量管理。建筑施工企业对工程的施工质量负责。建筑施工企业必须按照工程设计图纸和施工技术标准施工,不得偷工减料。工程设计的修改由原设计单位负责,建筑施工企业不得擅自修改工程设计。

建筑施工企业必须按照工程设计要求、施工技术标准和合同的约定,对建筑材料、建筑构配件和设备进行检验,不合格的不得使用。

建筑物在合理使用寿命内,必须确保地基基础工程和主体结构的质量。建筑工程竣工时,屋顶、墙面不得留有渗漏、开裂等质量缺陷;对已发现的质量缺陷,建筑施工企业应当修复。

交付竣工验收的建筑工程,必须符合规定的建筑工程质量标准,有完整的工程技术经济资料和经签署的工程保修书,并具备国家规定的其他竣工条件。

建筑工程竣工经验收合格后,方可交付使用;未经验收或者验收不合格的,不得交付使用。

(二)《招标投标法》的主要内容

为了规范招标投标活动,保护国家利益、社会公共利益和招标投标活动当事人的合法权益,提高经济效益,保证项目质量,制定了《招标投标法》。该法于1999年8月30日第九届全国人民代表大会常务委员会第十一次会议通过,后来根据2017年12月27日第十二届全国人民代表大会常务委员会第三十一次会议《关于修改〈中华人民共和国招标投标法〉、〈中华人民共和国计量法〉的决定》进行了修正。

《招标投标法》围绕招标和投标活动的各个环节,明确了招标方式、招标投标程序及有关各方的职责和义务,主要包括招标、投标、开标、评标和中标等方面内容。

任何单位和个人不得将依法必须进行招标的项目化整为零或者以其他任何方式规避招标。招标投标活动应当遵循公开、公平、公正和诚实信用的原则。依法必须进行招标的项目,其招标投标活动不受地区或者部门的限制。任何单位和个人不得违法限制或者排斥本地区、本系统以外的法人或者其他组织参加投标,不得以任何方式非法干涉招标投标活动。招标投标活动及其当事人应当接受依法实施的监督。

1. **招标**

(1) 招标方式。招标分为公开招标和邀请招标两种方式。公开招标是指招标人以招标公告的方式邀请不特定的法人或者其他组织投标；邀请招标是指招标人以投标邀请书的方式邀请特定的法人或者其他组织投标。

1) 招标人采用公开招标方式的,应当发布招标公告。依法必须进行招标的项目的招标公告,应当通过国家指定的报刊、信息网络或者其他媒介发布。

2) 招标人采用邀请招标方式的,应当向三个以上具备承担招标项目的能力、资信良好的特定的法人或者其他组织发出投标邀请书。

招标公告或投标邀请书应当载明招标人的名称和地址,招标项目的性质、数量、实施地点和时间,以及获取招标文件的办法等事项。招标人可以根据招标项目本身的要求,在招标公告或者投标邀请书中,要求潜在投标人提供有关资质证明文件和业绩情况,并对潜在投标人进行资格审查；国家对投标人的资格条件有规定的,依照其规定。招标人不得以不合理的条件限制或者排斥潜在投标人,不得对潜在投标人实行歧视待遇。

(2) 招标文件。招标人应当根据招标项目的特点和需要编制招标文件。招标文件应当包括招标项目的技术要求、对招标人资格审查的标准、投标报价要求和评标标准等所有实质性要求和条件以及拟签订合同的主要条款。国家对招标项目的技术、标准有规定的,招标人应当按照其规定在招标文件中提出相应要求。招标项目需要划分标段、确定工期的,招标人应当合理划分标段、确定工期,并在招标文件中载明。

招标文件不得要求或者标明特定的生产供应者以及含有倾向或者排斥潜在投标人的其他内容。招标人不得向他人透露已获取招标文件的潜在投标人的名称、数量及可能影响公平竞争的有关招标投标的其他情况。

招标人对已发出的招标文件进行必要的澄清或者修改的,应当在招标文件要求提交投标文件截止时间至少十五日前,以书面形式通知所有招标文件收受人。该澄清或者修改的内容为招标文件的组成部分。

(3) 其他规定。招标人根据招标项目的具体情况,可以组织潜在投标人踏勘项目现场。招标人设有标底的,标底必须保密。招标人应当确定投标人编制投标文件所需要的合理时间。但是,依法必须进行招标的项目,自招标文件开始发出之日起至投标人提交投标文件截止之日止,最短不得少于二十日。

2. **投标**

投标人是响应招标、参加投标竞争的法人或者其他组织。投标人应当具备承担招标项目的能力。国家有关规定对投标人资格条件或者招标文件对投标人资格条件有规定的,投标人应当具备规定的资格条件。

(1) 投标文件。

1) 投标文件的主要内容。投标人应当按照招标文件的要求编制投标文件。投标文件应当对招标文件提出的实质性要求和条件作出响应。招标项目属于建设施工的,投标文件的内容应当包括拟派出的项目负责人与主要技术人员的简历、业绩和拟用于完成招标项目的机械设备等。

投标人在招标文件要求提交投标文件的截止时间前,可以补充、修改或者撤回已提交的投标文件,并书面通知招标人。补充、修改的内容为投标文件的组成部分。投标人根据招标文件载明的项目实际情况,拟在中标后将中标项目的部分非主体、非关键工程进行分包的,应当在投标文件中载明。

2)送达投标文件。投标人应当在招标文件要求提交投标文件的截止时间前,将投标文件送达投标地点。招标人收到投标文件后,应当签收保存,不得开启。投标人少于三个的,招标人应当依照《招标投标法》重新招标。

在招标文件要求提交投标文件的截止时间后送达的投标文件,招标人应当拒收。

投标人在招标文件要求提交投标文件的截止时间前,可以补充、修改或者撤回已提交的投标文件,并书面通知招标人。补充、修改的内容为投标文件的组成部分。

(2)联合投标。两个以上法人或者其他组织可以组成一个联合体,以一个投标人的身份共同投标。联合体各方均应具备承担招标项目的相应能力。国家有关规定或者招标文件对投标人资格条件有规定的,联合体各方均应当具备规定的相应资格条件。由同一专业的单位组成的联合体,按照资质等级较低的单位确定资质等级。

联合体各方应当签订共同投标协议,明确约定各方拟承担的工作和责任,并将共同投标协议连同投标文件一并提交给招标人。联合体中标的,联合体各方应当共同与招标人签订合同,就中标项目向招标人承担连带责任。

招标人不得强制投标人组成联合体共同投标,不得限制投标人之间的竞争。

(3)其他有关规定。投标人不得相互串通投标报价,不得排挤其他投标人的公平竞争,损害招标人或其他投标人的合法权益。投标人不得与招标人串通投标,损害国家利益、社会公共利益或者他人的合法权益。禁止投标人以向招标人或评标委员会成员行贿的手段谋取中标。投标人不得以低于成本的报价竞标,也不得以他人名义投标或者以其他方式弄虚作假,骗取中标。

投标人根据招标文件载明的项目实际情况,拟在中标后将中标项目的部分非主体、非关键性工作进行分包的,应当在投标文件中载明。

3. 开标、评标和中标

(1)开标。开标应当在招标文件确定的提交投标文件截止时间的同一时间公开进行;开标地点应当为招标文件中预先确定的地点。开标由招标人主持,邀请所有投标人参加。开标时,由投标人或者其推选的代表检查投标文件的密封情况,也可以由招标人委托的公证机构检查并公证;经确认无误后,由工作人员当众拆封,宣读投标人名称、投标价格和投标文件的其他主要内容。

招标人在招标文件要求提交投标文件的截止时间前收到的所有投标文件,开标时都应当当众予以拆封、宣读。开标过程应当记录,并存档备查。

(2)评标。评标由招标人依法组建的评标委员会负责。

1)评标委员会的组建及评标要求。依法必须进行招标的项目,其评标委员会由招标人的代表和有关技术、经济等方面的专家组成,成员人数为五人以上单数。其中,技术、经济等方面的专家不得少于成员总数的三分之二。评标委员会的专家应当从事相关领域工作满八年并具有高级职称或者具有同等专业水平,由招标人从国务院有关部门或者省、自治区、直辖市人民政府有关部门提供的专家名册或者招标代理机构的专家库内的相关专业的专家名单中确定。一般招标项目可以采取随机抽取方式，特殊招标项目可以由招标人直接确定。

与投标人有利害关系的人不得进入相关项目的评标委员会，已经进入的应当进行更换。评标委员会成员的名单在中标结果确定前应当保密。

评标委员会成员应当客观、公正地履行职务，遵守职业道德，对所提出的评审意见承担个人责任。评标委员会成员不得私下接触投标人，不得收受投标人的财物或者其他好处。评标委员会成员和参与评标的有关工作人员不得透露对投标文件的评审和比较、中标候选人的推荐情况以及与评标有关的其他情况。

2）投标文件的澄清或说明。评标委员会可以要求投标人对投标文件中含义不明确的内容作必要的澄清或者说明，但澄清或者说明不得超出投标文件的范围或改变投标文件的实质性内容。

3）评标过程与中标条件。招标人应当采取必要的措施，保证评标在严格保密的情况下进行。评标委员会应当按照招标文件确定的评标标准和方法，对投标文件进行评审和比较；设有标底的，应当参考标底。评标委员会完成评标后，应当向招标人提出书面评标报告，并推荐合格的中标候选人。

招标人根据评标委员会提出的书面评标报告和推荐的中标候选人确定中标人。招标人也可以授权评标委员会直接确定中标人。国务院对特定招标项目的评标有特别规定的，从其规定。

中标人的投标应当符合下列条件之一：

①能够最大限度地满足招标文件中规定的各项综合评价标准。

②能够满足招标文件的实质性要求，并且经评审的投标价格最低。但是，投标价格低于成本的除外。

评标委员会经评审，认为所有投标都不符合招标文件要求的，可以否决所有投标。依法必须进行招标的项目的所有投标被否决的，招标人应当依照《招标投标法》重新招标。

在确定中标人前，招标人不得与投标人就投标价格、投标方案等实质性内容进行谈判。

（3）中标。中标人确定后，招标人应当向中标人发出中标通知书，并同时将中标结果通知所有未中标的投标人。中标通知书对招标人和中标人具有法律效力，中标通知书发出后，招标人改变中标结果的，或者中标人放弃中标项目的，应当依法承担法律责任。

招标人和中标人应当自中标通知书发出之日起三十日内，按照招标文件和中标人的投标文件订立书面合同。招标人和中标人不得再订立背离合同实质性内容的其他协议。

招标文件要求中标人提交履约保证金的，中标人应当提交。依法必须进行招标的项目，招标人应当自确定中标人之日起十五日内，向有关行政监督部门提交招标投标情况的书面报告。

中标人应当按照合同约定履行义务，完成中标项目。中标人不得向他人转让中标项目，也不得将中标项目肢解后分别向他人转让。

中标人按照合同约定或者经招标人同意，可以将中标项目的部分非主体、非关键性工作分包给他人完成。接受分包的人应当具备相应的资格条件,并不得再次分包。中标人应当就分包项目向招标人负责,接受分包的人就分包项目承担连带责任。

(三)《民法典》(合同编)的主要内容

《民法典》(合同编)指出,合同是民事主体之间设立、变更、终止民事法律关系的协议。

《民法典》(合同编)共分为三个分编,其中第一分编通则中明确了合同的订立、合同的效力、合同的履行、合同的保全、合同的变更和转让、合同的权利义务终止、违约责任等事项。第二分编典型合同中明确了十九类合同,包括买卖合同,供用电、水、气、热力合同,赠与合同,借款合同,保证合同,租赁合同,融资租赁合同,保理合同,承揽合同,建设工程合同,运输合同,技术合同,保管合同,仓储合同,委托合同,物业服务合同,行纪合同,中介合同,合伙合同。其中,建设工程合同包括工程勘察、设计、施工合同;建设工程监理合同和建设工程项目管理服务合同等属于委托合同。第三分编准合同明确了无因管理和不当得利等内容。

1.《民法典》(合同编)第一分编通则的主要内容

(1)合同订立。当事人订立合同,应当具有相应的民事权利能力和民事行为能力。当事人依法可以委托代理人订立合同。

1)合同的形式。当事人订立合同,有书面形式、口头形式和其他形式。书面形式是指合同书、信件、电报、电传、传真等可以有形地表现所载内容的形式。以电子数据交换、电子邮件等方式能够有形地表现所载内容,并可以随时调取查用的数据电文,视为书面形式。建设工程合同、建设工程监理合同、项目管理服务合同应当采用书面形式。口头形式是指当事人以谈话方式订立的合同,如当面交谈、电话联系等。其他形式是指除书面形式和口头形式以外的方式所表现合同内容的形式,主要包括推定和默示等。

2)合同的内容。合同内容由当事人约定,一般包括以下合同条款:①当事人的姓名或者名称和住所;②标的;③数量;④质量;⑤价款或者报酬;⑥履行期限、地点和方式;⑦违约责任;⑧解决争议的方法。当事人可以参照各类合同的示范文本订立合同。

3)合同订立的程序。当事人订立合同,可以采取要约、承诺或者其他方式。

①要约。要约是希望与他人订立合同的意思表示。该意思表示应当符合如下条件:内容具体确定;表明经受要约人承诺,要约人即受该意思表示约束。这两个条件说明,要约必须是特定人的意思表示,是以缔结合同为目的且具备合同的主要条款。

有些合同在要约之前还有要约邀请。要约邀请是希望他人向自己发出要约的表示。比如拍卖公告、招标公告、招股说明书、债券募集办法、基金招募说明书、商业广告和宣传、寄送的价目表等为要约邀请。要约邀请是当事人订立合同的预备行为,这种意思表示的内容通常存在不确定性,不含有合同得以成立的主要内容和相对人同意后受其约束的表示,在法律上无须承担责任。商业广告和宣传的内容符合要约条件的,构成要约。

a. 要约生效。要约到达受要约人时生效。采用数据电文形式订立合同,受要约人指定特定系统接收数据电文的,该数据电文进入该特定系统的时间,视为到达时间;未指定特定系统的,该数据电文进入收件人的任何系统的首次时间,视为到达时间。当事人对采用数据电文形式的意思表示的生效时间另有约定的,按照其约定。

b. 要约撤回与撤销。要约可以撤回,撤回要约的通知应当在要约到达受要约人之前或者与要约同时到达受要约人。

要约可以撤销,撤销要约的通知应当在受要约人发出承诺通知之前到达受要约人。有下列情形之一的,要约不得撤销:要约人已经确定了承诺期限或者以其他形式明示要约不可撤销;受要约人有理由认为要约是不可撤销的,并已经为履行合同做了合理准备工作。

撤销要约的意思表示以对话方式作出的,该意思表示的内容应当在受要约人作出承诺之前为受要约人所知道;撤销要约的意思表示以非对话方式作出的,应当在受要约人作出承诺之前到达受要约人。

c. 要约失效。有下列情形之一的,要约失效:要约被拒绝;要约被依法撤销;承诺期限届满,受要约人未作出承诺;受要约人对要约的内容作出实质性变更。

②承诺。承诺是受要约人同意要约的意思表示。承诺应当以通知的方式作出;但是,根据交易习惯或者要约表明可以通过行为作出承诺的除外。

a. 承诺期限。承诺应当在要约确定的期限内到达要约人。要约没有确定承诺期限的,承诺应当依照下列规定到达:要约以对话方式作出的,应当即时作出承诺;要约以非对话方式作出的,承诺应当在合理期限内到达。

要约以信件或者电报作出的,承诺期限自信件载明的日期或者电报交发之日开始计算。信件未载明日期的,自投寄该信件的邮戳日期开始计算。要约以电话、传真、电子邮件等快速通信方式作出的,承诺期限自要约到达受要约人时开始计算。

b. 承诺生效。承诺通知到达要约人时生效。承诺不需要通知的,根据交易习惯或者要约的要求作出承诺的行为时生效。

受要约人在承诺期限内发出承诺,按照通常情形能够及时到达要约人,但因其他原因使承诺到达要约人时超过承诺期限的,除要约人及时通知受要约人因承诺超过期限不接受该承诺外,该承诺有效。

c. 承诺撤回。承诺可以撤回,撤回承诺的通知应当在承诺通知到达要约人之前或者与承诺通知同时到达要约人。

d. 逾期承诺。受要约人超过承诺期限发出承诺,或者在承诺期限内发出承诺,按照通常情形不能及时到达要约人的,为新要约;但是,要约人及时通知受要约人该承诺有效的除外。

e. 要约的内容变更。承诺的内容应当与要约的内容一致。受要约人对要约的内容作出实质性变更的,为新要约。有关合同标的、数量、质量、价款或者报酬、履行期限、履行地点和方式、违约责任和解决争议方法等的变更,是对要约内容的实质性变更。

承诺对要约的内容作出非实质性变更的,除要约人及时表示反对或者要约表明承诺不得对要约的内容作出任何变更外,该承诺有效,合同的内容以承诺的内容为准。

4) 合同成立。承诺生效时合同成立,但是法律另有规定或者当事人另有约定的除外。

①合同成立时间。当事人采用合同书形式订立合同的,自当事人均签名、盖章或者按指印时合同成立。

当事人采用信件、数据电文等形式订立合同的要求签订确认书的,合同在签订确认书时成立。

当事人一方通过互联网等信息网络发布的商品或者服务信息符合要约条件的,对方选择该商品或者服务并提交订单成功时合同成立,但是当事人另有约定的除外。

②合同成立地点。承诺生效的地点为合同成立的地点。采用数据电文形式订立合同的,收件人的主营业地为合同成立的地点;没有主营业地的,其住所地为合同成立的地点。当事人另有约定的,按照其约定。当事人采用合同书形式订立合同的,最后签名、盖章或者按指印的地点为合同成立的地点,但是当事人另有约定的除外。

③合同成立的其他情形。合同成立的其他情形主要包括:

a. 法律、行政法规规定或者当事人约定合同应当采用书面形式订立,当事人未采用书面形式但是一方已经履行主要义务,对方接受时,该合同成立。

b. 采用合同书形式订立合同的,在签名、盖章或者按指印之前,当事人一方已经履行主要义务,对方接受时,该合同成立。

5)格式条款。格式条款是当事人为了重复使用而预先拟定,并在订立合同时未与对方协商的条款。

①提供格式条款一方的义务。采用格式条款订立合同的,提供格式条款的一方应当遵循公平原则确定当事人之间的权利和义务,并采取合理的方式提示对方注意免除或者减轻其责任等与对方有重大利害关系的条款,按照对方的要求,对该条款予以说明。提供格式条款的一方未履行提示或者说明义务,致使对方没有注意或者理解与其有重大利害关系的条款的,对方可以主张该条款不成为合同的内容。

②格式条款无效的情形。提供格式条款一方不合理地免除或者减轻其责任、加重对方责任、限制对方主要权利、排除对方主要权利的,该条款无效。此外,《民法典》(合同编)规定的合同无效的情形,同样适用于格式合同条款。

③格式条款理解争议的解决。对格式条款的理解发生争议的,应当按照通常理解予以解释。

对格式条款有两种以上解释的,应当作出不利于提供格式条款一方的解释。格式条款和非格式条款不一致的,应当采用非格式条款。

6)缔约过失责任。当事人在订立合同过程中有下列情形之一,给对方造成损失的,应当承担损害赔偿责任:①假借订立合同,恶意进行磋商;②故意隐瞒与订立合同有关的重要事实或者提供虚假情况;③有其他违背诚信原则的行为。

当事人在订立合同过程中知悉的商业秘密或者其他应当保密的信息,无论合同是否成立,不得泄露或者不正当地使用;泄露、不正当地使用该商业秘密或者信息,造成对方损失的,应当承担赔偿责任。

7)其他特殊合同。

①特殊需求合同。国家根据抢险救灾、疫情防控或者其他需要下达国家订货任务、指令性任务的,有关民事主体之间应当依照有关法律、行政法规规定的权利和义务订立合同。

依照法律、行政法规的规定负有发出要约义务的当事人,应当及时发出合理的要约。

依照法律、行政法规的规定负有作出承诺义务的当事人,不得拒绝对方合理的订立合同要求。

②预约合同。当事人约定在将来一定期限内订立合同的认购书、订购书、预订书等,构成预约合同。

当事人一方不履行预约合同约定的订立合同义务的,对方可以请求其承担预约合同的违约责任。

(2)合同效力。

1)合同生效。依法成立的合同,自成立时生效,但是法律另有规定或者当事人另有约定的除外。

依照法律、行政法规的规定,合同应当办理批准等手续的,依照其规定。未办理批准等手续影响合同生效的,不影响合同中履行报批等义务条款以及相关条款的效力。应当办理申请批准等手续的当事人未履行义务的,对方可以请求其承担违反该义务的责任。

依照法律、行政法规的规定,合同的变更、转让、解除等情形应当办理批准等手续的,适用前面的规定。

2)无权代理人订立的合同。无权代理人以被代理人的名义订立合同,被代理人已经开始履行合同义务或者接受相对人履行的,视为对合同的追认。

法人的法定代表人或者非法人组织的负责人超越权限订立的合同,除相对人知道或者应当知道其超越权限外,该代表行为有效,订立的合同对法人或者非法人组织发生效力。

当事人超越经营范围订立的合同的效力,应当依照有关法律规定确定,不得仅以超越经营范围确认合同无效。

3)合同中的下列免责条款无效:

①造成对方人身损害的;

②因故意或者重大过失造成对方财产损失的。

4)合同不生效、无效、被撤销或者终止的,不影响合同中有关解决争议方法的条款的效力。

(3)合同履行。当事人应当按照约定全面履行自己的义务。

当事人应当遵循诚信原则,根据合同的性质、目的和交易习惯履行通知、协助、保密等义务。当事人在履行合同过程中,应当避免浪费资源、污染环境和破坏生态。

1)合同履行的一般规则。合同生效后,当事人就质量、价款或者报酬、履行地点等内容没有约定或者约定不明确的,可以协议补充;不能达成补充协议的,按照合同相关条款或者交易习惯确定。

当事人就有关合同内容约定不明确,依据上述规定仍不能确定的,适用下列规定:

①质量要求不明确的,按照强制性国家标准履行;没有强制性国家标准的,按照推荐性国家标准履行;没有推荐性国家标准的,按照行业标准履行;没有国家标准、行业标准的,按照通常标准或者符合合同目的的特定标准履行。

②价款或者报酬不明确的,按照订立合同时履行地的市场价格履行;依法应当执行政府定价或者政府指导价的,依照规定履行。

③履行地点不明确,给付货币的,在接受货币一方所在地履行;交付不动产的,在不动产所在地履行;其他标的,在履行义务一方所在地履行。

④履行期限不明确的,债务人可以随时履行,债权人也可以随时请求履行,但是应当给对方必要的准备时间。

⑤履行方式不明确的,按照有利于实现合同目的的方式履行。

⑥履行费用的负担不明确的,由履行义务一方负担;因债权人原因增加的履行费用,由债权人负担。

2)合同履行的特殊规则。

①电子合同履行。通过互联网等信息网络订立的电子合同的标的为交付商品并采用快递物流方式交付的,收货人的签收时间为交付时间。电子合同的标的为提供服务的,生成的电子凭证或者实物凭证中载明的时间为提供服务时间;前述凭证没有载明时间或者载明时间与实际提供服务时间不一致的,以实际提供服务的时间为准。

电子合同的标的物为采用在线传输方式交付的,合同标的物进入对方当事人指定的特定系统且能够检索识别的时间为交付时间。

电子合同当事人对交付商品或者提供服务的方式、时间另有约定的,按照其约定。

②价格调整。执行政府定价或者政府指导价的,在合同约定的交付期限内政府价格调整时,按照交付时的价格计价。逾期交付标的物的,遇价格上涨时,按照原价格执行;价格下降时,按照新价格执行。逾期提取标的物或者逾期付款的,遇价格上涨时,按照新价格执行;价格下降时,按照原价格执行。

③债务履行。以支付金钱为内容的债,除法律另有规定或者当事人另有约定外,债权人可以请求债务人以实际履行地的法定货币履行。

a. 多项标的履行情形。标的有多项而债务人只需履行其中一项的,债务人享有选择权;但是,法律另有规定、当事人另有约定或者另有交易习惯的除外。

享有选择权的当事人在约定期限内或者履行期限届满未作选择,经催告后在合理期限内仍未选择的,选择权转移至对方。

当事人行使选择权应当及时通知对方,通知到达对方时,标的确定。标的确定后不得变更,但是经对方同意的除外。

可选择的标的发生不能履行情形的,享有选择权的当事人不得选择不能履行的标的,但是该不能履行的情形是由对方造成的除外。

b. 多个债务人情形。债权人为二人以上,标的可分,按照份额各自享有债权的,为按份债权;债务人为二人以上,标的可分,按照份额各自负担债务的,为按份债务。

按份债权人或者按份债务人的份额难以确定的,视为份额相同。

债权人为二人以上,部分或者全部债权人均可以请求债务人履行债务的,为连带债权;债务人为二人以上,债权人可以请求部分或者全部债务人履行全部债务的,为连带债务。

连带债权或者连带债务,由法律规定或者当事人约定。

c. 连带债务情形。连带债务人之间的份额难以确定的,视为份额相同。

实际承担债务超过自己份额的连带债务人,有权就超出部分在其他连带债务人未履行的份额范围内向其追偿,并相应地享有债权人的权利,但是不得损害债权人的利益。其他连带债务人对债权人的抗辩,可以向该债务人主张。

被追偿的连带债务人不能履行其应分担份额的,其他连带债务人应当在相应范围内按比例分担。

部分连带债务人履行、抵销债务或者提存标的物的,其他债务人对债权人的债务在相应范围内消灭;该债务人可以依据前条规定向其他债务人追偿。

部分连带债务人的债务被债权人免除的,在该连带债务人应当承担的份额范围内,其他债务人对债权人的债务消灭。

部分连带债务人的债务与债权人的债权同归于一人的,在扣除该债务人应当承担的份额后,债权人对其他债务人的债权继续存在。

债权人对部分连带债务人的给付受领迟延的,对其他连带债务人发生效力。

d. 连带债权情形。连带债权人之间的份额难以确定的,视为份额相同。实际受领债权的连带债权人,应当按比例向其他连带债权人返还。

④代为履行情形。当事人约定由债务人向第三人履行债务,债务人未向第三人履行债务或者履行债务不符合约定的,应当向债权人承担违约责任。

法律规定或者当事人约定第三人可以直接请求债务人向其履行债务,第三人未在合理期限内明确拒绝,债务人未向第三人履行债务或者履行债务不符合约定的,第三人可以请求债务人承担违约责任;债务人对债权人的抗辩,可以向第三人主张。

当事人约定由第三人向债权人履行债务,第三人不履行债务或者履行债务不符合约定的,债务人应当向债权人承担违约责任。

债务人不履行债务,第三人对履行该债务具有合法利益的,第三人有权向债权人代为履行;但是,根据债务性质、按照当事人约定或者依照法律规定只能由债务人履行的除外。

债权人接受第三人履行后,其对债务人的债权转让给第三人,但是债务人和第三人另有约定的除外。

⑤有关抗辩权情形。当事人互负债务,没有先后履行顺序的,应当同时履行。一方在对方履行之前有权拒绝其履行请求。一方在对方履行债务不符合约定时,有权拒绝其相应的履行请求。

当事人互负债务,有先后履行顺序,应当先履行债务一方未履行的,后履行一方有权拒绝其履行请求。先履行一方履行债务不符合约定的,后履行一方有权拒绝其相应的履行请求。

应当先履行债务的当事人,有确切证据证明对方有下列情形之一的,可以中止履行:经营状况严重恶化;转移财产、抽逃资金,以逃避债务;丧失商业信誉;有丧失或者可能丧失履行债务能力的其他情形。

当事人没有确切证据中止履行的,应当承担违约责任。

当事人依据前文规定中止履行的,应当及时通知对方。对方提供适当担保的,应当恢复履行。中止履行后,对方在合理期限内未恢复履行能力且未提供适当担保的,视为以自己的行为表明不履行主要债务,中止履行的一方可以解除合同并可以请求对方承担违约责任。

债权人分立、合并或者变更住所没有通知债务人,致使履行债务发生困难的,债务人可以中止履行或者将标的物提存。

⑥提前履行。债权人可以拒绝债务人提前履行债务,但是提前履行不损害债权人利益的除外。

债务人提前履行债务给债权人增加的费用,由债权人负担。

⑦部分履行。债权人可以拒绝债务人部分履行债务,但是部分履行不损害债权人利益的除外。

债务人部分履行债务给债权人增加的费用,由债务人负担。

⑧部分事项变更后的处置。合同生效后,当事人不得因姓名、名称的变更或者法定代表人、负责人、承办人的变动而不履行合同义务。

合同成立后,合同的基础条件发生了当事人在订立合同时无法预见的、不属于商业风险的重大变化,继续履行合同对于当事人一方明显不公平的,受不利影响的当事人可以与对方重新协商;在合理期限内协商不成的,当事人可以请求人民法院或者仲裁机构变更或者解除合同。人民法院或者仲裁机构应当结合案件的实际情况,根据公平原则变更或者解除合同。

(4)合同保全。

1)代位权。因债务人怠于行使其债权或者与该债权有关的从权利,影响债权人的到期债权实现的,债权人可以向人民法院请求以自己的名义代位行使债务人对相对人的权利,但是该权利专属于债务人自身的除外。代位权的行使范围以债权人的到期债权为限。债权人行使代位权的必要费用,由债务人负担。相对人对债务人的抗辩,可以向债权人主张。

债权人的债权到期前,债务人的债权或者与该债权有关的从权利存在诉讼时效期间即将届满或者未及时申报破产债权等情形,影响债权人的债权实现的,债权人可以代位向债务人的相对人请求其向债务人履行、向破产管理人申报或者作出其他必要的行为。

人民法院认定代位权成立的,由债务人的相对人向债权人履行义务,债权人接受履行后,债权人与债务人、债务人与相对人之间相应的权利义务终止。债务人对相对人的债权或者与该债权有关的从权利被采取保全、执行措施,或者债务人破产的,依照相关法律的规定处理。

2)撤销权。债务人以放弃其债权、放弃债权担保、无偿转让财产等方式无偿处分财产权益,或者恶意延长其到期债权的履行期限,影响债权人的债权实现的,债权人可以请求人民法院撤销债务人的行为。债务人以明显不合理的低价转让财产、以明显不合理的高价受让他人财产或者为他人的债务提供担保,影响债权人的债权实现,债务人的相对人知道或者应当知道该情形的,债权人可以请求人民法院撤销债务人的行为。

撤销权的行使范围以债权人的债权为限。债权人行使撤销权的必要费用,由债务人负担。撤销权自债权人知道或者应当知道撤销事由之日起一年内行使。自债务人的行为发生之日起五年内没有行使撤销权的,该撤销权消灭。债务人影响债权人的债权实现的行为被撤销的,自始没有法律约束力。

(5)合同的变更与转让。

1)合同变更。当事人协商一致,可以变更合同。当事人对合同变更的内容约定不明确的,推定为未变更。

2)合同转让。合同转让也是合同变更的一种特殊形式,合同转让是变更合同履约主体,而不是变更合同中规定的权利义务内容。

①债权转让。债权人可以将债权的全部或者部分转让给第三人,但是有下列情形之一的除外:根据债权性质不得转让;按照当事人约定不得转让;依照法律规定不得转让。

当事人约定非金钱债权不得转让的,不得对抗善意第三人。当事人约定金钱债权不得转让的,不得对抗第三人。

债权人转让债权,未通知债务人的,该转让对债务人不发生效力。债权转让的通知不得撤销,但是经受让人同意的除外。

债权人转让债权的,受让人取得与债权有关的从权利,但是该从权利专属于债权人自身的除外。受让人取得从权利不应该从权利未办理转移登记手续或者未转移占有而受到影响。

②抗辩与抵销。债务人接到债权转让通知后,债务人对让与人的抗辩,可以向受让人主张。

有下列情形之一的,债务人可以向受让人主张抵销:债务人接到债权转让通知时,债务人对让与人享有债权,且债务人的债权先于转让的债权到期或者同时到期;债务人的债权与转让的债权是基于同一合同产生。

因债权转让增加的履行费用,由让与人负担。

③债务转让。债务人将债务的全部或者部分转移给第三人的,应当经债权人同意。债务人或者第三人可以催告债权人在合理期限内予以同意,债权人未作表示的,视为不同意。

第三人与债务人约定加入债务并通知债权人,或者第三人向债权人表示愿意加入债务,债权人未在合理期限内明确拒绝的,债权人可以请求第三人在其愿意承担的债务范围内和债务人承担连带债务。

④债务转移。债务人转移债务的,新债务人可以主张原债务人对债权人的抗辩;原债务人对债权人享有债权的,新债务人不得向债权人主张抵销。

债务人转移债务的,新债务人应当承担与主债务有关的从债务,但是该从债务专属于原债务人自身的除外。

⑤债权债务一并转让。当事人一方经对方同意,可以将自己在合同中的权利和义务一并转让给第三人。合同的权利和义务一并转让的,适用债权转让、债务转移的有关规定。

(6)合同权利义务终止。

1)合同终止的条件。有下列情形之一的,债权债务终止:债务已经履行;债务相互抵销;债务人依法将标的物提存;债权人免除债务;债权债务同归于一人;法律规定或者当事人约定终止的其他情形。

合同解除的,该合同的权利义务关系终止。

债权债务终止后,当事人应当遵循诚信等原则,根据交易习惯履行通知、协助、保密、旧物回收等义务。

债权债务终止时,债权的从权利同时消灭,但是法律另有规定或者当事人另有约定的除外。

2)债务履行。债务人对同一债权人负担的数项债务种类相同,债务人的给付不足以清偿全部债务的,除当事人另有约定外,由债务人在清偿时指定其履行的债务。

债务人未作指定的,应当优先履行已经到期的债务;数项债务均到期的,优先履行对债权人缺乏担保或者担保最少的债务;均无担保或者担保相等的,优先履行债务人负担较重的债务;负担相同的,按照债务到期的先后顺序履行;到期时间相同的,按照债务比例履行。

债务人在履行主债务外还应当支付利息和实现债权的有关费用,其给付不足以清偿全部债务的,除当事人另有约定外,应当按照下列顺序履行:实现债权的有关费用;利息;主债务。

3)合同解除。

①合同解除的条件。合同解除的条件分为约定解除条件和法定解除条件。

约定解除条件包括:当事人协商一致,可以解除合同;当事人可以约定一方解除合同的事由。解除合同的事由发生时,解除权人可以解除合同。

有下列情形之一的,当事人可以解除合同:因不可抗力致使不能实现合同目的;在履行期限届满前,当事人一方明确表示或者以自己的行为表明不履行主要债务;当事人一方迟延履行主要债务,经催告后在合理期限内仍未履行;当事人一方迟延履行债务或者有其他违约行为致使不能实现合同目的;法律规定的其他情形。

以持续履行的债务为内容的不定期合同,当事人可以随时解除合同,但是应当在合理期限之前通知对方。

②合同解除权的行使。法律规定或者当事人约定解除权行使期限,期限届满当事人不行使的,该权利消灭。法律没有规定或者当事人没有约定解除权行使期限,自解除权人知道或者应当知道解除事由之日起一年内不行使,或者经对方催告后在合理期限内不行使的,该权利消灭。

当事人一方依法主张解除合同的,应当通知对方。合同自通知到达对方时解除;通知载明债务人在一定期限内不履行债务则合同自动解除,债务人在该期限内未履行债务的,合同自通知载明的期限届满时解除。对方对解除合同有异议的,任何一方当事人均可以请求人民法院或者仲裁机构确认解除行为的效力。

当事人一方未通知对方,直接以提起诉讼或者申请仲裁的方式依法主张解除合同,人民法院或者仲裁机构确认该主张的,合同自起诉状副本或者仲裁申请书副本送达对方时解除。

③合同解除后续事宜。合同解除后,尚未履行的,终止履行;已经履行的,根据履行情况和合同性质,当事人可以请求恢复原状或者采取其他补救措施,并有权请求赔偿损失。

合同因违约解除的,解除权人可以请求违约方承担违约责任,但是当事人另有约定的除外。

主合同解除后,担保人对债务人应当承担的民事责任仍应当承担担保责任,但是担保合同另有约定的除外。

合同的权利义务关系终止,不影响合同中结算和清理条款的效力。

4)合同债务抵销。当事人互负债务,该债务的标的物种类、品质相同的,任何一方可以将自己的债务与对方的到期债务抵销;但是,根据债务性质、按照当事人约定或者依照法律规定不得抵销的除外。

当事人主张抵销的,应当通知对方。通知自到达对方时生效。抵销不得附条件或者附期限。

当事人互负债务,标的物种类、品质不相同的,经协商一致,也可以抵销。

5)提存标的物。有下列情形之一,难以履行债务的,债务人可以将标的物提存:债权人无正当理由拒绝受领;债权人下落不明;债权人死亡未确定继承人、遗产管理人,或者丧失民事行为能力未确定监护人;法律规定的其他情形。标的物不适于提存或者提存费用过高的,债务人依法可以拍卖或者变卖标的物,提存所得的价款。

债务人将标的物或者将标的物依法拍卖、变卖所得价款交付提存部门时,提存成立。提存成立的,视为债务人在其提存范围内已经交付标的物。

标的物提存后,债务人应当及时通知债权人或者债权人的继承人、遗产管理人、监护人、财产代管人。标的物提存后,毁损、灭失的风险由债权人承担。提存期间,标的物的孳息归债权人所有。提存费用由债权人负担。

债权人可以随时领取提存物。但是,债权人对债务人负有到期债务的,在债权人未履行债务或者提供担保之前,提存部门根据债务人的要求应当拒绝其领取提存物。债权人领取提存物的权利,自提存之日起五年内不行使而消灭,提存物扣除提存费用后归国家所有。但是,债权人未履行对债务人的到期债务,或者债权人向提存部门书面表示放弃领取提存物权利的,债务人负担提存费用后有权取回提存物。

(7)违约责任。当事人一方不履行合同义务或者履行合同义务不符合约定的,应当承担继续履行、采取补救措施或者赔偿损失等违约责任。当事人一方明确表示或者以自己的行为表明不履行合同义务的,对方可以在履行期限届满前请求其承担违约责任。

1)继续履行。当事人一方未支付价款、报酬、租金、利息,或者不履行其他金钱债务的,对方可以请求其支付。

当事人一方不履行非金钱债务或者履行非金钱债务不符合约定的,对方可以请求履行,但是有下列情形之一的除外:法律上或者事实上不能履行;债务的标的不适于强制履行或者履行费用过高;债权人在合理期限内未请求履行。

有前款规定的除外情形之一,致使不能实现合同目的的,人民法院或者仲裁机构可以根据当事人的请求终止合同权利义务关系,但是不影响违约责任的承担。

当事人一方不履行债务或者履行债务不符合约定,根据债务的性质不得强制履行的,对方可以请求其负担由第三人替代履行的费用。

2)采取补救措施。履行不符合约定的,应当按照当事人的约定承担违约责任。对违约责任没有约定或者约定不明确,依据本法第五百一十条的规定仍不能确定的,受损害方根据标的的性质以及损失的大小,可以合理选择请求对方承担修理、重作、更换、退货、减少价款或者报酬等违约责任。

当事人一方不履行合同义务或者履行合同义务不符合约定的,在履行义务或者采取补救措施后,对方还有其他损失的,应当赔偿损失。

3) 赔偿损失。当事人一方不履行合同义务或者履行合同义务不符合约定,造成对方损失的,损失赔偿额应当相当于因违约所造成的损失,包括合同履行后可以获得的利益;但是,不得超过违约一方订立合同时预见到或者应当预见到的因违约可能造成的损失。

当事人一方违约后,对方应当采取适当措施防止损失的扩大;没有采取适当措施致使损失扩大的,不得就扩大的损失要求赔偿。当事人因防止损失扩大而支出的合理费用,由违约方承担。

当事人都违反合同的,应当各自承担相应的责任。

当事人一方违约造成对方损失,对方对损失的发生有过错的,可以减少相应的损失赔偿额。

当事人一方因第三人的原因造成违约的,应当依法向对方承担违约责任。当事人一方和第三人之间的纠纷,依照法律规定或者按照约定处理。

当事人一方因不可抗力不能履行合同的,根据不可抗力的影响,部分或者全部免除责任,但是法律另有规定的除外。因不可抗力不能履行合同的,应当及时通知对方,以减轻可能给对方造成的损失,并应当在合理期限内提供证明。

当事人迟延履行后发生不可抗力的,不免除其违约责任。

4) 违约金的支付。当事人可以约定一方违约时应当根据违约情况向对方支付一定数额的违约金,也可以约定因违约产生的损失赔偿额的计算方法。

约定的违约金低于造成的损失的,人民法院或者仲裁机构可以根据当事人的请求予以增加;约定的违约金过分高于造成的损失的,人民法院或者仲裁机构可以根据当事人的请求予以适当减少。

当事人就迟延履行约定违约金的,违约方支付违约金后,还应当履行债务。

5) 定金。当事人可以约定一方向对方给付定金作为债权的担保。定金合同自实际交付定金时成立。

定金的数额由当事人约定,但是不得超过主合同标的额的百分之二十,超过部分不产生定金的效力。实际交付的定金数额多于或者少于约定数额的,视为变更约定的定金数额。

债务人履行债务的,定金应当抵作价款或者收回。给付定金的一方不履行债务或者履行债务不符合约定,致使不能实现合同目的的,无权请求返还定金;收受定金的一方不履行债务或者履行债务不符合约定,致使不能实现合同目的的,应当双倍返还定金。

当事人既约定违约金,又约定定金的,一方违约时,对方可以选择适用违约金或者定金条款。

定金不足以弥补一方违约造成的损失的,对方可以请求赔偿超过定金数额的损失。

2. 建设工程合同有关规定

建设工程合同是指承包人进行工程建设,发包人支付价款的合同。建设工程合同属于一种特殊的承揽合同,包括工程勘察、设计、施工合同。《民法典》(合同编)关于建设工程合同的主要规定如下：

（1）建设工程承发包。发包人可以与总承包人订立建设工程合同，也可以分别与勘察人、设计人、施工人订立勘察、设计、施工承包合同。发包人不得将应当由一个承包人完成的建设工程分解成若干部分发包给数个承包人。

总承包人或者勘察、设计、施工承包人经发包人同意，可以将自己承包的部分工作交由第三人完成。第三人就其完成的工作成果与总承包人或者勘察、设计、施工承包人向发包人承担连带责任。承包人不得将其承包的全部建设工程转包给第三人或者将其承包的全部建设工程分解以后以分包的名义分别转包给第三人。

禁止承包人将工程分包给不具备相应资质条件的单位。禁止分包单位将其承包的工程再分包。建设工程主体结构的施工必须由承包人自行完成。

（2）建设工程合同主要内容。勘察、设计合同的内容一般包括提交有关基础资料和概预算等文件的期限、质量要求、费用以及其他协作条件等条款。施工合同的内容一般包括工程范围、建设工期、中间交工工程的开工和竣工时间、工程质量、工程造价、技术资料交付时间、材料和设备供应责任、拨款和结算、竣工验收、质量保修范围和质量保证期、相互协作等条款。

（3）建设工程合同履行。

1）发包人的权利和义务。

①发包人在不妨碍承包人正常作业的情况下，可以随时对作业进度、质量进行检查。

②因发包人变更计划，提供的资料不准确，或者未按照期限提供必需的勘察、设计工作条件而造成勘察、设计的返工、停工或者修改设计，发包人应当按照勘察人、设计人实际消耗的工作量增付费用。

③因施工人的原因致使建设工程质量不符合约定的，发包人有权要求施工人在合理期限内无偿修理或者返工、改建。经过修理或者返工、改建后，造成逾期交付的，施工人应当承担违约责任。

④建设工程竣工后，发包人应当根据施工图纸及说明书、国家颁发的施工验收规范和质量检验标准及时进行验收。验收合格的，发包人应当按照约定支付价款，并接收该建设工程。建设工程竣工经验收合格后，方可交付使用；未经验收或者验收不合格的，不得交付使用。

⑤承包人将建设工程转包或违法分包的，发包人有权解除合同。

2）承包人的权利和义务。

①勘察、设计的质量不符合要求或者未按照期限提交勘察、设计文件拖延工期，造成发包人损失的，勘察人、设计人应当继续完善勘察、设计，减收或者免收勘察、设计费并赔偿损失。

②发包人未按照约定的时间和要求提供原材料、设备、场地、资金、技术资料的，承包人可以顺延工程日期，并有权要求赔偿停工、窝工等损失。

③因发包人的原因致使工程中途停建、缓建的，发包人应当采取措施弥补或者减少损失，赔偿承包人因此造成的停工、窝工、倒运、机械设备调迁、材料和构件积压等损失和实际费用。

④隐蔽工程在隐蔽以前,承包人应当通知发包人检查。发包人没有及时检查的,承包人可以顺延工程日期,并有权要求赔偿停工、窝工等损失。

⑤因承包人的原因致使建设工程在合理使用期限内造成人身和财产损害的,承包人应当承担损害赔偿责任。

⑥发包人未按照约定支付价款的,承包人可以催告发包人在合理期限内支付价款。发包人逾期不支付的,除按照建设工程的性质不宜折价、拍卖的以外,承包人可以与发包人协议将该工程折价,也可以申请人民法院将该工程依法拍卖。建设工程的价款就该工程折价或者拍卖的价款优先受偿。

⑦发包人提供的主要建筑材料、建筑构配件和设备不符合强制性标准或者不履行协助义务,致使承包人无法施工,经催告后在合理期限内仍未履行相应义务的,承包人可以解除合同。

(4)建设工程施工合同无效的处置。建设工程施工合同无效,但是建设工程经验收合格的,可以参照合同关于工程价款的约定折价补偿承包人。

建设工程施工合同无效,且建设工程经验收不合格的,按照以下情形处理:

1)修复后的建设工程经验收合格的,发包人可以请求承包人承担修复费用;

2)修复后的建设工程经验收不合格的,承包人无权请求参照合同关于工程价款的约定折价补偿。

发包人对因建设工程不合格造成的损失有过错的,应当承担相应的责任。

3. 委托合同有关规定

委托合同是指委托人和受托人约定,由受托人处理委托人事务的合同。委托人可以特别委托受托人处理一项或者数项事务,也可以概括委托受托人处理一切事务。

建设工程实行监理的,发包人应当与监理人采用书面形式订立委托监理合同。发包人与监理人的权利和义务以及法律责任,应当依照《民法典》(合同编)委托合同以及其他有关法律、行政法规的规定。《民法典》(合同编)关于委托合同的主要规定如下:

(1)委托人的主要权利和义务。

1)委托人应当预付处理委托事务的费用。委托人应当偿还受托人为处理委托事务垫付的必要费用及其利息。

2)有偿的委托合同,因受托人的过错给委托人造成损失的,委托人可以要求赔偿损失。无偿的委托合同,因受托人的故意或者重大过失给委托人造成损失的,委托人可以要求赔偿损失。受托人超越权限给委托人造成损失的,应当赔偿损失。

3)受托人完成委托事务的,委托人应当向其支付报酬。因不可归责于受托人的事由,委托合同解除或者委托事务不能完成的,委托人应当向受托人支付相应的报酬。当事人另有约定的,按照其约定。

(2)受托人的主要权利和义务。

1)受托人应当按照委托人的指示处理委托事务。需要变更委托人指示的,应当经委托人同意;因情况紧急,难以和委托人取得联系的,受托人应当妥善处理委托事务,但事后应当将该情况及时报告委托人。

2)受托人应当亲自处理委托事务。经委托人同意,受托人可以转委托。转委托经同意的,委托人可以就委托事务直接指示转委托的第三人,受托人仅就第三人的选任及其对第三人的指示承担责任。转委托未经同意的,受托人应当对转委托的第三人的行为承担责任,但在紧急情况下受托人为维护委托人的利益需要转委托的除外。

3)受托人应当按照委托人的要求,报告委托事务的处理情况。委托合同终止时,受托人应当报告委托事务的结果。

4)受托人处理委托事务时,因不可归责于自己的事由受到损失的,可以向委托人要求赔偿损失。

5)委托人经受托人同意,可以在受托人之外委托第三人处理委托事务。因此给受托人造成损失的,受托人可以向委托人要求赔偿损失。

6)两个以上的受托人共同处理委托事务的,对委托人承担连带责任。

(四)《安全生产法》的主要内容

《安全生产法》强调安全生产工作坚持中国共产党的领导。安全生产工作应当以人为本,坚持人民至上、生命至上,把保护人民生命安全摆在首位,树牢安全发展理念,坚持安全第一、预防为主、综合治理的方针,从源头上防范化解重大安全风险。

安全生产工作实行管行业必须管安全、管业务必须管安全、管生产经营必须管安全,强化和落实生产经营单位主体责任与政府监管责任,建立生产经营单位负责、职工参与、政府监管、行业自律和社会监督的机制。

2021年修订的《安全生产法》主要包括生产经营单位的安全生产保障、从业人员的安全生产权利义务、安全生产的监督管理、生产安全事故的应急救援与调查处理等方面的内容。

1. 生产经营单位的安全生产保障

生产经营单位应当具备《安全生产法》和有关法律、行政法规和国家标准或者行业标准规定的安全生产条件;不具备安全生产条件的,不得从事生产经营活动。

(1)生产经营单位的主要负责人对本单位安全生产工作负有下列职责:

1)建立健全并落实本单位全员安全生产责任制,加强安全生产标准化建设;

2)组织制定并实施本单位安全生产规章制度和操作规程;

3)组织制定并实施本单位安全生产教育和培训计划;

4)保证本单位安全生产投入的有效实施;

5)组织建立并落实安全风险分级管控和隐患排查治理双重预防工作机制,督促、检查本单位的安全生产工作,及时消除生产安全事故隐患;

6)组织制定并实施本单位的生产安全事故应急救援预案;

7)及时、如实报告生产安全事故。

(2)生产经营单位的安全生产管理机构及安全生产管理人员职责。全员安全生产责任制应当明确各岗位的责任人员、责任范围和考核标准等内容。生产经营单位应当建立相应的机制,加强对全员安全生产责任制落实情况的监督考核,保证全员安全生产责任制的落实。

矿山、金属冶炼、建筑施工、运输单位和危险物品的生产、经营、储存、装卸单位,应当设置安全生产管理机构或者配备专职安全生产管理人员。

上述单位以外的其他生产经营单位,从业人员超过一百人的,应当设置安全生产管理机构或者配备专职安全生产管理人员;从业人员在一百人以下的,应当配备专职或者兼职的安全生产管理人员。

生产经营单位的安全生产管理机构以及安全生产管理人员履行下列职责:

1) 组织或者参与拟订本单位安全生产规章制度、操作规程和生产安全事故应急救援预案;

2) 组织或者参与本单位安全生产教育和培训,如实记录安全生产教育和培训情况;

3) 组织开展危险源辨识和评估,督促落实本单位重大危险源的安全管理措施;

4) 组织或者参与本单位应急救援演练;

5) 检查本单位的安全生产状况,及时排查生产安全事故隐患,提出改进安全生产管理的建议;

6) 制止和纠正违章指挥、强令冒险作业、违反操作规程的行为;

7) 督促落实本单位安全生产整改措施。

生产经营单位可以设置专职安全生产分管负责人,协助本单位主要负责人履行安全生产管理职责。

(3) 安全生产教育和培训。生产经营单位应当对从业人员进行安全生产教育和培训,保证从业人员具备必要的安全生产知识,熟悉有关的安全生产规章制度和安全操作规程,掌握本岗位的安全操作技能,了解事故应急处理措施,知悉自身在安全生产方面的权利和义务。未经安全生产教育和培训合格的从业人员,不得上岗作业。

生产经营单位使用被派遣劳动者的,应当将被派遣劳动者纳入本单位从业人员统一管理,对被派遣劳动者进行岗位安全操作规程和安全操作技能的教育和培训。劳务派遣单位应当对被派遣劳动者进行必要的安全生产教育和培训。

生产经营单位接收中等职业学校、高等学校学生实习的,应当对实习学生进行相应的安全生产教育和培训,提供必要的劳动防护用品。学校应当协助生产经营单位对实习学生进行安全生产教育和培训。

生产经营单位应当建立安全生产教育和培训档案,如实记录安全生产教育和培训的时间、内容、参加人员以及考核结果等情况。

(4) 安全风险分级管控及事故隐患排查治理制度。生产经营单位应当建立安全风险分级管控制度,按照安全风险分级采取相应的管控措施。

生产经营单位应当建立健全并落实生产安全事故隐患排查治理制度,采取技术、管理措施,及时发现并消除事故隐患。事故隐患排查治理情况应当如实记录,并通过职工大会或者职工代表大会、信息公示栏等方式向从业人员通报。其中,重大事故隐患排查治理情况应当及时向负有安全生产监督管理职责的部门和职工大会或者职工代表大会报告。

(5) 生产经营单位投保责任。生产经营单位必须依法参加工伤保险,为从业人员缴纳保险费。

国家鼓励生产经营单位投保安全生产责任保险;属于国家规定的高危行业、领域的生产经营单位,应当投保安全生产责任保险。

2. 从业人员的安全生产权利和义务

（1）生产经营单位的从业人员有权了解其作业场所和工作岗位存在的危险因素、防范措施及事故应急措施，有权对本单位的安全生产工作提出建议。

（2）从业人员有权对本单位安全生产工作中存在的问题提出批评、检举、控告；有权拒绝违章指挥和强令冒险作业。生产经营单位不得因从业人员对本单位安全生产工作提出批评、检举、控告或者拒绝违章指挥、强令冒险作业而降低其工资、福利等待遇或者解除与其订立的劳动合同。

（3）从业人员发现直接危及人身安全的紧急情况时，有权停止作业或者在采取可能的应急措施后撤离作业场所。生产经营单位不得因从业人员在前款紧急情况下停止作业或者采取紧急撤离措施而降低其工资、福利等待遇或者解除与其订立的劳动合同。

（4）因生产安全事故受到损害的从业人员，除依法享有工伤保险外，依照有关民事法律尚有获得赔偿的权利的，有权提出赔偿要求。

（5）从业人员在作业过程中，应当严格落实岗位安全责任，遵守本单位的安全生产规章制度和操作规程，服从管理，正确佩戴和使用劳动防护用品。

（6）从业人员应当接受安全生产教育和培训，掌握本职工作所需的安全生产知识，提高安全生产技能，增强事故预防和应急处理能力。

（7）从业人员发现事故隐患或者其他不安全因素，应当立即向现场安全生产管理人员或者本单位负责人报告；接到报告的人员应当及时予以处理。

3. 安全生产的监督管理

应急管理部门应当按照分类分级监督管理的要求，制定安全生产年度监督检查计划，并按照年度监督检查计划进行监督检查，发现事故隐患，应当及时处理。

生产经营单位对负有安全生产监督管理职责的部门的监督检查人员依法履行监督检查职责，应当予以配合，不得拒绝、阻挠。

负有安全生产监督管理职责的部门依法对存在重大事故隐患的生产经营单位作出停产停业、停止施工、停止使用相关设施或者设备的决定，生产经营单位应当依法执行，及时消除事故隐患。生产经营单位拒不执行，有发生生产安全事故的现实危险的，在保证安全的前提下，经本部门主要负责人批准，负有安全生产监督管理职责的部门可以采取通知有关单位停止供电、停止供应民用爆炸物品等措施，强制生产经营单位履行决定。通知应当采用书面形式，有关单位应当予以配合。

4. 生产安全事故的应急救援与调查处理

国家加强生产安全事故应急能力建设，在重点行业、领域建立应急救援基地和应急救援队伍，并由国家安全生产应急救援机构统一协调指挥；鼓励生产经营单位和其他社会力量建立应急救援队伍，配备相应的应急救援装备和物资，提高应急救援的专业化水平。

国务院应急管理部门牵头建立全国统一的生产安全事故应急救援信息系统，国务院交通运输、住房和城乡建设、水利、民航等有关部门和县级以上地方人民政府建立健全相关行业、领域、地区的生产安全事故应急救援信息系统，实现互联互通、信息共享，通过推行网上安全信息采集、安全监管和监测预警，提升监管的精准化、智能化水平。

（1）应急救援。县级以上地方各级人民政府应当组织有关部门制定本行政区域内生产安全事故应急救援预案,建立应急救援体系。生产经营单位应当制定本单位生产安全事故应急救援预案,与所在地县级以上地方人民政府组织制定的生产安全事故应急救援预案相衔接,并定期组织演练。

危险物品的生产、经营、储存单位以及矿山、金属冶炼、城市轨道交通运营、建筑施工单位应当建立应急救援组织;生产经营规模较小的,可以不建立应急救援组织,但应当指定兼职的应急救援人员。

危险物品的生产、经营、储存、运输单位以及矿山、金属冶炼、城市轨道交通运营、建筑施工单位应当配备必要的应急救援器材、设备和物资,并进行经常性维护、保养,保证正常运转。

(2)事故报告与调查处理。生产经营单位发生生产安全事故后,事故现场有关人员应当立即报告本单位负责人。单位负责人接到事故报告后,应当迅速采取有效措施,组织抢救,防止事故扩大,减少人员伤亡和财产损失,并按照国家有关规定立即如实报告当地负有安全生产监督管理职责的部门,不得隐瞒不报、谎报或者迟报,不得故意破坏事故现场、毁灭有关证据。

事故调查处理应当按照科学严谨、依法依规、实事求是、注重实效的原则,及时、准确地查清事故原因,查明事故性质和责任,评估应急处置工作,总结事故教训,提出整改措施,并对事故责任单位和人员提出处理建议。事故调查报告应当依法及时向社会公布。事故调查和处理的具体办法由国务院制定。

事故发生单位应当及时全面落实整改措施,负有安全生产监督管理职责的部门应当加强监督检查。

负责事故调查处理的国务院有关部门和地方人民政府应当在批复事故调查报告后一年内,组织有关部门对事故整改和防范措施落实情况进行评估,并及时向社会公开评估结果;对不履行职责导致事故整改和防范措施没有落实的有关单位和人员,应当按照有关规定追究责任。

二、行政法规

建设工程行政法规法律是指由国务院通过的规范工程建设活动的法律规范,以国务院令形式予以公布。与建设工程监理密切相关的行政法规有《建设工程质量管理条例》《建设工程安全生产管理条例》《生产安全事故报告和调查处理条例》及《招标投标法实施条例》等。

(一)《建设工程质量管理条例》的相关内容

为了加强对建设工程质量的管理,保证建设工程质量,《建设工程质量管理条例》明确了建设单位、勘察单位、设计单位、施工单位、工程监理单位的质量责任和义务,以及工程质量保修期限。

1. 建设单位的质量责任和义务

(1)工程发包。建设单位应当将工程发包给具有相应资质等级的单位。建设单位不得将建设工程肢解发包。

建设单位应当依法对工程建设项目的勘察、设计、施工、监理以及与工程建设有关的重要设备、材料等的采购进行招标。不得迫使承包方以低于成本的价格竞标,不得任意压缩合理工期;不得明示或者暗示设计单位或者施工单位违反工程建设强制性标准,降低建设工程质量。

建设单位必须向有关的勘察、设计、施工、工程监理等单位提供与建设工程有关的原始资料。原始资料必须真实、准确、齐全。

(2)施工图设计文件审查。施工图设计文件未经审查批准的,不得使用。

(3)委托工程监理。实行监理的建设工程,建设单位应当委托监理。

(4)工程施工阶段责任和义务。

1)建设单位在领取施工许可证或者开工报告前,应当按照国家有关规定办理工程质量监督手续。

2)按照合同约定,由建设单位采购建筑材料、建筑构配件和设备的,建设单位应当保证建筑材料、建筑构配件和设备符合设计文件和合同要求。建设单位不得明示或者暗示施工单位使用不合格的建筑材料、建筑构配件和设备。

3)涉及建筑主体和承重结构变动的装修工程,建设单位应当在施工前委托原设计单位或者具有相应资质等级的设计单位提出设计方案;没有设计方案的,不得施工。房屋建筑使用者在装修过程中,不得擅自变动房屋建筑主体和承重结构。

(5)组织工程竣工验收。建设单位收到建设工程竣工报告后,应当组织设计、施工、工程监理等有关单位进行竣工验收。建设工程经验收合格的,方可交付使用。

建设工程竣工验收应当具备下列条件:

1)完成建设工程设计和合同约定的各项内容;

2)有完整的技术档案和施工管理资料;

3)有工程使用的主要建筑材料、建筑构配件和设备的进场试验报告;

4)有勘察、设计、施工、工程监理等单位分别签署的质量合格文件;

5)有施工单位签署的工程保修书。

建设单位应当严格按照国家有关档案管理的规定,及时收集、整理建设项目各环节的文件资料,建立健全建设项目档案,并在建设工程竣工验收后,及时向建设行政主管部门或者其他有关部门移交建设项目档案。

2. 勘察、设计单位的质量责任和义务

(1)工程承揽。从事建设工程勘察、设计的单位应当依法取得相应等级的资质证书,并在其资质等级许可的范围内承揽工程。

勘察、设计单位不得转包或者违法分包所承揽的工程。

禁止勘察、设计单位超越其资质等级许可的范围或者以其他勘察、设计单位的名义承揽工程。

禁止勘察、设计单位允许其他单位或者个人以本单位的名义承揽工程。

(2)勘察设计过程中的质量责任和义务。

勘察、设计单位必须按照工程建设强制性标准进行勘察、设计,并对其勘察、设计的质量负责。

勘察单位提供的地质、测量、水文等勘察成果必须真实、准确。

设计单位应当根据勘察成果文件进行建设工程设计。

设计文件应当符合国家规定的设计深度要求,注明工程合理使用年限。

注册建筑师、注册结构工程师等注册职业人员应当在设计文件上签字,对设计文件负责。

设计单位还应当就审查合格的施工图设计文件向施工单位作出详细说明。

设计单位在设计文件中选用的建筑材料、建筑构配件和设备,应当注明规格、型号、性能等技术指标,其质量要求必须符合国家规定的标准。除有特殊要求的建筑材料、专用设备、工艺生产线等外,设计单位不得指定生产厂、供应商。

设计单位还应当参与建设工程质量事故分析,并对因设计造成的质量事故,提出相应的技术处理方案。

3. 施工单位的质量责任和义务

(1)承揽工程方面。

施工单位应当依法取得相应等级的资质证书,并在其资质等级许可的范围内承揽工程。

禁止施工单位超越本单位资质等级许可的业务范围或者以其他施工单位的名义承揽工程。

禁止施工单位允许其他单位或者个人以本单位的名义承揽工程。

施工单位不得转包或者违法分包工程。

(2)工程施工的质量责任和义务。

施工单位对建设工程的施工质量负责。

施工单位应当建立质量责任制,确定工程项目的项目经理、技术负责人和施工管理负责人。

建设工程实行总承包的,总承包单位应当对全部建设工程质量负责;建设工程勘察、设计、施工、设备采购的一项或者多项实行总承包的,总承包单位应当对其承包的建设工程或者采购的设备的质量负责。

总承包单位依法将建设工程分包给其他单位的,分包单位应当按照分包合同的约定对其分包工程的质量向总承包单位负责,总承包单位与分包单位对分包工程的质量承担连带责任。

施工单位必须按照工程设计图纸和施工技术标准施工,不得擅自修改工程设计,不得偷工减料。施工单位在施工过程中发现设计文件和图纸有差错的,应当及时提出意见和建议。

施工单位还应当建立健全教育培训制度,加强对职工的教育培训;未经教育培训或者考核不合格的人员,不得上岗作业。

(3)施工质量的检验检测方面。

施工单位必须按照工程设计要求、施工技术标准和合同约定,对建筑材料、建筑构配件、设备和商品混凝土进行检验,检验应当有书面记录和专人签字;未经检验或者检验不合格的,不得使用。

施工人员对涉及结构安全的试块、试件以及有关材料,应当在建设单位或者工程监理单位监督下现场取样,并送具有相应资质等级的质量检测单位进行检测。

施工单位必须建立健全施工质量的检验制度,严格工序管理,作好隐蔽工程的质量检查和记录。隐蔽工程在隐蔽前,施工单位应当通知建设单位和建设工程质量监督机构。

施工单位对施工中出现质量问题的建设工程或者竣工验收不合格的建设工程,应当负责返修。

4. 工程监理单位的质量责任和义务

(1)建设工程监理业务的承揽方面。

工程监理单位应当依法取得相应等级的资质证书,并在其资质等级许可的范围内承担工程监理业务。

禁止工程监理单位超越本单位资质等级许可的范围或者以其他工程监理单位的名义承担建设工程监理业务;禁止工程监理单位允许其他单位或者个人以本单位的名义承担建设工程监理业务。

工程监理单位不得转让建设工程监理业务。

工程监理单位与被监理工程的施工承包单位以及建筑材料、建筑构配件和设备供应单位有隶属关系或者其他利害关系的,不得承担该项建设工程的监理业务。

(2)建设工程监理工作的实施方面。

工程监理单位应当依照法律、法规以及有关技术标准、设计文件和建设工程承包合同,代表建设单位对施工质量实施监理,并对施工质量承担监理责任。

工程监理单位应当选派具备相应资格的总监理工程师和监理工程师进驻施工现场。

监理工程师应当按照建设工程监理规范的要求,采取旁站、巡视和平行检验等形式,对建设工程实施监理。

未经监理工程师签字,建筑材料、建筑构配件和设备不得在工程上使用或者安装,施工单位不得进行下一道工序的施工。未经总监理工程师签字,建设单位不拨付工程款,不进行竣工验收。

5. 建设工程质量保修方面

(1)建设工程质量保修制度。

建设工程实行质量保修制度。建设工程承包单位在向建设单位提交工程竣工验收报告时,应当向建设单位出具质量保修书。质量保修书中应当明确建设工程的保修范围、保修期限和保修责任等。

建设工程在保修范围和保修期限内发生质量问题的,施工单位应当履行保修义务,并对造成的损失承担赔偿责任。建设工程在超过合理使用年限后需要继续使用的,产权所有人应当委托具有相应资质等级的勘察、设计单位鉴定,并根据鉴定结果采取加固、维修等措施,重新界定使用期。

(2)建设工程最低保修期限。

在正常使用条件下,建设工程的最低保修期限为:

1)基础设施工程、房屋建筑的地基基础工程和主体结构工程,为设计文件规定的该工程合理使用年限。

2)屋面防水工程、有防水要求的卫生间、房间和外墙面的防渗漏为5年。

3）供热与供冷系统,为 2 个采暖期、供冷期。
4）电气管道、给排水管道、设备安装和装修工程为 2 年。
建设工程的保修期,自竣工验收合格之日起计算。
其他工程的保修期限由发包方与承包方约定。

6. 工程竣工验收备案和质量事故报告

（1）工程竣工验收备案。建设单位应当自建设工程竣工验收合格之日起 15 日内,将建设工程竣工验收报告和规划、公安消防、环保等部门出具的认可文件或者准许使用文件报建设行政主管部门或者其他有关部门备案。

建设行政主管部门或者其他有关部门发现建设单位在竣工验收过程中有违反国家有关建设工程质量管理规定行为的,责令停止使用,重新组织竣工验收。

（2）工程质量事故报告。建设工程发生质量事故,有关单位应当在 24 小时内向当地建设行政主管部门和其他有关部门报告。对重大质量事故,事故发生地的建设行政主管部门和其他有关部门应当按照事故类别和等级向当地人民政府和上级建设行政主管部门和其他有关部门报告。特别重大质量事故的调查程序按照国务院有关规定办理。任何单位和个人对建设工程的质量事故、质量缺陷都有权检举、控告、投诉。

（二）《建设工程安全生产管理条例》的相关内容

为了加强建设工程安全生产监督管理,保障人民群众生命和财产安全,《建设工程安全生产管理条例》对建设单位、勘察单位、设计单位、施工单位、工程监理单位及其他与建设工程安全生产有关单位的安全生产责任进行了明确,并对生产安全事故应急救援和调查处理的相关事宜也进行了明确。

1. 建设单位的安全责任

（1）建设单位应该提供有关资料。建设单位应当向施工单位提供施工现场及毗邻区域内供水、排水、供电、供气、供热、通信、广播电视等地下管线资料,气象和水文观测资料,相邻建筑物和构筑物、地下工程的有关资料,并保证资料的真实、准确、完整。

（2）建设单位的禁止行为。建设单位不得对勘察、设计、施工、工程监理等单位提出不符合建设工程安全生产法律、法规和强制性标准规定的要求,不得压缩合同约定的工期;不得明示或者暗示施工单位购买、租赁、使用不符合安全施工要求的安全防护用具、机械设备、施工机具及配件、消防设施和器材。

（3）安全施工措施及其费用的有关规定。建设单位在编制工程概算时,应当确定建设工程安全作业环境及安全施工措施所需费用。建设单位在申请领取施工许可证时,应当提供建设工程有关安全施工措施的资料。

依法批准开工报告的建设工程,建设单位应当自开工报告批准之日起 15 日内,将保证安全施工的措施报送建设工程所在地的县级以上地方人民政府建设行政主管部门或者其他有关部门备案。

（4）关于拆除工程的发包与备案。建设单位应当将拆除工程发包给具有相应资质等级的施工单位,并在拆除工程施工 15 日前,将下列资料报送建设工程所在地的县级以上地方人民政府建设行政主管部门或者其他有关部门备案：

1）施工单位资质等级证明；

2）拟拆除建筑物、构筑物及可能危及毗邻建筑的说明；

3）拆除施工组织方案；

4）堆放、清除废弃物的措施。

实施爆破作业的，应当遵守国家有关民用爆炸物品管理的规定。

2. 勘察、设计、工程监理及其他有关单位的安全责任

（1）勘察单位的安全责任。

勘察单位应当按照法律、法规和工程建设强制性标准进行勘察，提供的勘察文件应当真实、准确，满足建设工程安全生产的需要。

勘察单位在勘察作业时，应当严格执行操作规程，采取措施保证各类管线、设施和周边建筑物、构筑物的安全。

（2）设计单位的安全责任。

设计单位应当按照法律、法规和工程建设强制性标准进行设计，防止因设计不合理导致生产安全事故的发生。

设计单位应当考虑施工安全操作和防护的需要，对涉及施工安全的重点部位和环节在设计文件中注明，并对防范生产安全事故提出指导意见。

采用新结构、新材料、新工艺的建设工程和特殊结构的建设工程，设计单位应当在设计中提出保障施工作业人员安全和预防生产安全事故的措施建议。

设计单位和注册建筑师等注册职业人员应当对其设计负责。

（3）工程监理单位的安全责任。

工程监理单位应当审查施工组织设计中的安全技术措施或者专项施工方案是否符合工程建设强制性标准。

工程监理单位在实施监理过程中，发现存在安全事故隐患的，应当要求施工单位整改；情况严重的，应当要求施工单位暂时停止施工，并及时报告建设单位。施工单位拒不整改或者不停止施工的，工程监理单位应当及时向有关主管部门报告。

工程监理单位和监理工程师应当按照法律、法规和工程建设强制性标准实施监理，并对建设工程安全生产承担监理责任。

（4）机械设备配件供应单位的安全责任。

为建设工程提供机械设备和配件的单位，应当按照安全施工的要求配备齐全有效的保险、限位等安全设施和装置。

出租的机械设备和施工机具及配件，应当具有生产（制造）许可证、产品合格证。出租单位应当对出租的机械设备和施工机具及配件的安全性能进行检测，在签订租赁协议时，应当出具检测合格证明。

禁止出租检测不合格的机械设备和施工机具及配件。

（5）施工机械设施安装单位的安全责任。

在施工现场安装、拆卸施工起重机械和整体提升脚手架、模板等自升式架设设施，必须由具有相应资质的单位承担。

安装、拆卸上述机械和设施，应当编制拆装方案、制定安全施工措施，并由专业技术人员现场监督。

施工起重机械和整体提升脚手架、模板等自升式架设设施安装完毕后,安装单位应当自检,出具自检合格证明,并向施工单位进行安全使用说明,办理验收手续并签字。

施工起重机械和整体提升脚手架、模板等自升式架设设施的使用达到国家规定的检验检测期限的,必须经具有专业资质的检验检测机构检测。经检测不合格的,不得继续使用。检验检测机构对检测合格的施工起重机械和整体提升脚手架、模板等自升式架设设施,应当出具安全合格证明文件,并对检测结果负责。

3. 施工单位的安全责任

(1) 建设工程承揽方面。

施工单位从事建设工程的新建、扩建、改建和拆除等活动,应当具备国家规定的注册资本、专业技术人员、技术装备和安全生产等条件,依法取得相应等级的资质证书,并在其资质等级许可的范围内承揽工程。

(2) 安全生产责任制度的落实。

施工单位主要负责人依法对本单位的安全生产工作全面负责。施工单位应当建立健全安全生产责任制度,制定安全生产规章制度和操作规程,保证本单位安全生产条件所需资金的投入,对所承担的建设工程进行定期和专项安全检查,并做好安全检查记录。

施工单位的项目负责人应当由取得相应职业资格的人员担任,对建设工程项目的安全施工负责,落实安全生产责任制度、安全生产规章制度和操作规程,确保安全生产费用的有效使用,并根据工程的特点组织制定安全施工措施,消除安全事故隐患,及时、如实报告生产安全事故。

建设工程实行施工总承包的,由总承包单位对施工现场的安全生产负总责。总承包单位依法将建设工程分包给其他单位的,分包合同中应当明确各自的安全生产方面的权利、义务。总承包单位和分包单位对分包工程的安全生产承担连带责任。分包单位应当服从总承包单位的安全生产管理,如分包单位不服从管理导致生产安全事故,由分包单位承担主要责任。

(3) 安全生产管理费用的使用。

施工单位对列入建设工程概算的安全作业环境及安全施工措施所需费用,应当用于施工安全防护用具及设施的采购和更新、安全施工措施的落实、安全生产条件的改善,不得挪作他用。

(4) 施工现场安全生产管理方面。

施工单位应当设立安全生产管理机构,配备专职安全生产管理人员。建设工程施工前,施工单位负责项目管理的技术人员应当对有关安全施工的技术要求向施工作业班组、作业人员作出详细说明,并由双方签字确认。

专职安全生产管理人员负责对安全生产进行现场监督检查。发现安全事故隐患,应当及时向项目负责人和安全生产管理机构报告;对违章指挥、违章操作应当立即制止。

(5) 安全生产教育培训方面。

施工单位的主要负责人、项目负责人、专职安全生产管理人员应当经建设行政主管部门或者其他有关部门考核合格后方可任职。施工单位应当建立健全安全生产教育培训制度,应当对管理人员和作业人员每年至少进行一次安全生产教育培训,其教育培训情况记入个人工作档案。安全生产教育培训考核不合格的人员,不得上岗。

作业人员进入新的岗位或者新的施工现场前,应当接受安全生产教育培训。未经教育培训或者教育培训考核不合格的人员,不得上岗作业。施工单位在采用新技术、新工艺、新设备、新材料时,应当对作业人员进行相应的安全生产教育培训。

垂直运输机械作业人员、安装拆卸工、爆破作业人员、起重信号工、登高架设作业人员等特种作业人员,必须按照国家有关规定经过专门的安全作业培训,并取得特种作业操作资格证书后,方可上岗作业。

(6)安全技术措施和专项施工方案的编制。

施工单位应当在施工组织设计中编制安全技术措施和施工现场临时用电方案,对下列达到一定规模的危险性较大的分部分项工程编制专项施工方案,并附具安全验算结果,经施工单位技术负责人、总监理工程师签字后实施,由专职安全生产管理人员进行现场监督:①基坑支护与降水工程;②土方开挖工程;③模板工程;④起重吊装工程;⑤脚手架工程;⑥拆除、爆破工程;⑦国务院建设行政主管部门或者其他有关部门规定的其他危险性较大的工程。上述工程中涉及深基坑、地下暗挖工程、高大模板工程的专项施工方案,施工单位还应当组织专家进行论证、审查。

(7)施工现场安全防护方面。

施工单位应当在施工现场入口处、施工起重机械、临时用电设施、脚手架、出入通道口、楼梯口、电梯井口、孔洞口、桥梁口、隧道口、基坑边沿、爆破物及有害危险气体和液体存放处等危险部位,设置明显的符合国家标准的安全警示标志。施工单位应当根据不同施工阶段和周围环境及季节、气候的变化,在施工现场采取相应的安全施工措施。施工现场暂时停止施工的,施工单位应当做好现场防护,所需费用由责任方承担,或者按照合同约定执行。

施工单位应当向作业人员提供安全防护用具和安全防护服装,并书面告知危险岗位的操作规程和违章操作的危害。作业人员应当遵守安全施工的强制性标准、规章制度和操作规程,正确使用安全防护用具、机械设备等。

(8)施工现场卫生、环境与消防安全管理方面。

施工单位应当将施工现场的办公、生活区与作业区分开设置,并保持安全距离;办公、生活区的选址应当符合安全性要求。职工的膳食、饮水、休息场所等应当符合卫生标准。

施工单位不得在尚未竣工的建筑物内设置员工集体宿舍。施工现场临时搭建的建筑物应当符合安全使用要求。施工现场使用的装配式活动房屋应当具有产品合格证。

施工单位应当在施工现场建立消防安全责任制度,确定消防安全责任人,制定用火、用电、使用易燃易爆材料等各项消防安全管理制度和操作规程,设置消防通道、消防水源,配备消防设施和灭火器材,并在施工现场入口处设置明显标志。

施工单位对因建设工程施工可能造成损害的毗邻建筑物、构筑物和地下管线等,应当采取专项防护措施。施工单位应当遵守有关环境保护法律、法规的规定,在施工现场采取措施,防止或者减少粉尘、废气、废水、固体废物、噪声、振动和施工照明对人和环境的危害和污染。

在城市市区内的建设工程,施工单位应当对施工现场实行封闭围挡。

(9)施工机具设备安全管理方面。

施工单位采购、租赁的安全防护用具、机械设备、施工机具及配件,应当具有生产(制造)许可证、产品合格证,并在进入施工现场前进行查验。

施工现场的安全防护用具、机械设备、施工机具及配件必须由专人管理,定期进行检查、维修和保养,建立相应的资料档案,并按照国家有关规定及时报废。

施工单位在使用施工起重机械和整体提升脚手架、模板等自升式架设设施前,应当组织有关单位进行验收,也可以委托具有相应资质的检验检测机构进行验收;使用承租的机械设备和施工机具及配件的,应由施工总承包单位、分包单位、出租单位和安装单位共同进行验收。验收合格的方可使用。

《特种设备安全监察条例》规定的施工起重机械,在验收前应当经有相应资质的检验检测机构监督检验合格。

施工单位应当自施工起重机械和整体提升脚手架、模板等自升式架设设施验收合格之日起30日内,向建设行政主管部门或者其他有关部门登记。登记标志应当置于或者附着于该设备的显著位置。

(10)意外伤害保险。

施工单位应当为施工现场从事危险作业的人员办理意外伤害保险。意外伤害保险费由施工单位支付。实行施工总承包的,由总承包单位支付意外伤害保险费。意外伤害保险期限自建设工程开工之日起至竣工验收合格止。

4. 生产安全事故的应急救援和调查处理

(1)生产安全事故应急救援。

县级以上地方人民政府建设行政主管部门应当根据本级人民政府的要求,制定本行政区域内建设工程特大生产安全事故应急救援预案。

施工单位应当制定本单位生产安全事故应急救援预案,建立应急救援组织或者配备应急救援人员,配备必要的应急救援器材、设备,并定期组织演练。

施工单位应当根据建设工程施工的特点、范围,对施工现场易发生重大事故的部位、环节进行监控,制定施工现场生产安全事故应急救援预案。实行施工总承包的,由总承包单位统一组织编制建设工程生产安全事故应急救援预案,工程总承包单位和分包单位按照应急救援预案,各自建立应急救援组织或者配备应急救援人员,配备救援器材、设备,并定期组织演练。

(2)生产安全事故调查处理。

施工单位发生生产安全事故,应当按照国家有关伤亡事故报告和调查处理的规定,及时、如实地向负责安全生产监督管理的部门、建设行政主管部门或者其他有关部门报告;特种设备发生事故的,还应当同时向特种设备安全监督管理部门报告。接到报告的部门应当按照国家有关规定,如实上报。

实行施工总承包的建设工程,由总承包单位负责上报事故。

发生生产安全事故后,施工单位应当采取措施防止事故扩大,保护事故现场。需要移动现场物品时,应当做出标记和书面记录,妥善保管有关证物。

(三)《生产安全事故报告和调查处理条例》的相关内容

为规范生产安全事故的报告和调查处理,落实生产安全事故责任追究制度,防止和减少生产安全事故,《生产安全事故报告和调查处理条例》明确规定了生产安全事故的等级划分标准,事故报告的程序和内容及调查处理相关事宜。

生产经营活动中发生的造成人身伤亡或者直接经济损失的生产安全事故的报告和调查处理,适用该条例;环境污染事故、核设施事故、国防科研生产事故的报告和调查处理不适用该条例。

1. 生产安全事故等级

根据生产安全事故造成的人员伤亡或者直接经济损失,生产安全事故分为以下等级:

(1)特别重大事故。指造成 30 人及以上死亡,或者 100 人及以上重伤(包括急性工业中毒,下同),或者 1 亿元及以上直接经济损失的事故。

(2)重大事故。指造成 10 人及以上 30 人以下死亡,或者 50 人及以上 100 人以下重伤,或者 5000 万元及以上 1 亿元以下直接经济损失的事故。

(3)较大事故。指造成 3 人及以上 10 人以下死亡,或者 10 人及以上 50 人以下重伤,或者 1000 万元及以上 5000 万元以下直接经济损失的事故。

(4)一般事故。指造成 3 人以下死亡,或者 10 人以下重伤,或者 1000 万元以下直接经济损失的事故。

2. 事故报告

事故报告应当及时、准确、完整,任何单位和个人对事故不得迟报、漏报、谎报或者瞒报。

(1)事故报告程序方面的要求。

事故发生后,事故现场有关人员应当立即向本单位负责人报告;单位负责人接到报告后,应当于 1 小时内向事故发生地县级以上人民政府安全生产监督管理部门和负有安全生产监督管理职责的有关部门报告。

情况紧急时,事故现场有关人员可以直接向事故发生地县级以上人民政府安全生产监督管理部门和负有安全生产监督管理职责的有关部门报告。

安全生产监督管理部门和负有安全生产监督管理职责的有关部门逐级上报事故情况,每级上报的时间不得超过 2 小时。

(2)事故报告的内容。

事故报告应当包括下列内容:

1)事故发生单位概况;

2)事故发生的时间、地点以及事故现场情况;

3)事故的简要经过;

4)事故已经造成或者可能造成的伤亡人数(包括下落不明的人数)和初步估计的直接经济损失;

5)已经采取的措施;

6)其他应当报告的情况。

事故报告后出现新情况的,应当及时补报。自事故发生之日起 30 日内,事故造成的伤亡人数发生变化的,应当及时补报。道路交通事故、火灾事故自发生之日起7日内,事故造成的伤亡人数发生变化的,应当及时补报。

(3) 事故报告后的处置。

事故发生单位负责人接到事故报告后,应当立即启动事故相应应急预案,或者采取有效措施,组织抢救,防止事故扩大,减少人员伤亡和财产损失。

事故发生地有关地方人民政府、安全生产监督管理部门和负有安全生产监督管理职责的有关部门接到事故报告后,其负责人应当立即赶赴事故现场,组织事故救援。

事故发生后,有关单位和人员应当妥善保护事故现场以及相关证据,任何单位和个人不得破坏事故现场、毁灭相关证据。

因抢救人员、防止事故扩大以及疏通交通等原因,需要移动事故现场物件的,应当做出标志,绘制现场简图并做出书面记录,妥善保存现场重要痕迹、物证。

3. 事故调查处理

(1) 事故调查组及其职责。

特别重大生产安全事故由国务院或者国务院授权有关部门组织事故调查组进行调查。

重大事故、较大事故、一般事故分别由事故发生地省级人民政府、设区的市级人民政府、县级人民政府负责调查。省级人民政府、设区的市级人民政府、县级人民政府可以直接组织事故调查组进行调查,也可以授权或者委托有关部门组织事故调查组进行调查。

未造成人员伤亡的一般事故,县级人民政府也可以委托事故发生单位组织事故调查组进行调查。

上级人民政府认为必要时,可以调查由下级人民政府负责调查的事故。

自事故发生之日起30日内(道路交通事故、火灾事故自发生之日起7日内),因事故伤亡人数变化导致事故等级发生变化,依照本条例规定应当由上级人民政府负责调查的,上级人民政府可以另行组织事故调查组进行调查。

特别重大事故以下等级事故,事故发生地与事故发生单位不在同一个县级以上行政区域的,由事故发生地人民政府负责调查,事故发生单位所在地人民政府应当派人参加。

事故调查处理应当坚持实事求是、尊重科学的原则,及时、准确地查清事故经过、事故原因和事故损失,查明事故性质,认定事故责任,总结事故教训,提出整改措施,并对事故责任者依法追究责任。

事故调查组的组成应当遵循精简、效能的原则。根据事故的具体情况,事故调查组由有关人民政府、安全生产监督管理部门、负有安全生产监督管理职责的有关部门、监察机关、公安机关以及工会派人组成,并应当邀请人民检察院派人参加。事故调查组可以聘请有关专家参与调查。事故调查组成员应当具有事故调查所需要的知识和专长,并与所调查的事故没有直接利害关系。事故调查组组长由负责事故调查的人民政府指定。事故调查组组长主持事故调查组的工作。

事故调查组应履行下列职责:

1) 查明事故发生的经过、原因、人员伤亡情况及直接经济损失;
2) 认定事故的性质和事故责任;

3）提出对事故责任者的处理建议；
4）总结事故教训，提出防范和整改措施；
5）提交事故调查报告。
（2）事故调查的有关要求。
事故调查组有权向有关单位和个人了解与事故有关的情况，并要求其提供相关文件、资料，有关单位和个人不得拒绝。
事故发生单位的负责人和有关人员在事故调查期间不得擅离职守，并应当随时接受事故调查组的询问，如实提供有关情况。
事故调查中需要进行技术鉴定的，事故调查组应当委托具有国家规定资质的单位进行技术鉴定。必要时，事故调查组可以直接组织专家进行技术鉴定。技术鉴定所需时间不计入事故调查期限。
事故调查组成员在事故调查工作中应当诚信公正、恪尽职守，遵守事故调查组的纪律，保守事故调查的秘密。
未经事故调查组组长允许，事故调查组成员不得擅自发布有关事故的信息。
（3）事故调查报告的有关要求。
事故调查组应当自事故发生之日起60日内提交事故调查报告；特殊情况下，经负责事故调查的人民政府批准，提交事故调查报告的期限可以适当延长，但延长的期限最长不超过60日。
事故调查报告应当包括下列内容：
1）事故发生单位概况；
2）事故发生经过和事故救援情况；
3）事故造成的人员伤亡和直接经济损失；
4）事故发生的原因和事故性质；
5）事故责任的认定以及对事故责任者的处理建议；
6）事故防范和整改措施。
事故调查报告应当附具有关证据材料。事故调查组成员应当在事故调查报告上签名。
（4）事故处理。
重大事故、较大事故、一般事故，负责事故调查的人民政府应当自收到事故调查报告之日起15日内做出批复；特别重大事故，30日内做出批复，特殊情况下，批复时间可以适当延长，但延长的时间最长不超过30日。
有关机关应当按照人民政府的批复，依照法律、行政法规规定的权限和程序，对事故发生单位和有关人员进行行政处罚，对负有事故责任的国家工作人员进行处分。
事故发生单位应当按照负责事故调查的人民政府的批复，对本单位负有事故责任的人员进行处理。
负有事故责任的人员涉嫌犯罪的，依法追究刑事责任。

（四）《招标投标法实施条例》的相关内容
为了规范招标投标活动，《招标投标法实施条例》明确了招标、投标、开标、评标和中标以及投诉与处理等方面的内容,并鼓励利用信息网络进行电子招标投标。

1. **招标**

(1)招标范围和方式。

按照国家有关规定需要履行项目审批、核准手续的依法必须进行招标的项目,其招标范围、招标方式、招标组织形式应当报项目审批、核准部门审批、核准。项目审批、核准部门应当及时将审批、核准确定的招标范围、招标方式、招标组织形式通报有关行政监督部门。

1)可以邀请招标的项目。国有资金占控股或者主导地位的依法必须进行招标的项目,应当公开招标;但有下列情形之一的,可以邀请招标:

①技术复杂、有特殊要求或者受自然环境限制,只有少量潜在投标人可供选择;

②采用公开招标方式的费用占项目合同金额的比例过大。

2)可以不招标的项目。除《招标投标法》规定的可以不进行招标的特殊情况外,有下列情形之一的,可以不进行招标:

①需要采用不可替代的专利或者专有技术;

②采购人依法能够自行建设、生产或者提供;

③已通过招标方式选定的特许经营项目投资人依法能够自行建设、生产或者提供;

④需要向原中标人采购工程、货物或者服务,否则将影响施工或者功能配套要求;

⑤国家规定的其他特殊情形。

(2)招标文件与资格审查。

1)资格预审公告和招标公告。公开招标的项目,应当依照相关法律法规的规定发布招标公告、编制招标文件。

招标人采用资格预审办法对潜在投标人进行资格审查的,应当发布资格预审公告、编制资格预审文件。

依法必须进行招标的项目的资格预审公告和招标公告,应当在国务院发展改革部门依法指定的媒介发布。在不同媒介发布的同一招标项目的资格预审公告或者招标公告的内容应当一致。指定媒介发布依法必须进行招标的项目的境内资格预审公告、招标公告,不得收取费用。

编制依法必须进行招标的项目的资格预审文件和招标文件,应当使用国务院发展改革部门会同有关行政监督部门制定的标准文本。

2)资格预审文件和招标文件的发售。招标人应当按照资格预审公告、招标公告或者投标邀请书规定的时间、地点发售资格预审文件或者招标文件。资格预审文件或者招标文件的发售期不得少于5日。

招标人发售资格预审文件、招标文件收取的费用应当限于补偿印刷、邮寄的成本支出,不得以营利为目的。

3)资格预审文件、招标文件的澄清或修改。招标人可以对已发出的资格预审文件或者招标文件进行必要的澄清或者修改。澄清或者修改的内容可能影响资格预审申请文件或者投标文件编制的,招标人应当在提交资格预审申请文件截止时间至少3日前,或者投标截止时间至少15日前,以书面形式通知所有获取资格预审文件或者招标文件的潜在投标人;不足 3 日或者 15 日的,招标人应当顺延提交资格预审申请文件或者投标文件的截止时间。

4）资格预审文件、招标文件的质疑。潜在投标人或者其他利害关系人对资格预审文件有异议的,应当在提交资格预审申请文件截止时间 2 日前提出;对招标文件有异议的,应当在投标截止时间 10 日前提出。招标人应当自收到异议之日起 3 日内作出答复;作出答复前,应当暂停招标投标活动。

5）资格预审文件的提交。招标人应当合理确定提交资格预审申请文件的时间。依法必须进行招标的项目提交资格预审申请文件的时间,自资格预审文件停止发售之日起不得少于 5 日。

6）资格预审的实施。资格预审应当按照资格预审文件载明的标准和方法进行。国有资金占控股或者主导地位的依法必须进行招标的项目,招标人应当组建资格审查委员会审查资格预审申请文件。

资格预审结束后,招标人应当及时向资格预审申请人发出资格预审结果通知书。未通过资格预审的申请人不具有投标资格。通过资格预审的申请人少于 3 个的,应当重新招标。

招标人采用资格后审办法对投标人进行资格审查的,应当在开标后由评标委员会按照招标文件规定的标准和方法对投标人的资格进行审查。

（3）招标工作的实施。

1）禁止不合理限制投标。招标人对招标项目划分标段的,应当遵守《招标投标法》的有关规定,不得利用划分标段限制或者排斥潜在投标人。依法必须进行招标的项目的招标人不得利用划分标段规避招标。

招标人不得以不合理的条件限制、排斥潜在投标人或者投标人。招标人有下列行为之一的,属于以不合理条件限制、排斥潜在投标人或者投标人：

①就同一招标项目向潜在投标人或者投标人提供有差别的项目信息；

②设定的资格、技术、商务条件与招标项目的具体特点和实际需要不相适应或者与合同履行无关；

③依法必须进行招标的项目以特定行政区域或者特定行业的业绩、奖项作为加分条件或者中标条件；

④对潜在投标人或者投标人采取不同的资格审查或者评标标准；

⑤限定或者指定特定的专利、商标、品牌、原产地或者供应商；

⑥依法必须进行招标的项目非法限定潜在投标人或者投标人的所有制形式或者组织形式；

⑦以其他不合理条件限制、排斥潜在投标人或者投标人。

2）总承包招标方面的规定。招标人可以依法对工程以及与工程建设有关的货物、服务全部或者部分实行总承包招标。以暂估价（指总承包招标时不能确定价格而由招标人在招标文件中暂时估定的工程、货物、服务的金额）形式包括在总承包范围内的工程、货物、服务属于依法必须进行招标的项目范围且达到国家规定规模标准的,应当依法进行招标。

3)两阶段招标的规定。对技术复杂或者无法精确拟定技术规格的项目,招标人可以分两阶段进行招标:

第一阶段,投标人按照招标公告或者投标邀请书的要求提交不带报价的技术建议,招标人根据投标人提交的技术建议确定技术标准和要求,编制招标文件。

第二阶段,招标人向在第一阶段提交技术建议的投标人提供招标文件,投标人按照招标文件的要求提交包括最终技术方案和投标报价的投标文件。

招标人要求投标人提交投标保证金的,应当在第二阶段提出。

4)投标有效期。招标人应当在招标文件中载明投标有效期。投标有效期从提交投标文件的截止之日起算。

5)投标保证金。招标人在招标文件中要求投标人提交投标保证金的,投标保证金不得超过招标项目估算价的2%。投标保证金有效期应当与投标有效期一致。依法必须进行招标的项目的境内投标单位,以现金或者支票形式提交的投标保证金应当从其基本账户转出。招标人不得挪用投标保证金。

6)标底及投标限价。招标人可以自行决定是否编制标底。

一个招标项目只能有一个标底,标底必须保密。

接受委托编制标底的中介机构不得参加受托编制标底项目的投标,也不得为该项目的投标人编制投标文件或者提供咨询。

招标人设有最高投标限价的,应当在招标文件中明确最高投标限价或者最高投标限价的计算方法。招标人不得规定最低投标限价。

7)终止招标。招标人终止招标的,应当及时发布公告,或者以书面形式通知被邀请的或者已经获取资格预审文件、招标文件的潜在投标人。已经发售资格预审文件、招标文件或者已经收取投标保证金的,招标人应当及时退还所收取的资格预审文件、招标文件的费用,以及所收取的投标保证金及银行同期存款利息。

2. 投标

投标人参加依法必须进行招标的项目的投标,不受地区或者部门的限制,任何单位和个人不得非法干涉。

与招标人存在利害关系可能影响招标公正性的法人、其他组织或者个人,不得参加投标。

单位负责人为同一人或者存在控股、管理关系的不同单位,不得参加同一标段投标或者未划分标段的同一招标项目投标。

(1)投标文件的撤回。

投标人撤回已提交的投标文件,应当在投标截止时间前书面通知招标人。招标人已收取投标保证金的,应当自收到投标人书面撤回通知之日起5日内退还。

投标截止后投标人撤销投标文件的,招标人可以不退还投标保证金。

(2)投标文件的拒收。

未通过资格预审的申请人提交的投标文件,以及逾期送达或者不按照招标文件要求密封的投标文件,招标人应当拒收。

招标人应当如实记载投标文件的送达时间和密封情况,并存档备查。

（3）联合体投标。

招标人应当在资格预审公告、招标公告或者投标邀请书中载明是否接受联合体投标。招标人接受联合体投标并进行资格预审的，联合体应当在提交资格预审申请文件前组成。资格预审后联合体增减、更换成员的，其投标无效。

联合体各方在同一招标项目中以自己名义单独投标或者参加其他联合体投标，相关投标均无效。

投标人发生合并、分立、破产等重大变化，应当及时书面告知招标人。投标人不再具备资格预审文件、招标文件规定的资格条件或者其投标影响招标公正性的，其投标无效。

（4）属于串通投标和弄虚作假的情形。

1）投标人相互串通投标。禁止投标人相互串通投标。有下列情形之一的，属于投标人相互串通投标：

①投标人之间协商投标报价等投标文件的实质性内容；

②投标人之间约定中标人；

③投标人之间约定部分投标人放弃投标或者中标；

④属于同一集团、协会、商会等组织成员的投标人按照该组织要求协同投标；

⑤投标人之间为谋取中标或者排斥特定投标人而采取的其他联合行动。

有下列情形之一的，视为投标人相互串通投标：

①不同投标人的投标文件由同一单位或者个人编制；

②不同投标人委托同一单位或者个人办理投标事宜；

③不同投标人的投标文件载明的项目管理成员为同一人；

④不同投标人的投标文件异常一致或者投标报价呈规律性差异；

⑤不同投标人的投标文件相互混装；

⑥不同投标人的投标保证金从同一单位或者个人的账户转出。

2）招标人与投标人串通投标。禁止招标人与投标人串通投标。有下列情形之一的，属于招标人与投标人串通投标：

①招标人在开标前开启投标文件并将有关信息泄露给其他投标人；

②招标人直接或者间接向投标人泄露标底、评标委员会成员等信息；

③招标人明示或者暗示投标人压低或者抬高投标报价；

④招标人授意投标人撤换、修改投标文件；

⑤招标人明示或者暗示投标人为特定投标人中标提供方便；

⑥招标人与投标人为谋求特定投标人中标而采取的其他串通行为。

3）弄虚作假。投标人不得以他人名义投标，如使用通过受让或者租借等方式获取的资格、资质证书投标。投标人也不得以其他方式弄虚作假，骗取中标，包括：

①使用伪造、变造的许可证件；

②提供虚假的财务状况或者业绩；

③提供虚假的项目负责人或者主要技术人员简历、劳动关系证明；

④提供虚假的信用状况；

⑤其他弄虚作假的行为。

3. 开标、评标和中标

(1) 开标。

招标人应当按照招标文件规定的时间、地点开标。投标人少于3个的,不得开标;招标人应当重新招标。投标人对开标有异议的,应当在开标现场提出,招标人应当当场作出答复,并制作记录。

(2) 评标。

1) 评标委员会组成。除《招标投标法》规定的特殊招标项目外,依法必须进行招标的项目,其评标委员会的专家成员应当从评标专家库内相关专业的专家名单中以随机抽取方式确定。任何单位和个人不得以明示、暗示等任何方式指定或者变相指定参加评标委员会的专家成员。

对技术复杂、专业性强或者国家有特殊要求,采取随机抽取方式确定的专家难以保证胜任评标工作的招标项目,可以由招标人直接确定技术、经济等方面的评标专家。

有关行政监督部门应当按照规定的职责分工,对评标委员会成员的确定方式、评标专家的抽取和评标活动进行监督。行政监督部门的工作人员不得担任本部门负责监督项目的评标委员会成员。

2) 评标要求。招标人应当根据项目规模和技术复杂程度等因素合理确定评标时间。超过1/3的评标委员会成员认为评标时间不够的,招标人应当适当延长。

招标人应当向评标委员会提供评标所必需的信息,但不得明示或者暗示其倾向或者排斥特定投标人。

评标委员会成员应当按照招标文件规定的评标标准和方法,客观、公正地对投标文件提出评审意见。招标文件没有规定的评标标准和方法不得作为评标的依据。招标项目设有标底的,招标人应当在开标时公布。标底只能作为评标的参考,不得以投标报价是否接近标底作为中标条件,也不得以投标报价超过标底上下浮动范围作为否决投标的条件。

评标委员会成员不得私下接触投标人,不得收受投标人给予的财物或者其他好处,不得向招标人征询确定中标人的意向,不得接受任何单位或者个人明示或者暗示提出的倾向或者排斥特定投标人的要求,不得有其他不客观、不公正履行职务的行为。

3) 投标的否决。有下列情形之一的,评标委员会应当否决其投标:

①投标文件未经投标单位盖章和单位负责人签字;

②投标联合体没有提交共同投标协议;

③投标人不符合国家或者招标文件规定的资格条件;

④同一投标人提交两个以上不同的投标文件或者投标报价,但招标文件要求提交备选投标的除外;

⑤投标报价低于成本或者高于招标文件设定的最高投标限价;

⑥投标文件没有对招标文件的实质性要求和条件作出响应;

⑦投标人有串通投标、弄虚作假、行贿等违法行为。

4) 投标文件的澄清。投标文件中有含义不明确的内容、明显文字或者计算错误,评标委员会认为需要投标人作出必要澄清、说明的,应当书面通知该投标人。投标人的澄清、说明应当采用书面形式,并不得超出投标文件的范围或者改变投标文件的实质性内容。

评标委员会不得暗示或者诱导投标人作出澄清、说明,不得接受投标人主动提出的澄清、说明。

(3) 中标。

评标完成后,评标委员会应当向招标人提交书面评标报告和中标候选人名单。中标候选人应当不超过 3 个,并标明排序。

1) 评标报告。评标报告应当由评标委员会全体成员签字。

对评标结果有不同意见的评标委员会成员应当以书面形式说明其不同意见和理由,评标报告应当注明该不同意见。

评标委员会成员拒绝在评标报告上签字又不书面说明其不同意见和理由的,视为同意评标结果。

2) 中标候选人公示。依法必须进行招标的项目,招标人应当自收到评标报告之日起 3 日内公示中标候选人,公示期不得少于 3 日。

投标人或者其他利害关系人对依法必须进行招标的项目的评标结果有异议的,应当在中标候选人公示期间提出。招标人应当自收到异议之日起 3 日内作出答复;作出答复前,应当暂停招标投标活动。

3) 中标人的确定。国有资金占控股或者主导地位的依法必须进行招标的项目,招标人应当确定排名第一的中标候选人为中标人。排名第一的中标候选人放弃中标、因不可抗力不能履行合同、不按照招标文件要求提交履约保证金,或者被查实存在影响中标结果的违法行为等情形,不符合中标条件的,招标人可以按照评标委员会提出的中标候选人名单排序依次确定其他中标候选人为中标人,也可以重新招标。

中标候选人的经营、财务状况发生较大变化或者存在违法行为,招标人认为可能影响其履约能力的,应当在发出中标通知书前由原评标委员会按照招标文件规定的标准和方法审查确认。

4) 签订合同。招标人和中标人应当依照法律法规的规定签订书面合同,合同的标的、价款、质量、履行期限等主要条款应当与招标文件和中标人的投标文件的内容一致。招标人和中标人不得再行订立背离合同实质性内容的其他协议。

5) 投标保证金的退还。招标人最迟应当在书面合同签订后 5 日内向中标人和未中标的投标人退还投标保证金及银行同期存款利息。

6) 履约保证金的提交。招标文件要求中标人提交履约保证金的,中标人应当按照招标文件的要求提交。履约保证金不得超过中标合同金额的 10%。

4. 投诉与处理

(1) 投诉。投标人或者其他利害关系人认为招标投标活动不符合法律、行政法规规定的,可以自知道或者应当知道之日起 10 日内向有关行政监督部门投诉。投诉应当有明确的请求和必要的证明材料。

(2) 处理。行政监督部门应当自收到投诉之日起 3 个工作日内决定是否受理投诉,并自受理投诉之日起 30 个工作日内作出书面处理决定;需要检验、检测、鉴定、专家评审的,所需时间不计算在内。

第二章 建设工程监理相关法律法规及监理规范

行政监督部门处理投诉，有权查阅、复制有关文件、资料，调查有关情况，相关单位和人员应当予以配合。必要时，行政监督部门可以责令暂停招标投标活动。

第二节 建设工程监理规范

《建设工程监理规范》(GB/T 50319—2013)是吸收总结了多年来建设工程监理的研究成果和实践经验，并在贯彻落实了有关建设工程监理的法律法规和政策基础上，制定的建设工程监理与相关服务的主要标准。建设工程监理实际工作过程中，除了主要执行《建设工程监理规范》(GB/T 50319—2013)外，近年来随着工程建设标准化改革不断推进，各地陆续推出建设工程监理团体标准，成为指导建设工程监理实践的指南。

一、《建设工程监理规范》(GB/T 50319—2013)概述

2013年5月修订后发布的《建设工程监理规范》(GB/T 50319—2013)共分十章，内容包括：总则，术语，基本规定，项目监理机构，监理规划及监理实施细则，工程质量、造价、进度控制，工程变更、索赔及施工合同争议的处理，监理文件资料管理，设备采购与设备监造，相关服务等。

(一)总则

(1)制定的目的：建设工程监理制度自1988年开始实施以来，对于实现建设工程质量、进度、投资目标控制和加强建设工程安全生产管理发挥了重要作用。随着我国建设工程投资管理体制改革的不断深化和工程监理单位服务范围的不断拓展，在工程勘察、设计、保修等阶段为建设单位提供的相关服务也越来越多，为进一步规范建设工程监理与相关服务行为，提高建设工程监理与相关服务水平，制定了本规范。

(2)适用的范围：适用于新建、扩建、改建的土木工程、建筑工程、线路管道工程、设备安装工程和装饰装修工程等的建设工程监理与相关服务活动。

(3)关于建设工程监理合同形式和内容的规定：建设工程监理合同是工程监理单位实施建设工程监理与相关服务的主要依据之一，实施建设工程监理前，建设单位应委托具有相应资质的工程监理单位，并以书面形式与工程监理单位订立建设工程监理合同，合同中应包括监理工作的范围、内容、服务期限和酬金，以及双方的义务、违约责任等相关条款。

在订立建设工程监理合同时，建设单位将勘察、设计、保修阶段等相关服务一并委托的，应在合同中明确相关服务的工作范围、内容、服务期限和酬金等相关条款。

(4)建设单位向施工单位书面通知工程监理的范围、内容和权限及总监理工程师姓名的规定：工程开工前，建设单位应将工程监理单位的名称，监理的范围、内容和权限及总监理工程师的姓名书面通知施工单位。

(5)建设单位、施工单位及工程监理单位之间涉及施工合同联系活动的工作关系：在建设工程监理工作范围内，为保证工程监理单位独立、公平地实施监理工作，避免出现不必要的合同纠纷，建设单位与施工单位之间涉及施工合同的联系活动，应通过工程监理单位进行。

（6）实施建设工程监理的主要依据：工程监理单位实施建设工程监理的主要依据包括三部分：①法律法规及建设工程标准，如《中华人民共和国建筑法》《建设工程质量管理条例》《建设工程安全生产管理条例》等法律法规及相应的工程技术和管理标准，包括《工程建设标准强制性条文》，本规范也是实施建设工程监理的重要依据；②建设工程勘察设计文件，既是工程施工的重要依据，又是工程监理的主要依据；③建设工程监理合同及其他合同文件，前者是实施建设工程监理的直接依据，后者（如与施工单位签订的施工合同、与材料设备供应单位签订的材料设备采购合同等）是实施建设工程监理的重要依据。

（7）建设工程监理应实行总监理工程师负责制的规定。总监理工程师负责制是指由总监理工程师全面负责建设工程监理实施工作。总监理工程师是工程监理单位法定代表人书面任命的项目监理机构负责人，是工程监理单位履行建设工程监理合同的全权代表。

（8）建设工程监理宜实施信息化管理的规定。工程监理单位不仅自身需实施信息化管理，还可根据建设工程监理合同的约定协助建设单位建立信息管理平台，促进建设工程各参与方基于信息平台协同工作。

（9）工程监理单位应公平、独立、诚信、科学地开展建设工程监理与相关服务活动。工程监理单位在实施建设工程监理与相关服务时，要公平地处理工作中出现的问题，独立地进行判断和行使职权，科学地为建设单位提供专业化服务，既要维护建设单位的合法权益，也不能损害其他有关单位的合法权益。

（10）建设工程监理与相关服务活动应符合《建设工程监理规范》（GB/T 50319—2013）和国家现行有关标准的规定。

（二）相关术语

《建设工程监理规范》（GB/T 50319—2013）解释了工程监理单位、建设工程监理、相关服务、项目监理机构、注册监理工程师、总监理工程师、总监理工程师代表、专业监理工程师、监理员、监理规划、监理实施细则、工程计量、旁站、巡视、平行检验、见证取样、工程延期、工期延误、工程临时延期批准、工程最终延期批准、监理日志、监理月报、设备监造、监理文件资料等25个建设工程监理常用术语。

（三）项目监理机构

《建设工程监理规范》（GB/T 50319—2013）明确了项目监理机构的人员构成和职责，规定了监理设施的提供和管理。工程监理单位实施监理时，应在施工现场派驻项目监理机构。项目监理机构的组织形式和规模，可根据建设工程监理合同约定的服务内容、服务期限，以及工程特点、规模、技术复杂程度、环境等因素确定。

1. 项目监理机构人员

项目监理机构的监理人员应由总监理工程师、专业监理工程师和监理员组成，且专业配套、数量应满足建设工程监理工作需要，必要时可设总监理工程师代表。项目监理机构的建立应遵循适应、精简、高效的原则，要有利于建设工程监理目标控制和合同管理，要有利于建设工程监理职责的划分和监理人员的分工协作，要有利于建设工程监理的科学决策和信息沟通。

工程监理单位在建设工程监理合同签订后，应及时将项目监理机构的组织形式、人员构成及对总监理工程师的任命书面通知建设单位。

工程监理单位调换总监理工程师时,应征得建设单位书面同意;调换专业监理工程师时,总监理工程师应书面通知建设单位。

(1)总监理工程师。总监理工程师是指由工程监理单位法定代表人书面任命,负责履行建设工程监理合同、主持项目监理机构工作的注册监理工程师。总监理工程师应由注册监理工程师担任。

一名注册监理工程师可担任一项建设工程监理合同的总监理工程师。当需要同时担任多项建设工程监理合同的总监理工程师时,应经建设单位书面同意,且最多不得超过3项。

(2)总监理工程师代表。总监理工程师代表是指经工程监理单位法定代表人同意,由总监理工程师书面授权,代表总监理工程师行使其部分职责和权力,具有工程类注册职业资格或具有中级及以上专业技术职称、3年及以上工程实践经验并经监理业务培训的人员。

总监理工程师应在总监理工程师代表的书面授权中,列明代为行使总监理工程师的具体职责和权力。总监理工程师代表可以由具有工程类职业资格的人员(如注册监理工程师、注册造价工程师、注册建造师、注册工程师、注册建筑师等)担任,也可由具有中级及以上专业技术职称、3年及以上工程实践经验并经监理业务培训的人员担任。

(3)专业监理工程师。专业监理工程师是指由总监理工程师授权,负责实施某一专业或某一岗位的监理工作,有相应监理文件签发权,具有工程类注册职业资格或具有中级及以上专业技术职称、2年及以上工程实践经验并经监理业务培训的人员。

专业监理工程师可以由具有工程类注册职业资格的人员(如注册监理工程师、注册造价工程师、注册建造师、注册工程师、注册建筑师等)担任,也可由具有中级及以上专业技术职称、2年及以上工程实践经验并经监理业务培训的人员担任。建设工程涉及特殊行业(如爆破工程)的,从事此类工程的专业监理工程师还应符合国家对有关专业人员资格的规定。

(4)监理员。监理员是指从事具体监理工作,具有中专及以上学历并经过监理业务培训的人员。监理员需要有中专及以上学历,并经过监理业务培训。

2. 监理设施

(1)建设单位应按建设工程监理合同约定,提供监理工作需要的办公、交通、通信、生活等设施。

项目监理机构宜妥善使用和保管建设单位提供的设施,并应按建设工程监理合同约定的时间移交建设单位。对于建设单位提供的设施,项目监理机构应登记造册。

(2)工程监理单位宜按建设工程监理合同约定,配备满足监理工作需要的检测设备和工器具。

(四)监理规划及监理实施细则

1. 监理规划

明确了监理规划的编制要求、编审程序和主要内容。

监理规划是在项目监理机构详细调查和充分研究建设工程的目标、技术、管理、环境以及工程参建各方等情况后制定的指导建设工程监理工作的实施方案,监理规划应起到指导项目监理机构实施建设工程监理工作的作用,因此,监理规划中应有明确、具体、切合工程实际的监理工作内容、程序、方法和措施,并制定完善的监理工作制度。

监理规划作为工程监理单位的技术文件,应经过工程监理单位技术负责人的审核批准,并在工程监理单位存档。

2. 监理实施细则

明确了监理实施细则的编制要求、编审程序、编制依据和主要内容。监理实施细则是指导项目监理机构具体开展专项监理工作的操作性文件,应体现项目监理机构对于建设工程在专业技术、目标控制方面的工作要点、方法和措施,做到详细、具体、明确。

二、建设工程监理的主要工作内容

(一)建设工程质量、造价、进度控制及安全生产管理的监理工作

《建设工程监理规范》(GB/T 50319—2013)规定:建设工程监理是指工程监理单位受建设单位委托,根据法律法规、工程建设标准、勘察设计文件及合同,在施工阶段对建设工程质量、造价、进度进行控制,对合同、信息进行管理,对工程建设相关方的关系进行协调,并履行建设工程安全生产管理法定职责的服务活动。

1. 一般规定

(1)项目监理机构应根据建设工程监理合同约定,遵循动态控制原理,坚持预防为主的原则,制定和实施相应的监理措施,采用旁站、巡视和平行检验等方式对建设工程实施监理。

(2)项目监理机构监理人员应熟悉工程设计文件,并应参加建设单位主持的图纸会审和设计交底会议。总监理工程师组织监理人员熟悉工程设计文件是项目监理机构实施事前控制的一项重要工作,其目的是通过熟悉工程设计文件,了解工程设计特点、工程关键部位的质量要求,便于项目监理机构按工程设计文件的要求实施监理。

(3)工程开工前,项目监理机构监理人员应参加由建设单位主持召开的第一次工地会议。会议纪要应由项目监理机构负责整理,与会各方代表应会签。

(4)项目监理机构应定期召开监理例会,并组织有关单位研究解决与监理相关的问题。项目监理机构可根据工程需要,主持或参加专题会议,解决监理工作范围内工程专项问题。监理例会以及由项目监理机构主持召开的专题会议的会议纪要,应由项目监理机构负责整理,与会各方代表应会签。

(5)项目监理机构应协调工程建设相关方的关系。

(6)项目监理机构应审查施工单位报审的施工组织设计,并要求施工单位按已批准的施工组织设计组织施工。

(7)总监理工程师应组织专业监理工程师审查施工单位报送的开工报审表及相关资料,报建设单位批准后,总监理工程师签发工程开工令。

(8)分包工程开工前,项目监理机构应审核施工单位报送的分包单位资格报审表。

(9)项目监理机构宜根据工程特点、施工合同、工程设计文件及经过批准的施工组织设计对工程风险进行分析,并提出工程质量、造价、进度目标控制及安全生产管理的防范性对策。

2. 建设工程质量控制方面的要求

项目监理机构在建设工程工程质量控制方面的主要工作包括以下内容：

（1）审查施工单位现场的质量管理组织机构、管理制度及专职管理人员和特种作业人员的资格。

（2）总监理工程师应组织专业监理工程师审查施工单位报审的施工方案。

（3）审查施工单位报送的新材料、新工艺、新技术、新设备的质量认证材料和相关验收标准的适用性，必要时，应要求施工单位组织专题论证，审查合格后报总监理工程师签认。

（4）专业监理工程师应检查、复核施工单位报送的施工控制测量成果及保护措施；查验施工单位在施工过程中报送的施工测量放线成果。

（5）专业监理工程师应检查施工单位为工程提供服务的试验室。

（6）项目监理机构应审查施工单位报送的用于工程的材料、构配件、设备的质量证明文件，并按有关规定、建设工程监理合同约定，对用于工程的材料进行见证取样、平行检验。

（7）专业监理工程师应审查施工单位定期提交影响工程质量的计量设备的检查和检定报告。

（8）根据工程特点和施工单位报送的施工组织设计，确定旁站的关键部位、关键工序，安排监理人员进行旁站，并应及时记录旁站情况。

（9）安排监理人员对工程施工质量进行巡视。

（10）根据工程特点、专业要求，以及建设工程监理合同约定，对施工质量进行平行检验。

（11）验收施工单位报验的隐蔽工程、检验批、分项工程和分部工程，对验收合格的应给予签认；对验收不合格的应拒绝签认，同时应要求施工单位在指定的时间内整改并重新报验。

对已同意覆盖的工程隐蔽部位质量有疑问的，或发现施工单位私自覆盖工程隐蔽部位的，项目监理机构应要求施工单位对该隐蔽部位进行钻孔探测、剥离或其他方法进行重新检验。

（12）正确处置施工中存在的质量问题、质量缺陷和质量事故。

项目监理机构发现施工存在质量问题的，或施工单位采用不适当的施工工艺，或施工不当，造成工程质量不合格的，应及时签发监理通知单，要求施工单位整改。整改完毕后，项目监理机构应根据施工单位报送的监理通知回复单对整改情况进行复查，提出复查意见。

对需要返工处理或加固补强的质量缺陷，项目监理机构应要求施工单位报送经设计等相关单位认可的处理方案，并应对质量缺陷的处理过程进行跟踪检查，同时应对处理结果进行验收。

对需要返工处理或加固补强的质量事故，项目监理机构应要求施工单位报送质量事故调查报告和经设计等相关单位认可的处理方案、并应对质量事故的处理过程进行跟踪检查，同时应对处理结果进行验收。

项目监理机构应及时向建设单位提交质量事故书面报告,并应将完整的质量事故处理记录整理归档。

(13)审查施工单位提交的单位工程竣工验收报审表及竣工资料,组织工程竣工预验收;工程竣工预验收合格后,编写工程质量评估报告。

(14)参加建设单位组织的工程竣工验收并签署验收意见等。

3. 工程造价控制方面的要求

项目监理机构在工程造价控制方面的主要工作包括以下内容:

(1)按规定程序进行工程计量和付款签证。

(2)应编制月完成工程量统计表,对实际完成量与计划完成量进行比较分析,发现偏差的,应提出调整建议,并应在监理月报中向建设单位报告。

(3)审核竣工结算款,签发竣工结算款支付证书等。

4. 工程进度控制方面的要求

项目监理机构在工程进度控制方面的主要工作包括以下内容:

(1)审查施工单位报审的施工总进度计划和阶段性施工进度计划。

(2)检查施工进度计划的实施情况,并对进度动态管控,及时向建设单位报告工期延误风险。

(3)比较分析工程施工实际进度与计划进度,预测实际进度对工程总工期的影响,在监理月报中报告工程进度实际情况等。

5. 安全生产管理监理工作方面的要求

项目监理机构在安全生产管理的监理工作方面的主要工作包括以下内容:

(1)应将安全生产管理的监理工作内容、方法和措施纳入监理规划及监理实施细则。

(2)应审查施工单位现场安全生产规章制度的建立和实施情况。

(3)应审查施工单位安全生产许可证及施工单位项目经理、专职安全生产管理人员和特种作业人员的资格。

(4)核查施工机械和设施的安全许可验收手续。

(5)审查施工单位报审的专项施工方案。对于超过一定规模的危险性较大的分部分项工程的专项施工方案,应检查施工单位组织专家进行论证、审查的情况,以及是否附具安全验算结果。

(6)应巡视检查危险性较大的分部分项工程专项施工方案实施情况。发现未按专项施工方案实施时,应签发监理通知单,要求施工单位按专项施工方案实施。

(7)及时处置安全事故隐患等。

(二)工程变更、索赔及施工合同争议处理

《建设工程监理规范》(GB/T 50319—2013)规定,项目监理机构应依据建设工程监理合同约定进行施工合同管理,处理工程暂停及复工、工程变更、索赔及施工合同争议、解除等事宜。施工合同终止时,项目监理机构应协助建设单位按施工合同约定处理施工合同终止的有关事宜。

1. 工程暂停及复工

项目监理机构在工程暂停及复工方面的主要工作包括:

（1）总监理工程师签发工程暂停令的权力和情形：总监理工程师签发工程暂停令，应事先征得建设单位同意。在紧急情况下，未能事先征得建设单位同意的，应在事后及时向建设单位书面报告。施工单位未按要求停工或复工的，项目监理机构应及时报告建设单位。

（2）暂停施工事件发生时的监理应该做的工作，包括：暂停施工事件发生时，项目监理机构应如实记录所发生的情况；总监理工程师应会同有关各方按施工合同约定，处理因工程暂停引起的与工期、费用有关的问题；因施工单位原因暂停施工时，项目监理机构应检查、验收施工单位的停工整改过程、结果等。

（3）当暂停施工原因消失、具备复工条件时，施工单位提出复工申请的，项目监理机构应审查施工单位报送的工程复工报审表及有关材料，符合要求后，总监理工程师应及时签署审查意见，并应报建设单位批准后签发工程复工令；施工单位未提出复工申请的，总监理工程师应根据工程实际情况指令施工单位恢复施工。

2. 工程变更

项目监理机构在工程变更方面的主要工作包括：

（1）施工单位提出的工程变更处理程序、工程变更价款处理原则。项目监理机构可在工程变更实施前与建设单位、施工单位等协商确定工程变更的计价原则、计价方法或价款。

建设单位与施工单位未能就工程变更费用达成协议时，项目监理机构可提出一个暂定价格并经建设单位同意，作为临时支付工程款的依据。工程变更款项最终结算时，应以建设单位与施工单位达成的协议为依据。

（2）建设单位要求的工程变更的监理处理方式。项目监理机构可对建设单位要求的工程变更提出评估意见，并应督促施工单位按会签后的工程变更单组织施工。

3. 费用索赔

项目监理机构在费用索赔方面的主要工作包括：

(1)处理费用索赔的依据和工作程序；

(2)批准施工单位费用索赔应满足的具体条件；

(3)施工单位的费用索赔与工程延期要求相关联时的监理处理方式；

(4)建设单位向施工单位提出索赔时的监理处理措施。

4. 工程延期及工期延误

项目监理机构在工程延期及工期延误方面的主要工作包括：

(1)处理工程延期的具体做法；

(2)批准施工单位工程延期要求应满足的条件；

(3)施工单位因工程延期提出费用索赔时的监理的做法；

(4)发生工期延误时的监理的处置方法。

5. 施工合同争议

项目监理机构在施工合同争议方面的主要工作包括：处理施工合同争议时的监理的工作程序、内容和职责。

6. 施工合同解除

项目监理机构在施工合同解除方面的主要工作包括：

(1)因建设单位原因导致施工合同解除时监理的工作职责；

(2)因施工单位原因导致施工合同解除时监理的工作职责；

(3)因非建设单位、施工单位原因导致施工合同解除时监理的工作职责。

(三)监理文件资料管理

按照《建设工程监理规范》(GB/T 50319—2013)规定,项目监理机构应建立完善监理文件资料管理制度,宜设专人管理监理文件资料。项目监理机构应及时、准确、完整地收集、整理、编制、传递监理文件资料,并宜采用信息技术进行监理文件资料管理。

1. 监理文件资料的主要内容

《建设工程监理规范》(GB/T 50319—2013)明确了监理文件资料应包括的18项内容,并规定了监理日志、监理月报、监理工作总结应包括的内容。

2. 监理文件资料归档

《建设工程监理规范》(GB/T 50319—2013)规定监理文件资料归档要求如下：

(1)项目监理机构应及时整理、分类汇总监理文件资料,并应按规定组卷,形成监理档案。监理文件资料的组卷及归档应符合相关规定。

(2)工程监理单位应根据工程特点和有关规定,保存监理档案,并应向有关单位、部门移交需要存档的监理文件资料。工程监理单位应按合同约定向建设单位移交监理档案。工程监理单位自行保存的监理档案保存期可分为永久、长期、短期三种。

三、设备采购、监造及相关服务

(一)设备采购与设备监造

《建设工程监理规范》(GB/T 50319—2013)规定,项目监理机构应根据建设工程监理合同约定的设备采购与设备监造工作内容配备监理人员,明确岗位职责,编制设备采购与设备监造工作计划,并应协助建设单位编制设备采购与设备监造方案。

1. 设备采购

项目监理机构在设备采购方面的主要工作有以下内容：

(1)建设单位在设备采购招标和合同谈判时监理的工作内容；

(2)设备采购文件资料应包括的主要内容。

2. 设备监造

项目监理机构在设备监造方面的主要工作有以下内容：

(1)项目监理机构应检查设备制造单位的质量管理体系；审查设备制造单位报送的设备制造生产计划和工艺方案,设备制造的检验计划和检验要求,并应确认各阶段的检验时间、内容、方法、标准,以及检测手段、检测设备和仪器；设备制造的原材料、外购配套件、元器件、标准件,以及坯料的质量证明文件及检验报告等。

(2)项目监理机构应对设备制造过程进行监督和检查,对主要及关键零部件的制造工序应进行抽检。

(3)项目监理机构应要求设备制造单位按批准的检验计划和检验要求进行设备制造

过程的检验工作,并应做好检验记录,并检查和监督设备的装配过程。

(4)项目监理机构应参加设备整机性能检测、调试和出厂验收,符合要求后应予以签认。

(5)专业监理工程师应审查设备制造单位报送的设备制造结算文件,提出审查意见,并应由总监理工程师签署意见后报建设单位。

(6)规定了设备监造文件资料应包括的主要内容。

(二)相关服务

《建设工程监理规范》(GB/T 50319—2013)规定,除了施工阶段的监理服务外,工程监理单位应根据建设工程监理合同约定的相关服务范围,开展相关服务工作,并编制相关服务工作计划。工程监理单位应按规定汇总整理、分类归档相关服务工作的文件资料。

1. 工程勘察设计阶段服务

项目监理机构在工程勘察设计阶段服务方面的主要工作内容如下:

(1)协助建设单位选择勘察设计单位并签订工程勘察设计合同;

(2)审查勘察单位提交的勘察方案;

(3)检查勘察现场及室内试验主要岗位操作人员的资格、所使用设备、仪器计量的检定情况;

(4)检查勘察进度计划执行情况,督促勘察单位完成勘察合同约定的工作内容;

(5)审核勘察单位提交的勘察费用支付申请以及签发勘察费用支付证书,并应报建设单位;

(6)审查勘察单位提交的勘察成果报告,并应向建设单位提交勘察成果评估报告,参与勘察成果验收;

(7)审查各专业、各阶段设计进度计划;

(8)检查设计进度计划执行情况;

(9)审核设计单位提交的设计费用支付申请;

(10)审查设计单位提交的设计成果;

(11)审查设计单位提出的新材料、新工艺、新技术、新设备在相关部门的备案情况;

(12)审查设计单位提出的设计概算、施工图预算;

(13)协助建设单位组织专家评审设计成果;

(14)协助建设单位报审有关工程设计文件;

(15)协调处理勘察设计延期、费用索赔等事宜。

2. 工程保修阶段服务

项目监理机构在工程保修阶段服务方面的主要工作内容如下:

(1)在承担工程保修阶段服务工作时,工程监理单位应组织有关人员定期回访。由于工作的可延续性,工程保修阶段服务工作一般委托工程监理单位承担。工程保修期限按国家有关法律法规确定。工程保修阶段服务工作期限,应在建设工程监理合同中明确。

(2)对建设单位或使用单位提出的工程质量缺陷,工程监理单位应安排监理人员进行检查和记录,并应要求施工单位予以修复,同时应监督实施,合格后应予以签认。

(3)工程监理单位应对工程质量缺陷原因进行调查,并应与建设单位、施工单位协商确定责任归属。对非施工单位原因造成的工程质量缺陷,应核实施工单位申报的修复工程费用,并应签认工程款支付证书,同时应报建设单位。

四、建设工程监理现场使用的三类表格

《建设工程监理规范》(GB/T 50319—2013)的附录列出了现场使用的三类表格:

(1)A类表:工程监理单位用表。由工程监理单位或项目监理机构签发的表格。

(2)B类表:施工单位报审、报验用表。由施工单位或施工项目经理部填写后报送工程建设相关方的有关表格。

(3)C类表:通用表。它是工程建设相关方工作联系的通用表,用于工程建设有关方相互之间的日常书面工作联系,参建各方均可使用。

思考题

1. 与建设工程监理工作密切相关的相关法律、行政法规有哪些?
2. 具备什么条件时,建设单位可以申请领取施工许可证? 施工许可证的有效期限是多少?
3.《建筑法》对工程发包和工程承包有哪些规定?
4.《招标投标法》规定有哪些招标方式? 对投标文件有哪些规定?
5.《招标投标法》对开标、评标和中标有哪些规定?
6. 什么是要约? 什么是承诺? 什么是无效合同? 什么是可变更、可撤销合同? 合同解除有哪些规定?
7.《民法典》(合同编)对建设工程合同有哪些规定?《民法典》(合同编)对委托合同有哪些规定?
8.《建设工程质量管理条例》规定的各方主体分别有哪些质量责任和义务?《建设工程质量管理条例》规定的各类工程的最低保修期限分别是多少?
9.《建设工程安全生产管理条例》规定的各方主体分别有哪些安全责任? 生产安全事故的应急救援和调查处理有哪些规定?
10.《生产安全事故报告和调查处理条例》规定的生产安全事故等级划分标准是什么? 对事故报告和事故调查处理分别有什么规定?
11.《招标投标法实施条例》对招标、投标、开标、评标和中标分别有什么规定? 关于投诉与处理有哪些规定?
12.《建设工程监理规范》(GB/T 50319—2013)包括哪些内容? 项目监理机构人员的任职条件是什么?
13. 工程监理单位实施建设工程监理的主要依据包括什么?
14. 建设工程安全生产管理的监理工作内容有哪些?
15.《建设工程监理规范》(GB/T 50319—2013)规定的相关服务包括什么?

第三章　工程监理企业与监理工程师

建设工程监理实施主体是工程监理企业。根据有关规定,从事建设工程监理的企业,需要具有相应的资质条件和综合实力。建设工程监理的骨干力量是监理工程师,只有通过相应的资格考试并注册,才能以监理工程师名义执业。监理工程师还需要参加继续教育,一是为了保持监理工程师称号,二是为了不断提高开展监理工作的业务能力。

第一节　工程监理企业

工程监理企业是指依法成立并取得政府主管部门颁发的工程监理企业资质证书,从事建设工程监理与相关服务活动的服务机构。

一、工程监理企业的组织形式

根据 2018 年修正的《中华人民共和国公司法》(以下简称《公司法》),公司制工程监理企业主要有两种形式,一种是有限责任公司,另一种是股份有限公司。

(一)有限责任公司

1. 公司设立条件

《公司法》规定,有限责任公司由 50 个以下股东出资设立。设立有限责任公司,应当具备下列条件:

(1)股东符合法定人数;

(2)股东出资达到法定资本最低限额;

(3)股东共同制定公司章程;

(4)有公司名称,建立符合有限责任公司要求的组织机构;

(5)有公司住所。

2. 公司的注册资本

有限责任公司的注册资本为在公司登记机关登记的全体股东认缴的出资额。法律、行政法规及国务院决定对有限责任公司注册资本实缴、注册资本最低限额另有规定的,从其规定。

公司的组织机构如下:

(1)股东会。有限责任公司股东会由全体股东组成。股东会是公司的权力机构,依照《公司法》行使职权。

(2)董事会。有限责任公司设董事会,其成员为 3~13 人。股东人数较少或者规模较小的有限责任公司,可以设一名执行董事,不设董事会。执行董事可以兼任公司经理。

执行董事的职权由公司章程规定。

(3)经理。有限责任公司可以设经理,由董事会决定聘任或者解聘。经理对董事会负责,行使公司管理职权。

(4)监事会。有限责任公司设监事会,其成员不得少于3人。股东人数较少或者规模较小的有限责任公司,可以设一至二名监事,不设监事会。

(二)股份有限公司

股份有限公司的设立,可以采取发起设立或者募集设立的方式。发起设立是指由发起人认购公司应发行的全部股份而设立公司。募集设立是指由发起人认购公司应发行股份的一部分,其余股份向社会公开募集或者向特定对象募集而设立公司。

1. 股份有限公司的设立条件

设立股份有限公司,应当有2人以上、200人以下为发起人,其中须有半数以上的发起人在中国境内有住所。设立股份有限公司,应当具备下列条件:

(1)发起人符合法定人数;

(2)有符合公司章程规定的全体发起人认购的股本总额或者募集的实收股本总额;

(3)股份发行、筹办事项符合法律规定;

(4)发起人制订公司章程,采用募集方式设立的经创立大会通过;

(5)有公司名称,有建立符合股份有限公司要求的组织机构;

(6)有公司住所。

2. 股份有限公司的注册资本

股份有限公司采取发起设立方式设立的,注册资本为在公司登记机关登记的全体发起人认购的股本总额。在发起人认购的股份缴足前,不得向他人募集股份。股份有限公司采取募集方式设立的,注册资本为在公司登记机关登记的实收股本总额。

法律、行政法规及国务院决定对股份有限公司注册资本实缴、注册资本最低限额另有规定的,从其规定。

3. 公司组织机构

(1)股东大会。股份有限公司股东大会由全体股东组成。股东大会是公司的权力机构,依照《公司法》行使职权。

(2)董事会。股份有限公司设董事会,其成员为5~19人。上市公司需要设立独立董事和董事会秘书。

(3)经理。股份有限公司设经理,由董事会决定聘任或者解聘。公司董事会可以决定由董事会成员兼任经理。

(4)监事会。股份有限公司设监事会,其成员不得少于3人。

二、工程监理企业的经营活动准则

工程监理企业应当遵循"守法、诚信、公平、科学"的经营活动准则。

(一)守法

守法,顾名思义,就是遵守有关的法律法规。对工程监理企业而言,守法就是要依法开展经营活动,主要体现在以下几个方面:

（1）工程监理企业应自觉遵守相关法律法规、行业自律公约和有关诚信守则,在本单位核定的资质等级和业务范围内从事工程监理活动,不得超越资质或挂靠其他企业承揽工程监理业务。

工程监理企业的业务范围,是指在资质证书中显示的,经有关主管部门审查确认的主项资质和增项资质。核定的业务范围包括监理业务的工程类别和承接监理工程的等级。

（2）工程监理企业不伪造、涂改、出租、出借、转让、出卖资质等级证书及从业人员职业资格证书,不出租、出借企业相关资信证明,不转让监理业务。

（3）工程监理企业应公平竞争。在经营活动中,坚持诚实守信原则,不弄虚作假,不串标、不围标,不以低于成本价参与竞争,不扰乱市场秩序。

（4）工程监理企业应当依法依规签订建设工程监理合同,不得签订有损国家、集体或他人利益的虚假合同或附加条款。工程监理企业应严格按照建设工程监理合同约定履行义务,不违背自己所做的承诺。

（5）工程监理企业不与被监理工程的施工及材料、构配件和设备供应单位有隶属关系或其他利害关系,不谋取非法利益。

（6）工程监理企业在异地承接监理业务的,应当自觉遵守工程所在地的有关规定,主动向工程所在地建设主管部门备案登记,接受其指导和监督管理。

（二）诚信

诚信,就是诚实守信。经营活动的诚信是道德规范在市场经济中的体现。在诚信原则要求下,市场主体追求自身利益不得损害他人利益和社会公共利益,其目的是平衡当事人之间的利益关系和当事人与社会之间的利益关系,维护市场道德秩序。

诚信原则的主要作用在于指导当事人以善意的心态、诚信的态度行使民事权利,承担民事义务,正确地从事民事活动。诚信的实质是解决经济活动中经济主体之间的利益关系。诚信是企业经营理念、经营责任和经营文化的集中体现。

信用是企业的一种无形资产,良好的信用能为企业带来巨大的综合效益。信用不仅是企业参与市场公平竞争的基本条件,也是我国企业"走出去"、进入国际市场的身份证。加强信用管理,提高信用水平,是完善我国建设工程监理制度的重要保证。工程监理企业应当树立良好的信用意识,使企业成为讲道德、讲信用的市场主体。

工程监理企业诚信行为主要体现在以下几个方面：

（1）工程监理企业应当建立诚信建设制度,激励诚信,惩戒失信。定期检查考核诚信建设制度实施情况,及时处理不诚信和履职不到位的人员。

（2）依据相关法律法规、建设工程监理规范及建设工程监理合同约定,工程监理企业应当组建项目监理机构,派遣满足工程需要的监理人员,配备必要的设备设施,开展工程监理工作。

（3）不以索、拿、卡、要等手段向建设单位、施工单位谋取不当利益,不以虚假行为损害工程建设各方合法权益。

（4）按规定进行检查和验证,按标准进行工程验收,确保工程监理全过程各项资料的真实性、时效性和完整性,不弄虚作假、降低工程质量,不将不合格的建设工程、建筑材料、建筑构配件和设备按照合格签字。

(5)工程监理企业应加强内部管理,建立企业内部信用管理责任制度,健全服务质量考评体系和信用评价体系,及时检查和评估企业信用实施情况,开展廉洁执业教育,不断提高企业信用管理水平。

(6)工程监理企业不用虚假资料申报各类奖项、荣誉,不得参与非法社团组织的各类评奖等活动。

(7)工程监理企业应履行保密义务,不泄露商业秘密及保密工程的相关情况。

(8)工程监理企业应积极承担社会责任,确保工程监理服务质量,维护国家和社会公众利益,践行社会公德。

(9)工程监理企业应当自觉践行行业自律公约,主动接受政府主管部门对监理工作的监督检查。

(三)公平

公平,指工程监理企业在从事建设工程监理的活动中,既要维护委托方的利益,又不能损害其他利益相关方的合法权益,应依据合同公平合理地处理有关争议。

为了体现监理工作的公平,工程监理企业要做到以下几点:

(1)监理从业人员要具有良好的职业道德;
(2)建设工程监理工作要坚持实事求是;
(3)监理从业人员要熟悉建设工程合同有关条款;
(4)监理从业人员要具有一定的专业技术能力;
(5)监理从业人员要具有综合分析判断问题的能力。

(四)科学

科学,指工程监理企业在开展监理工作过程中,要有科学的方案、科学的手段和科学的方法,监理工作结束后,还要进行科学的总结。工程监理企业的科学管理主要体现在以下几个方面:

1. 监理工作方案要科学

建设工程监理工作方案主要是指项目监理机构编制的监理规划和监理实施细则。项目监理机构在开展监理工作前,要事前预判各种可能的问题,并拟定出有针对性解决方案,制定有指导性和可操作性的监理规划和监理实施细则,使监理工作按计划稳步进行。

2. 监理工作手段要科学

科学数据是最有说服力的证据。项目监理机构实施建设工程监理,离不开借助先进的科学仪器,如各种检测、试验、化验仪器、摄录像设备及计算机等有关工器具,并要保持有关仪器设备的有效性。

3. 监理工作方法要科学

监理工作方法的科学性主要体现在监理人员能掌握大量、确凿的有关监理对象及其外部环境实际情况,能适时、妥帖、高效地处理有关问题,在解决问题时能以事实说话、用书面文字说话、用科学数据说话;能利用计算机信息平台和软件辅助开展建设工程监理工作。

第二节　监理工程师

一、监理工程师职业资格考试和注册

监理工程师是指通过职业资格考试取得中华人民共和国监理工程师职业资格证书，并经注册后从事建设工程监理与相关服务活动的专业技术人员。

（一）监理工程师职业资格考试

1. 监理工程师职业资格制度的背景和发展

监理工程师是建设工程监理制的核心和基础。1990年，按照有利于国家经济发展、得到社会公认、具有国际可比性、事关社会公共利益四项原则，建设部和人事部率先在部分工程建设领域建立了监理工程师职业资格制度，并最初以考核形式确认了100名监理工程师的职业资格，这是我国最早的一批监理工程师。随后，主管部门又相继认定了两批监理工程师职业资格，先后共认定了1059名监理工程师的职业资格。

实施监理工程师职业资格制度的意义主要有以下几点：
（1）与建设工程监理制度紧密衔接；
（2）能更好地统一监理工程师执业能力标准；
（3）有利于强化工程监理人员执业责任；
（4）进一步促进工程监理人员努力钻研业务知识，提高业务水平；
（5）有益于合理建立建设工程监理人才库，优化调整市场资源结构；
（6）方便为开拓国际建设工程监理市场。

1992年6月，建设部发布《监理工程师资格考试和注册试行办法》（建设部第18号令），明确了监理工程师考试和注册的实施方式和管理程序，自此，我国开始实施监理工程师资格考试。

1993年，建设部、人事部印发《关于〈监理工程师资格考试和注册试行办法〉实施意见的通知》（建监〔1993〕415号），通知对加强对监理工程师资格考试和注册工作的统一领导与管理提出要求，并提出了具体实施意见。

1994年，建设部、人事部在北京市、天津市、上海市、山东省、广东省等5省市组织了监理工程师资格试点考试，为在全国范围开展监理工程师考试积累了经验。

1996年8月，建设部、人事部联合发布《建设部、人事部关于全国监理工程师执业资格考试工作的通知》（建监〔1996〕462号），通知要求，从1997年开始，监理工程师资格考试实行全国统一考试管理、统一考试大纲、统一考试命题、统一考试时间、统一考试标准，并确定监理工程师考试工作由建设部和人事部共同负责。对监理工程师执业资格考试合格的人员，由各省、自治区、直辖市人事（职改）部门颁发人事部统一印制的原人事部与原建设部共同用印的《中华人民共和国监理工程师执业资格证书》，该证书在全国范围内有效。

2020年，监理工程师资格考试制度再次发生改革。住房和城乡建设部、交通运输部、水利部、人力资源社会保障部联合印发了《监理工程师职业资格制度规定》及《监理工程

师职业资格考试实施办法》,这两项文件明确规定:国家设置监理工程师准入类职业资格,纳入国家职业资格目录。住房和城乡建设部、交通运输部、水利部、人力资源社会保障部共同制定监理工程师职业资格制度,并按照职责分工分别负责监理工程师职业资格制度的实施与监管。监理工程师职业资格考试仍由全国统一考试大纲、统一考试命题、统一组织考试。监理工程师职业资格考试合格者,由各省、自治区、直辖市人力资源社会保障行政主管部门颁发中华人民共和国监理工程师职业资格证书(或电子证书)。该证书由人力资源社会保障部统一印制,住房和城乡建设部、交通运输部、水利部按专业类别分别与人力资源社会保障部共同用印,在全国范围内有效。

2. 监理工程师职业资格考试科目及报考条件

(1)监理工程师职业资格考试科目。按照最新的监理工程师考试管理规定,监理工程师职业资格考试原则上每年举行一次,共设置四个考试科目,分别是《建设工程监理基本理论和相关法规》《建设工程合同管理》《建设工程目标控制》《建设工程监理案例分析》。其中,《建设工程监理基本理论和相关法规》和《建设工程合同管理》为基础类科目,《建设工程目标控制》《建设工程监理案例分析》为专业类科目。另外,《建设工程监理案例分析》考试科目为主观题,在试卷上作答;其余3个考试科目均为客观题,在答题卡上作答。监理工程师考试分3个专业类别,分别为土木建筑工程、交通运输工程、水利工程。考生在报名时可根据实际工作需要选择不同的报考专业。土木建筑工程专业由住房和城乡建设部负责,交通运输工程专业由交通运输部负责,水利工程专业由水利部负责。

目前,监理工程师职业资格考试成绩实行4年为一个周期的滚动管理办法,在连续的4个考试年度内通过全部考试科目,方可取得监理工程师职业资格证书。

对于已经取得监理工程师其中一种专业职业资格证书的人员,报名参加其他专业科目考试的,可免考基础科目。考试合格后,核发人力资源社会保障部门统一印制的相应专业考试合格证明,该考试合格证明作为注册时增加其他执业专业类别的依据。免考基础科目和增加专业类别的人员,专业科目成绩按照2年为一个周期滚动管理。

(2)监理工程师职业资格报考条件。2022年,监理工程师职业资格报考条件为:

凡遵守中华人民共和国宪法、法律、法规,具有良好的业务素质和道德品行,具备下列条件之一者,可以申请参加监理工程师职业资格考试:

1)具有各工程大类专业大学专科学历(或高等职业教育),从事工程施工、监理、设计等业务工作满4年;

2)具有工学、管理科学与工程类专业大学本科学历或学位,从事工程施工、监理、设计等业务工作满3年;

3)具有工学、管理科学与工程一级学科硕士学位或专业学位,从事工程施工、监理、设计等业务工作满2年;

4)具有工学、管理科学与工程一级学科博士学位。

另外,2022年继续在北京、上海开展提高监理工程师职业资格考试报名条件试点工作,试点专业为土木建筑工程专业,试点地区报考人员应当具有大学本科及以上学历或学位。原参加2019年度监理工程师执业资格考试,学历为大专及以下,且具有有效期内科目合格成绩的人员,可以在试点地区继续报名参加考试。

另外,经批准同意开展试点的地区,申请参加监理工程师职业资格考试的,应当具有大学本科及以上学历或学位,具体要求按照当年国家人事考试管理部门的有关通知执行。

(3)免试基础科目的条件。具备以下条件之一的,参加监理工程师职业资格考试可免考基础科目:①已取得公路水运工程监理工程师资格证书;②已取得水利工程建设监理工程师资格证书。

3. 内地监理工程师与香港建筑测量师资格互认

2003年,内地与香港共同签订了《内地与香港关于建立更紧密经贸关系的安排》(CEPA协议)。根据该协议,2006年,中国建设监理协会与香港测量师学会就内地监理工程师和香港建筑测量师资格互认工作进行了考察评估,旨在加强内地监理工程师和香港建筑测量师的交流与合作,促进两地共同发展,双方对资格互认工作的必要性及可行性取得了共识,同意在互惠互利、对等、总量与户籍控制等原则下,实施内地监理工程师与香港建筑测量师资格互认,签署"内地监理工程师和香港建筑测量师资格互认协议",内地255名监理工程师及香港228名建筑测量师取得了对方互认资格。

(二)监理工程师的注册

监理工程师职业资格实行执业注册管理制度,监理工程师的注册是国家行政主管部门对监理人员实行市场准入控制的有效手段。根据有关规定,取得监理工程师职业资格证书且从事工程监理及相关服务活动的人员,注册成功后才能以注册监理工程师的名义执业。住房和城乡建设部、交通运输部、水利部分别负责土木建筑工程、交通运输工程、水利工程三个专业的监理工程师注册及相关工作。

二、监理工程师的执业和继续教育

(一)监理工程师的执业

住房和城乡建设部、交通运输部、水利部分别按照职责分工建立健全相应专业的监理工程师诚信体系,制定相关规章制度或标准规范,并指导监督监理工程师的信用评价工作。

监理工程师不得允许他人以本人名义执业,不得同时在两个或两个以上单位执业。对于出租出借注册证书的,依据相关法律法规进行处罚;构成犯罪的,依法追究刑事责任。

监理工程师除了从事建设工程监理工作外,还可以从事项目管理、全过程工程咨询及工程建设某一阶段或某一专项工程咨询,以及国务院有关部门规定的其他业务。

监理工程师在本人执业活动中形成的工程监理文件上签章,并承担相应责任。

监理工程师未按法律、法规和工程建设强制性标准规定实施监理,造成质量安全事故的,依据相关法律法规进行处罚;构成犯罪的,依法追究刑事责任。

(二)监理工程师的继续教育

现代科学技术在日新月异的发展,监理工程师也要与时俱进地不断学习,不能只停留在原有知识水平上,要紧跟时代步伐,不断更新知识,学习新的理论知识、法规政策及规范标准,了解新技术、新工艺、新材料、新设备等,这样才能不断提高执业能力和工作水平,更好地适应工程建设事业发展及监理工作实务的需要。

取得监理工程师注册证书的人员,应当按照国家专业技术人员继续教育的有关规定接受继续教育。

三、职业操守

国际咨询工程师联合会（FIDIC）的道德准则要求咨询工程师具有正直、公平、诚信、服务等工作态度和敬业精神，充分体现了 FIDIC 对咨询工程师要求的精髓。

监理工程师在执业过程中也要公平，不能损害工程建设任何一方的利益。中国建设监理协会在《监理人员职业标准》中规定，监理人员应严格遵守如下职业操守：

（1）爱国爱党，守法遵规。爱国是每一个公民基于个人对祖国依赖关系的深厚情感，是调节个人与祖国关系的行为准则。监理人员应热爱祖国，拥护中国共产党的领导，维护国家的荣誉和利益，以振兴中华为己任，促进民族团结、维护祖国统一、自觉报效祖国；应遵守国家的法律法规、行业自律公约及有关管理规定，自觉践行社会主义核心价值观。

（2）诚信自律，爱岗敬业。监理人员应诚实劳动、信守承诺、诚恳待人，具有实事求是、诚实守信的良好品德，讲信誉、守承诺，有使命担当，能自我约束，遵循"公平、独立、诚信、科学"的准则开展监理工作；热爱监理事业，秉承工匠精神，维护职业信誉和尊严，不同时在两个或两个以上单位注册和从事监理活动，不转借、出租、伪造、涂改或以其他形式非法转让证书及其他有关资信证明，塑造监理行业良好形象。

（3）尽职履责，廉洁奉公。依法取得相应资格证书或岗位证书，并在规定的执业范围和从业单位业务范围内开展工作，履行合同义务和岗位职责，提供专业化服务；坚守标准、规范、规程和制度，不与参建各方相互串通、弄虚作假、降低工程质量，不以个人名义承揽业务，不以权谋私，不收受被监理单位及利益相关方的任何礼金、礼品、有价证券等，不将不合格的建设工程、建筑材料、建筑构配件和设备按照合格签字，维护业主权益和公共利益。

（4）团结友善，加强学习。监理人员不应诋毁他人声誉，不损害他人利益，尊重他人，互帮互助，加强沟通交流和团结协作，树立团队意识，与项目参建各方建立良好的关系；积极参加业务培训，不断更新技术知识，拓展专业结构范围，不抄袭他人监理成果，不盗用他人技术信息，尊重知识产权，立足实践，自主创新，提升自身综合服务能力。

（5）保守秘密，关心行业。监理人员应遵守保密规定，履行保密义务，行使保密权利，不泄露所监理工程各方认为需要保密的事项，严守在工作中接触的国家秘密和他人的商业、技术秘密；关心监理行业发展，积极参与行业活动，为行业发展出谋划策。

思考题

1. 公司制工程监理企业有哪些形式？公司设立条件和组织机构分别有何规定？
2. 工程监理企业经营活动准则是什么？
3. 监理工程师资格考试科目及报考条件是什么？
4. 监理工程师执业和继续教育有何规定？
5. 监理人员的职业操守有哪些？

第四章 建设工程监理招投标与合同管理

建设工程监理可由建设单位直接委托,也可通过招标方式委托。但是,法律法规规定招标的,建设单位必须通过招标方式委托。建设工程监理招投标是建设单位委托监理和工程监理单位承揽监理任务的主要方式。

建设工程监理合同管理是工程监理单位明确工程监理义务、履行工程监理职责的重要保证。

第一节 建设工程监理招标程序和评标方法

一、建设工程监理招标方式和程序

(一)建设工程监理招标方式

建设工程监理招标可分为公开招标和邀请招标两种方式。建设单位应根据法律法规、工程项目特点、工程监理单位的选择空间及工程实施的急迫程度等因素合理选择招标方式,并按规定程序向招投标监督管理部门办理相关招投标手续,接受相应的监督管理。

1. 公开招标

公开招标是指建设单位以招标公告的方式邀请不特定工程监理单位参加投标,向其发售监理招标文件,按照招标文件规定的评标方法、标准,从符合投标资格要求的投标人中优选中标人,并与中标人签订建设工程监理合同的过程。

国有资金占控股或者主导地位等依法必须进行监理招标的项目,应当采用公开招标方式委托监理任务。

公开招标方式的优点是:投标的承包商多、竞争范围大,业主有较大的选择余地,有利于降低工程造价,提高工程质量和缩短工期。其缺点是:由于投标的承包商多,招标工作量大,组织工作复杂,需投入较多的人力、物力,招标过程所需时间较长,因而此类招标方式主要适用于投资额度大、工艺、结构复杂的较大型工程建设项目。公开招标的特点一般表现为以下几个方面:

(1)公开招标是最具竞争性的招标方式。它参与竞争的投标人数量最多,且只要符合相应的资质条件便不受限制,只要承包商愿意便可参加投标,在实际生活中,常常少则十几家,多则几十家,甚至上百家,因而竞争程度最为激烈。它可以最大限度地为一切有实力的承包商提供一个平等竞争的机会,招标人也有最大容量的选择范围,可在为数众多的投标人之间择优选择一个报价合理、工期较短、信誉良好的承包商。

(2)公开招标是程序最完整、最规范、最典型的招标方式。它形式严密,步骤完整,运作环节环环相扣。公开招标是适用范围最为广阔、最有发展前景的招标方式。在国际上,谈到招标通常都是指公开招标。在某种程度上,公开招标已成为招标的代名词,因为公开招标是工程招标通常适用的方式。在我国,通常也要求招标必须采用公开招标的方式进行。凡属招标范围的工程项目,一般首先必须采用公开招标的方式。

(3)公开招标也是所需费用最高、花费时间最长的招标方式。由于竞争激烈,程序复杂,组织招标和参加投标需要做的准备工作和需要处理的实际事务比较多,特别是编制、审查有关招标投标文件的工作量十分浩繁。

2. 邀请招标

邀请招标是指建设单位以投标邀请书方式邀请特定工程监理单位参加投标,向其发售招标文件,按照招标文件规定的评标方法、标准,从符合投标资格要求的投标人中优选中标人,并与中标人签订建设工程监理合同的过程。

邀请招标属于有限竞争性招标,也称为选择性招标。采用邀请招标方式,建设单位不需要发布招标公告,也不进行资格预审(但可组织必要的资格审查),使招标程序得到简化。这样,既可节约招标费用,又可缩短招标时间。邀请招标虽然能够邀请到有经验和资信可靠的工程监理单位投标,但由于限制了竞争范围,选择投标人的范围和投标人竞争的空间有限,可能会失去技术和报价方面有竞争力的投标者,失去理想中标人,达不到预期竞争效果。

邀请招标方式的优点是:参加竞争的投标商数目可由招标单位控制,目标集中,招标的组织工作较容易,工作量比较小。其缺点是:由于参加的投标单位相对较少,竞争性范围较小,使招标单位对投标单位的选择余地较少,如果招标单位在选择被邀请的承包商前所掌握信息资料不足,则会失去发现最适合承担该项目的承包商的机会。

3. 邀请招标与公开招标的区别

(1)邀请招标的程序上比公开招标简化,如无招标公告及投标人资格审查的环节。

(2)邀请招标在竞争程度上不如公开招标强。邀请招标参加人数是经过选择限定的,被邀请的承包商数目在3~10个,不能少于3个,也不宜多于10个。由于参加人数相对较少,易于控制,因此其竞争范围没有公开招标大,竞争程度也明显不如公开招标强。

(3)邀请招标在时间和费用上都比公开招标节省。邀请招标不需要利用大众媒体发布招标公告,仅此一项便比公开招标节省了不少费用。邀请招标准备阶段的工作量和审查投标文件的工作量也不如公开招标大,所花费的时间比公开招标少,总体费用也比公开招标省。

但是,邀请招标也存在明显缺陷。它限制了竞争范围,由于经验和信息资料的局限性,会把许多可能的竞争者排除在外,不能充分展示自由竞争、机会均等的原则。鉴于此,国际上和我国都对邀请招标的适用范围和条件作出限制。

(二)建设工程监理招标程序

建设工程监理招标一般包括:招标准备;发出招标公告或投标邀请书;组织资格审查;编制和发售招标文件;组织现场踏勘;召开投标预备会;编制和递交投标文件;开标、评标和定标;签订建设工程监理合同等环节。

1. 招标准备

建设工程监理招标准备工作包括确定招标组织、明确招标范围和内容、编制招标方案等。

（1）确定招标组织。建设单位自身具有组织招标的能力时，可自行组织监理招标，否则，应委托招标代理机构组织招标。建设单位委托招标代理进行监理招标时，应与招标代理机构签订招标代理书面合同，明确委托招标代理的内容、范围及双方义务和责任。

（2）明确招标范围和内容。综合考虑工程特点、建设规模、复杂程度、建设单位自身管理水平等因素，明确建设工程监理招标范围和内容。

（3）编制招标方案。包括划分监理标段、选择招标方式、选定合同类型及计价方式、确定投标人资格条件、安排招标工作进度等。

2. 发出招标公告或投标邀请书

建设单位采用公开招标方式的，应当发布招标公告。招标公告必须通过一定的媒介进行传播。投标邀请书是指采用邀请招标方式的建设单位，向三个以上具备承担招标项目能力、资信良好的特定工程监理单位发出的参加投标的邀请。

招标公告与投标邀请书应当载明：建设单位的名称和地址；招标项目的性质；招标项目的数量；招标项目的实施地点；招标项目的实施时间；获取招标文件的办法等内容。

3. 组织资格审查

为了保证潜在投标人能够公平地获取投标竞争的机会，确保投标人满足招标项目的资格条件，同时避免招标人和投标人不必要的资源浪费，招标人应组织审查监理投标人资格。资格审查分为资格预审和资格后审两种。

（1）资格预审。资格预审是指在投标前，对申请参加投标的潜在投标人进行资质条件、业绩、信誉、技术、资金等多方面情况的审查。只有资格预审中被认定为合格的潜在投标人（或投标人）才可以参加投标。资格预审的目的是排除不合格的投标人，进而降低招标人的招标成本，提高招标工作效率。

（2）资格后审。资格后审是指在开标后，由评标委员会根据招标文件中规定的资格审查因素、方法和标准，对投标人资格进行的审查。

工程监理资格审查大多采用资格预审的方式进行。

公开招标资格预审和资格后审的主要内容是一样的，一般资格审查投标人的情况大致是：

1）投标人组织与机构，资质等级证书，独立订立合同的能力；

2）近三年来的完成工程的情况；

3）目前正在履行合同情况；

4）履行合同的能力，包括专业，技术资格和能力，资金、财务、设备和其他物质状况，管理能力，经验，信誉和相应的工作人员、劳力等情况；

5）受奖、罚的情况和其他有关资料，没有处于被责令停业，财产被接管或查封、扣押、冻结，破产状态，在近 3 年（包括其董事或主要职员）没有与骗取合同有关的犯罪或严重违法行为，投标人应向招标人提交能证明上述条件的法定证明文件和相关资料。

(3)资格预审和资格后审的区别：

1)审查的时间不同。资格预审是在发售招标文件以前审查,资格后审是在开标之后评标阶段审查。

2)评审人不同。资格预审评审人有招标人或者是资格审查委员会,资格后审是开标后评标委员会。

3)审查的方法不同。资格预审用合格制或者有限数量制审查,资格后审用合格制审查。

4. 编制和发售招标文件

(1)编制建设工程监理招标文件。招标文件既是投标人编制投标文件的依据,也是招标人与中标人签订建设工程监理合同的基础。招标文件一般应由以下内容组成：

1)招标公告(或投标邀请书)；

2)投标人须知；

3)评标办法；

4)合同条款及格式；

5)委托人要求；

6)投标文件格式。

(2)发售监理招标文件。按照招标公告或投标邀请书规定的时间、地点发售招标文件。投标人对招标文件内容有异议者,可在规定时间内要求招标人澄清、说明或纠正。

5. 组织现场踏勘

组织投标人进行现场踏勘的目的在于了解工程场地和周围环境情况,以获取认为有必要的信息。招标人可根据工程特点和招标文件规定,组织潜在投标人对工程实施现场的地形地质条件、周边和内部环境进行实地踏勘,并介绍有关情况。潜在投标人自行负责据此做出的判断和投标决策。

6. 召开投标预备会

招标人按照招标文件规定的时间组织投标预备会,澄清、解答潜在投标人在阅读招标文件和现场踏勘后提出的疑问。所有澄清、解答都按照招标文件中约定的形式予以确认,并发给所有购买招标文件的潜在投标人。招标文件的书面澄清、解答属于招标文件的组成部分。招标人同时可以利用投标预备会对招标文件中有关重点、难点内容主动做出说明。

7. 编制和递交投标文件

投标人应按照招标文件要求编制投标文件,对招标文件提出的实质性要求和条件做出实质性响应,按照招标文件规定的时间、地点、方式递交投标文件,并根据要求提交投标保证金。投标人在提交投标截止日期之前,可以撤回、补充或者修改已提交的投标文件,并书面通知招标人。补充、修改的内容为投标文件的组成部分。

8. 开标、评标和定标

(1)开标。招标人应按招标文件规定的时间、地点主持开标,邀请所有投标人派代表参加。开标时间、开标过程应符合招标文件规定的开标要求和程序。

(2)评标。评标由招标人依法组建的评标委员会负责。评标委员会应当熟悉、掌握招标项目的主要特点和需求,认真阅读、研究招标文件及其评标办法,按招标文件规定的评标办法进行评标,编写评标报告,并向招标人推荐中标候选人,或经招标人授权直接确定中标人。

(3)定标。招标人应按有关规定在招标投标监督部门指定的媒体或场所公示推荐的中标候选人,并根据相关法律法规和招标文件规定的定标原则和程序确定中标人,向中标人发出中标通知书。同时,将中标结果通知所有未中标的投标人,并在15日内按有关规定将监理招标投标情况书面报告提交招标投标行政监督部门。

9. 签订建设工程监理合同

招标人与中标人应当自发出中标通知书之日起30日内,依据中标通知书、招标文件中的合同构成文件签订建设工程监理合同。

二、建设工程监理评标内容和方法

工程监理单位不承担建筑产品生产任务,只是受建设单位委托提供技术和管理咨询服务。建设工程监理招标属于服务类招标,其标的是无形的"监理服务",因此,建设单位在选择工程监理单位最重要的原则是"基于能力的选择",而不应将服务报价作为主要考虑因素。有时甚至不考虑建设工程监理服务报价,只考虑工程监理单位的服务能力。

(一)建设工程监理评标内容

工程监理评标办法中,通常会将下列要素作为评标内容:

(1)工程监理单位的基本素质。包括工程监理单位资质、技术及服务能力、社会信誉和企业诚信度,以及类似工程监理业绩和经验。

(2)工程监理人员配备。工程监理人员的素质与能力直接影响建设工程监理工作的优劣,进而影响整个工程监理目标的实现。项目监理机构监理人员的数量和素质,特别是总监理工程师的综合能力和业绩是建设工程监理评标需要考虑的重要内容。对工程监理人员配备的评价内容具体包括:项目监理机构的组织形式是否合理;总监理工程师人选是否符合招标文件规定的资格及能力要求;监理人员的数量、专业配置是否符合工程专业特点要求;工程监理整体力量投入是否能满足工程需要;工程监理人员年龄结构是否合理;现场监理人员进退场计划是否与工程进展相协调等。

(3)建设工程监理大纲。建设工程监理大纲是反映投标人技术、管理和服务综合水平的文件,反映了投标人对工程的分析和理解程度。评标时应重点评审建设工程监理大纲的全面性、针对性和科学性。

1)建设工程监理大纲内容是否全面,工作目标是否明确,组织机构是否健全,工作计划是否可行,质量、造价、进度控制措施是否全面、得当,安全生产管理、合同管理、信息管理等方法是否科学,以及项目监理机构的制度建设规划是否到位,监督机制是否健全等。

2)建设工程监理大纲中应对工程特点、监理重点与难点进行识别。在对招标工程进行透彻分析的基础上,结合自身工程经验,从工程质量、造价、进度控制及安全生产管理等方面确定监理工作的重点和难点,提出针对性措施和对策。

3)除常规监理措施外,建设工程监理大纲中应对招标工程的关键工序及分部分项工程制定有针对性的监理措施;制定针对关键点、常见问题的预防措施;合理设置旁站清单和保障措施等。

（4）试验检测仪器设备及其应用能力。重点评审投标人在投标文件中所列的设备、仪器、工具等能否满足建设工程监理要求。对于建设单位在现场另建试验、检测等中心的工程项目,应重点考查投标人评价分析、检验测量数据的能力。

（5）建设工程监理费用报价。建设工程监理费用报价所对应的服务范围、服务内容、服务期限应与招标文件中的要求相一致。要重点评审监理费用报价水平和构成是否合理、完整,分析说明是否明确,监理服务费用的调整条件和办法是否符合招标文件要求等。

（二）建设工程监理评标方法

建设工程监理评标通常采用"综合评估法",即通过衡量投标文件是否最大限度地满足招标文件中规定的各项评价标准,对技术、企业资信、服务报价等因素进行综合评价从而确定中标人。

综合评估法又称打分法、百分制计分评价法。通常是在招标文件中明确规定需量化的评价因素及其权重,评标委员会根据投标文件内容和评分标准逐项进行分析记分、加权汇总,计算出各投标单位的综合评分,然后按照综合评分由高到低的顺序确定中标候选人或直接选定得分最高者为中标人。

综合评估法是我国各地广泛采用的评标方法,其特点是量化所有评标指标,由评标委员会专家分别打分,减少了评标过程中的相互干扰,增强了评标的科学性和公正性。需要注意的是,评标因素指标的设置和评分标准分值或权重的分配,应能充分评价工程监理单位的整体素质和综合实力,体现评标的科学性、合理性。

（三）建设工程监理评标示例

某高校新校区建设项目监理评标办法中规定:采用综合评估法进行评标,以得分最高者为中标单位。评价内容包括资信业绩、监理大纲、服务报价、其他因素等;经评审合格的投标文件,评标委员会按投标人综合得分由高到低顺序依次推荐1~3名中标候选人。排名第一的为首选中标候选人,以此类推第二、第三中标候选人。当出现多家投标人的总得分相同时,以信用标(如有)得分高的优先;信用标得分相同时,以投标报价低者优先;投标报价再相同的,由评标委员会采用随机抽取方法确定排名顺序。随机抽取的程序:①首先对总得分相同的投标人进行随机抽取编号;②对编号的投标人随机抽取排序。

1. 初步评审

评标委员会对投标文件进行初步评审,初步评审包括形式评审、资格评审和响应性评审,并填写符合性检查表,只有通过初步评审的投标文件才能参加详细评审。

（1）形式评审标准。

1）投标人名称:与营业执照、资质证书一致。

2）投标函及投标函附录签字盖章:由法定代表人或其委托代理人签字或加盖单位章。由法定代表人签字的,应附法定代表人身份证明;由代理人签字的,应附授权委托书。身份证明或授权委托书应符合招标文件中"投标文件格式"的规定。

3）投标文件格式:符合招标文件中"投标文件格式"的规定。

4）联合体投标人:提交符合招标文件要求的联合体协议书,明确各方承担连带责任,并明确联合体牵头人。

5)备选投标方案:除招标文件明确允许提交备选投标方案外,投标人不得提交备选投标方案。

(2)资格评审标准。

1)营业执照和组织机构代码证:"投标人基本情况表"应附投标人营业执照和组织机构代码证的复印件(按照"三证合一"或"五证合一"登记制度进行登记的,可仅提供营业执照复印件)、投标人监理资质证书副本等材料的复印件。

2)资质要求、财务要求、业绩要求、信誉要求、总监理工程师、其他主要人员、试验检测仪器设备、其他要求需符合招标文件中的要求。

3)联合体投标人:①联合体各方应按招标文件提供的格式签订联合体协议书,明确联合体牵头人和各方权利义务,并承诺就中标项目向招标人承担连带责任;②由同一专业的单位组成的联合体,按照资质等级较低的单位确定资质等级;③联合体各方不得再以自己名义单独或参加其他联合体在本招标项目中投标,否则,各相关投标均无效。

4)投标人不得存在下列情形之一:①为招标人不具有独立法人资格的附属机构(单位);②与招标人存在利害关系且可能影响招标公正性;③与本招标项目的其他投标人为同一个单位负责人;④与本招标项目的其他投标人存在控股、管理关系;⑤为本招标项目的代建人;⑥为本招标项目的招标代理机构;⑦与本招标项目的代建人或招标代理机构同为一个法定代表人;⑧与本招标项目的代建人或招标代理机构存在控股或参股关系;⑨与本招标项目的施工承包人以及建筑材料、建筑构配件和设备供应商有隶属关系或者其他利害关系;⑩被依法暂停或者取消投标资格;⑪被责令停产停业、暂扣或者吊销许可证、暂扣或者吊销执照;⑫进入清算程序,或被宣告破产,或其他丧失履约能力的情形;⑬在最近三年内发生重大监理质量问题(以相关行业主管部门的行政处罚决定或司法机关出具的有关法律文书为准);⑭被工商行政管理机关在全国企业信用信息公示系统中列入严重违法失信企业名单;⑮被最高人民法院在"信用中国"网站(https://www.creditchina.gov.cn)或各级信用信息共享平台中列入失信被执行人名单;⑯在近三年内投标人或其法定代表人、拟委任的总监理工程师有行贿犯罪行为的(以检察机关职务犯罪预防部门出具的查询结果为准);⑰法律法规或投标人须知前附表规定的其他情形。

(3)响应性评审标准。

1)投标报价:①投标报价应包括国家规定的增值税税金,除投标人须知前附表另有规定外,增值税税金按一般计税方法计算;②报价方式见招标文件中要求;③招标人设有最高投标限价的,投标人的投标报价不得超过最高投标限价,最高投标限价在招标文件中载明。

2)投标内容:符合招标文件要求。

3)监理服务期限:符合招标文件要求。

4)质量标准:符合招标文件要求。

5)投标有效期:除招标文件另有规定外,投标有效期为90天。

6)投标保证金:投标人在递交投标文件的同时,应按投标人须知前附表规定的金额、形式和招标文件中规定的形式递交投标保证金。境内投标人以现金或者支票形式提交的投标保证金,应当从其基本账户转出并在投标文件中附上基本账户开户证明。联合体投标的,其投标保证金可以由牵头人递交,并应符合招标文件的规定。

7)权利义务:一般义务(包括遵守法律、依法纳税、完成全部监理工作和其他义务)、履约保证金、联合体、总监理工程师、监理人员的管理、撤换总监理工程师和其他人员、保障人员的合法权益、合同价款应专款专用。

8)监理大纲:符合"委托人要求"中的实质性要求和条件。

投标文件有一项不符合以上评审标准的,评标委员会应当否决其投标。

投标人有以下情形之一的,评标委员会应当否决其投标:①投标文件没有对招标文件的实质性要求和条件做出响应,或者对招标文件的偏差超出招标文件规定的偏差范围或最高项数;②有串通投标、弄虚作假、行贿等违法行为。

2. 详细评审

评标委员会按评标办法中规定的量化因素和分值进行打分,并计算出综合评估得分。

(1)详细评审内容及分值构成,见表4-1。

表4-1 监理评标详细评审内容及分值构成

序号	评审内容	分值分配
1	资信业绩	39
2	监理大纲	23
3	投标报价	20
4	其他评审因素	18
总计		100

(2)具体评分标准。

1)资信业绩(39分)评分标准,见表4-2。

表4-2 资信业绩评分标准

序号	评分内容	分值	评分办法
1.1	企业资信	12	(1)优秀(或先进)监理企业:2017年1月1日至投标截止日,企业获省级或以上优秀(或先进)监理企业的得6分;获地市级优秀(或先进)监理企业的得2分。 注:以行政主管部门或在国内依法登记注册的行业协会所发证书或文件为准,时间以证书或文件颁发日期为准,以最高奖项计分,不累计加分,本小项最高6分。 (2)2017年1月1日至投标截止日,企业已完成监理的公共建筑工程获"鲁班奖"的每项得6分;企业已完成监理的公共建筑工程获省级优质工程质量奖的每项得1分。 注:以获奖证书(或获奖通报截图,提供网站链接)和竣工验收报告(或监理业务手册)为准,无获奖证书(或获奖通报截图,提供网站链接)或竣工验收报告(或监理业务手册)的不予计分;本小项最多认两个奖项,同一获奖业绩中以最高奖项计分,不累计加分;本小项最高6分

续表 4-2

序号	评分内容	分值	评分办法
1.2	体系认证情况	3	投标人具有经中国国家认证认可监督管理委员会认证机构颁发的有效期内的:(1)质量管理体系认证证书的,得1分;(2)环境管理体系认证证书的,得1分;(3)职业健康安全管理体系认证证书的,得1分。 注:投标文件中提供以上证书扫描件或复印件,同时另附证书在中国国家认证认可监督管理委员会官网查询截图
1.3	业绩证明	12	近5年(2018年1月1日至本项目投标截止日),除资格审查要求的业绩外,投标人每具有一项公共建筑项目监理业绩的得2分;本项最多得12分。 注:1.监理业绩是指单项合同建筑面积10万平方米及以上或单项合同工程造价5亿元及以上公共建筑项目监理业绩。业绩有效时间以竣工验收时间为准(如单项合同中包含多个单体的,以最后通过竣工验收的单体时间为准)。 2.业绩证明资料须同时提供:①项目监理合同;②竣工验收证明资料(如监理业务手册或竣工验收报告或总监信用手册)。 3.公共建筑是指办公建筑(包括写字楼、政府部门办公大楼等),商业建筑(如商场、金融建筑等),旅游建筑(如酒店、娱乐场所等),科教文卫建筑(包括文化、教育、科研、医疗、卫生、体育建筑等),通信建筑(如邮电、通讯、广播用房),交通运输类建筑(如机场、高铁站、火车站、汽车站、冷藏库等),以及其他(派出所、仓库、拘留所)等
1.4	总监业绩	6	除资格审查要求业绩外,投标人拟派总监理工程师每具有一项公共建筑项目监理业绩的得2分;本项最多得6分。 注:1.监理业绩是指单项合同建筑面积10万平方米及以上或单项合同工程造价5亿元及以上公共建筑项目监理业绩(无论是否为在职企业的业绩均认可)。 2.业绩证明资料须同时提供:①项目监理合同;②竣工验收证明资料(如监理业务手册或竣工验收报告或总监信用手册)
1.5	总监理工程师荣誉	6	(1)荣获省级或以上优秀总监理工程师表彰的,得3分;荣获市级优秀总监理工程师表彰的,得1分。 (2)拟派总监所监理公共建筑工程荣获省级或以上优质工程奖的,得3分;荣获市级的,得1分。 注:以获奖证书(或获奖通报截图,提供网站链接)和竣工验收报告(或监理业务手册)为准,无获奖证书(或获奖通报截图,提供网站链接)或竣工验收报告(或监理业务手册)的不予计分;本小项最多认可两个奖项,同一获奖业绩中以最高奖项计分,不累计加分;本小项最高3分

2)监理大纲(23分)评分标准,见表4-3。

表 4-3 监理大纲评分标准

序号	评分内容	分值	评分办法
2.1	工程项目难点	3	所述工程难点准确,提出解决措施科学、合理的得 2~3 分,提出的解决措施基本可行的得 1~2 分;工程难点有重大漏项或提出的解决措施不可行的得 0~1 分
2.2	质量控制措施	3	质量控制总目标明确,且对目标进行了全面分解,明确了科学合理的具体控制点和相应的控制措施及控制程序。控制措施科学合理的得 2~3 分;基本可行的得 1~2 分;目标不明确或无质量控制措施的得 0~1 分
2.3	进度控制措施	3	进度控制总目标明确,且对目标进行了全面分解,明确了科学合理的具体控制点和相应的控制措施及控制程序。控制措施科学合理的得 2~3 分;基本可行的得 1~2 分;目标不明确或无质量控制措施的得 0~1 分
2.4	投资控制措施	3	投资控制总目标明确,且对目标进行了全面分解,明确了科学合理的具体控制点和相应的控制措施及控制程序。控制措施科学合理的得 2~3 分;基本可行的得 1~2 分;目标不明确或无质量控制措施的得 0~1 分
2.5	合同、信息管理程序	2	合同、信息管理措施科学合理,能有效满足预防合同纠纷或合同变更且信息管理完整有效的得 1~2 分;合同、信息管理不完整或无合同、信息管理的得 0~1 分
2.6	工程竣工验收与保修阶段管理	1	针对本文件所述的各项内容,根据投标人工程竣工验收与保修阶段管理所响应的程度及实施方案的可行性进行评审,由评委进行综合评分
2.7	对影响项目工期、质量、投资的关键问题的理解与认识	3	根据投标人对影响项目工期、质量、投资的关键问题的理解与认识,以及是否建立了各阶段风险管控应对措施进行评审,由评委进行综合评分。优秀的得 2~3 分,良好的得 1~2 分,合格的得 0~1 分,未提供的不得分
2.8	项目招标活动及签订施工合同的策略	3	根据投标人的管理经验,出具项目招标策划报告及签订施工合同的策略建议,进行综合评分。优秀的得 2~3 分,良好的得 1~2 分,合格的得 0~1 分,未提供的不得分
2.9	项目建设程序管理	2	针对同阶段,提出工程建设管理程序及各阶段检查、验收的具体措施,由评委进行综合评分

3)服务报价(20 分)评分标准,见表 4-4。

表4-4 服务报价评分标准

序号	评分内容	分值	评分办法
3.1	服务报价	20	投标报价评分：投标报价等于评标基准价的得20分，每高于或低于评标基准价1%的扣1分，扣完为止。 投标报价分值＝20－|偏差率|×100

4）其他评审因素(18分)评分标准，见表4-5。

表4-5 其他评审因素评分标准

序号	评分内容	分值	评分办法
4.1	监理机构人员数量	4	监理机构人员符合国家相关监理规范及业主要求21人(含总监)的得基本分1分，每增加1人加1分，最高加4分
4.2	项目团队成员情况	14	(1)总监理工程师具备注册一级注册建造师、一级注册造价工程师、一级注册建筑师、一级注册结构师其中之一的，每个加1分，最多2分。(须在投标单位注册) (2)总监理工程师具备人防监理工程师得2分。(须在投标单位注册) (3)拟派项目团队中(除总监、总监代表),具有国家注册监理工程师、一级注册造价工程师、国家注册安全工程师、一级建造师资格之一的，每有1人符合，加2分，本小项共计满分4分。(注：本小项中同一人同时具备两个证书的仅按1个证书计算) (4)拟派项目团队中，具有高级工程师职称的，每有1人加2分，最多6分;具有工程师职称的，每有1人加1分，最多3分;本小项共计满分6分，同一人仅计最高职称。 注：项目团队成员必须是投标人正式人员;须提供社保主管部门出具的投标人在投标截止之日前6个月内任意3个月参加社保的有效证明材料(社保证明材料须加盖社保中心章或社保中心参保缴费证明电子专用章复印件、加盖投标人公章)，否则涉及初步评审的(总监)提供的社保材料不符合要求，初审不予通过;涉及其他项目团队人员评分的，提供的社保材料不符合要求，相应评审项不得分

3. 投标文件澄清

除评标办法中规定的重大偏差外，投标文件存在的其他问题应视为细微偏差。为了有助于投标文件的审查、评价和比较，评标委员会可书面通知投标人澄清或说明其投标文件中不明确的内容，或要求补充相应资料或对细微偏差进行补正。

有关澄清、说明和补正的要求和回答均以书面形式进行，但招标人和投标人均不得因此而提出改变招标文件或投标文件实质内容的要求。投标人的书面澄清、说明或补正属于投标文件的组成部分。

评标委员会不接受投标人对投标文件的主动澄清、说明和补正。

4. 评标结果

评标委员会按照得分由高到低的顺序推荐中标候选人,并标明排序。

评标委员会(招标代理机构协助)对拟推荐的中标候选人的信用状况进行查询,经查询若被列入失信名单的,评标委员会不推荐其为中标候选人,并重新确定中标候选人人选,完成相关工作,与此同时,将查询情况记入评审报告,同时将网站查询结果截图打印出来后,记入纸质评审报告中。

评标委员会完成评标后,应当向招标人提交书面评标报告和中标候选人名单。

第二节 建设工程监理投标工作内容和策略

一、建设工程监理投标工作内容

建设工程监理投标是一项复杂的系统性工作,工程监理单位的投标工作内容包括:投标决策、投标策划、投标文件编制、参加开标及答辩、投标后评估等。

(一)建设工程监理投标决策

工程监理单位要想中标获得建设工程监理任务并获得预期利润,就需要认真进行投标决策。所谓投标决策,主要包括两方面内容:一是决定是否参与竞标;二是如果参加投标,应采取什么样的投标策略。投标决策的正确与否,关系到工程监理单位能否中标及中标后经济效益。

1. 投标决策原则

投标决策活动要在工程特点与工程监理企业自身需求之间选择最佳结合点。为实现最优赢利目标,可以参考如下基本原则进行投标决策:

(1)充分衡量自身人员和技术实力能否满足工程项目要求,且要根据工程监理单位自身实力、经验和外部资源等因素来确定是否参与竞标。

(2)充分考虑国家政策、建设单位信誉、招标条件、资金落实情况等,保证中标后工程项目能顺利实施。

(3)由于目前工程监理单位普遍存在注册监理工程师稀缺、监理人员数量不足的情况,因此在一般情况下,工程监理单位与其将有限人力资源分散到几个小工程投标中,不如集中优势力量参与一个较大建设工程监理投标。

(4)对于竞争激烈、风险特别大或把握不大的工程项目,应主动放弃投标。

2. 投标决策定量分析方法

常用的投标决策定量分析方法有综合评价法和决策树法。

(1)综合评价法。综合评价法是指决策者决定是否参加某建设工程监理投标时,将影响其投标决策的主、客观因素用某些具体指标表示出来,并定量地进行综合评价,以此作为投标决策依据。

1)确定影响投标的评价指标。不同工程监理单位在决定是否参加某建设工程监理投标时所应考虑的因素是不同的,但一般都要考虑到企业人力资源、技术力量、投标成本、经验业绩、竞争对手实力、企业长远发展等多方面因素,考虑的指标一般有总监理工程师能力、监理团队配置、技术水平、合同支付条件、同类工程经验、可支配的资源条件、竞争对手数量和实力、竞争对手投标积极性、项目利润、社会影响、风险情况等。

2）确定各项评价指标权重。上述各项指标对工程监理单位参加投标的影响程度是不同的,为了在评价中能反映各项指标的相对重要程度,应当对各项指标赋予不同权重。

3）各项评价指标评分。针对具体工程项目,衡量各项评价指标水平,可划分为好、较好、一般、较差、差五个等级。

4）计算综合评价总分。将各项评价指标权重与等级评分相乘后累加,即可求出建设工程监理投标机会总分。

5）决定是否投标。将建设工程监理投标机会总分与过去其他投标情况进行比较或者与工程监理单位事先确定的可接受的最低分数相比较,决定是否参加投标。

在实际操作过程中,投标考虑的因素及其权重、等级可由工程监理单位投标决策机构组织企业经营、生产、人事等有投标经验的人员,以及外部专家进行综合分析、评估后确定。综合评价法也可用于工程监理单位对多个类似工程监理投标机会选择,综合评价分值最高者将作为优先投标对象。

（2）决策树法。工程监理单位有时会同时收到多个不同或类似建设工程监理投标邀请书,而工程监理单位的资源是有限的,若不分重点地将资源平均分布到各个投标工程,则每一个工程中标的概率都很低。为此,工程监理单位应针对每项工程特点进行分析,比选不同方案,以期选出最佳投标对象。这种多项目多方案的选择,通常可以应用决策树法进行定量分析。

1）适用范围。决策树法是适用于风险型决策分析的一种简便易行的实用方法,其特点是用一种树状图表示决策过程,通过事件出现的概率和损益期望值的计算比较,帮助决策者对行动方案做出抉择。当工程监理单位不考虑竞争对手的情况（投标时往往事先不知道参与投标的竞争对手）,仅根据自身实力决定某些工程是否投标及如何报价时,则是典型的风险型决策问题,适用于决策树法进行分析。

2）基本原理。决策树是模拟树木成长过程,从出发点（称决策点）开始不断分枝来表示所分析问题的各种发展可能性,并以分枝的期望值中最大（或最小）者作为选择依据。

3）决策树法操作过程：

①画出决策树,画决策树的过程也就是对未来可能发生的各种事件进行周密思考、预测的过程,把这些情况用树状图表示出来,先画决策点,再找方案分枝和方案点,最后再画出概率分枝。

②由专家估计法或用试验数据推算出概率值,并把概率写在概率分枝的位置上。

③计算益损期望值,从树梢开始,由右向左的顺序进行。用期望值法计算,若决策目标是盈利时,比较各分枝,取期望值最大的分枝,其他分枝进行修剪。

4）决策树法投标决策举例。

某监理单位面临 A、B 两项工程投标,因受本单位资源条件限制,只能选择其中一项工程投标。根据过去类似工程投标的经验数据,A 工程投高标的中标概率为 0.3,投低标的中标概率为 0.6,编制投标文件的费用为 10 万元;B 工程投高标的中标概率为 0.4,投低标的中标概率为 0.7,编制投标文件的费用为 8 万元。各方案承包的效果、概率及损益情况如表 4-6 所示,试运用决策树法进行投标决策。

表 4-6 其他评审因素评分标准

方案	A 高			A 低			B 高			B 低		
效果	好	中	差	好	中	差	好	中	差	好	中	差
概率	0.3	0.5	0.2	0.2	0.7	0.1	0.4	0.5	0.1	0.2	0.5	0.3
损益值/万元	183	165	93	123	105	33	134.4	120	62.4	74.4	60	-2.4

决策步骤:

A. 画出决策树,标明各方案的概率和损益值(如图 4-1 所示)。

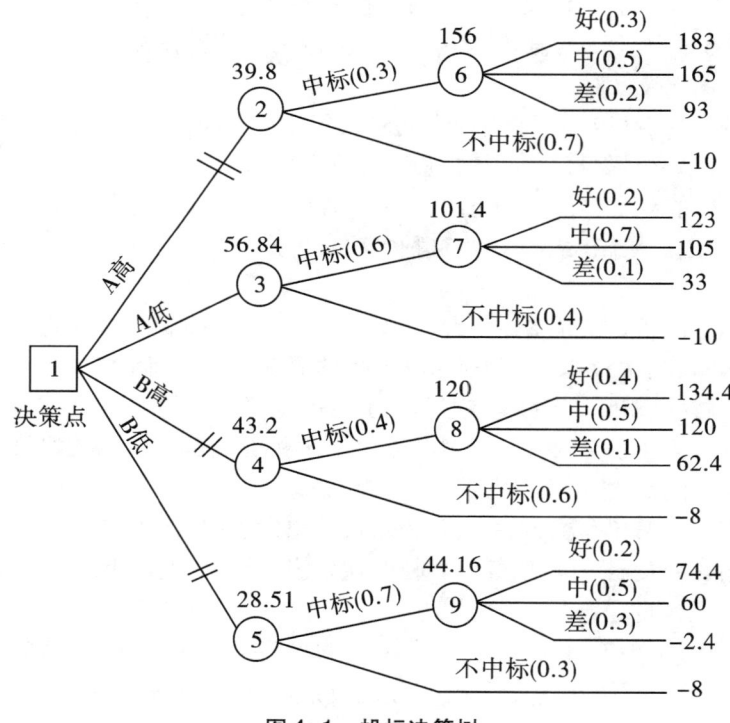

图 4-1 投标决策树

B. 计算图中各机会点的期望值(将计算结果标在各机会点的上方)。

点⑥:183×0.3+165×0.5+93×0.2=156(万元)

点②:156×0.3-10×0.7=39.8(万元)

点⑦:123×0.2+105×0.7+33×0.1=101.4(万元)

点③:101.4×0.6-10×0.4=56.84(万元)

点⑧:134.4×0.4+120×0.5+62.4×0.1=120(万元)

点④:120×0.4-8×0.6=43.2(万元)
点⑨:74.4×0.2+60×0.5-2.4×0.3=44.16(万元)
点⑤:44.16×0.7-8×0.3=28.51(万元)
C.选择最优方案。
因为点③的期望值最大,故应投A工程低标。

(二)监理投标文件编制

监理投标文件反映了工程监理单位的综合实力和完成监理任务的能力,是招标人选择工程监理单位的主要依据之一。投标文件编制质量的高低,直接关系到中标可能性的大小,因此,如何编制好工程监理投标文件是工程监理单位投标的首要任务。

1.投标文件编制原则

响应招标文件,保证投标有效。建设工程监理投标文件编制的前提是要按招标文件要求的条款和内容格式编制,必须在满足招标文件要求的基本条件下,尽可能精益求精,响应招标文件实质性条款,保证投标有效。

认真研究招标文件,深入领会招标文件意图。投标文件要内容详细、层次分明、重点突出。完整、规范的投标文件,应尽可能将投标人的想法、建议及自身实力叙述详细,做到内容深入而全面。为了尽可能让招标人或评标专家在很短的评标时间内了解投标文件内容及投标单位实力,就要在投标文件的编制上下功夫,做到层次分明,表达清楚,重点突出。投标文件体现的内容要针对招标文件评分办法的重点得分内容,如企业业绩、人员素质及监理大纲中建设工程目标控制要点等,要有意识地说明和标设,并在目录上专门列出或在编辑包装中采用装饰手法等,力求起到加深印象的作用,这样做会起到事半功倍的效果。

2.投标文件编制依据

(1)国家及地方有关法律法规及政策。必须以国家及地方有关建设工程监理投标的法律法规及政策为准绳编制建设工程监理投标文件,否则,可能会造成投标文件的内容与法律法规及政策相抵触,甚至造成废标。

(2)招标文件。投标文件必须对招标文件做出实质性响应,而且其内容尽可能与建设单位的意图或要求相符合。越是能够贴切满足建设单位需求的投标文件,则越会受到建设单位青睐,其获取中标的概率也相对较高。

(3)企业现有的设备资源。编制建设工程监理投标文件时,必须考虑工程监理单位现有的设备资源。要根据不同监理标的具体情况进行统一调配,尽可能将工程监理单位现有可动用的设备资源编入建设工程监理投标文件,提高投标文件的竞争力。

(4)企业现有的人力及技术资源。工程监理单位现有的人力及技术资源主要表现为有精通所招标工程的专业技术人员和具有丰富经验的总监理工程师、专业监理工程师、监理员;有工程项目管理、设计及施工专业特长,能帮助建设单位协调解决各类工程技术难题的能力;拥有同类建设工程监理经验;在各专业有一定技术能力的合作伙伴,必要时可联合向建设单位提供咨询服务。此外,应当将工程监理单位内部现有的人力及技术资源优化组合后编入监理投标文件中,以便在评标时获得较高的技术标得分。

(5)企业现有的管理资源。建设单位判断工程监理单位是否能胜任建设工程监理任务,在很大程度上要看工程监理单位在日常管理中有何特长,类似建设工程监理经验如何,针对本工程有何具体管理措施等。为此,工程监理单位应当将其现有的管理资源充分展现在投标文件中,以获得建设单位的注意,从而最终获取中标。

3. 监理大纲编制

建设工程监理投标文件的核心是反映监理服务水平高低的监理大纲,尤其是针对工程具体情况制定的监理对策,以及向建设单位提出的原则性建议等。

监理大纲即监理工作方案,是由监理单位在工程项目招标投标阶段,根据工程项目规模特性所编制的方案性、规划性文件。监理大纲是监理单位投标文件的组成部分。在中标签订监理合同后,监理大纲随同投标文件成为监理合同的组成部分,而且具有法律效力。监理合同签订后,监理单位即组建项目监理机构,任命项目总监,由项目总监主持,在监理大纲基础上编制监理规划。因此,监理大纲是监理单位在工程项目投标阶段十分重要的监理文件。

监理大纲作为开展监理工作的方案性、规划性文件,其作用主要有以下两点:作为投标文件的重要组成部分参与投标,使项目监理方案得到业主认可,承揽到监理业务;为中标后编制监理规划提供基础,作为监理工作的基本方案。

监理大纲一般应包括以下主要内容:

(1)工程概述。根据建设单位提供和自己初步掌握的工程信息,对工程特征进行简要描述,主要包括:工程名称、工程内容及建设规模;工程结构或工艺特点;工程地点及自然条件概况;工程质量、造价和进度控制目标等。

(2)监理依据和监理工作内容。

1)监理依据:法律法规及政策;工程建设标准[包括《建设工程监理规范》(GB/T 50319—2013)];工程勘察设计文件;建设工程监理合同及相关建设工程合同等。

2)监理工作内容:一般包括质量控制、造价控制、进度控制、合同管理、信息管理、组织协调、安全生产管理的监理工作等。

(3)建设工程监理实施方案。建设工程监理实施方案是监理评标的重点。根据监理招标文件的要求,针对建设单位委托监理工程特点,拟定监理工作指导思想、工作计划;主要管理措施、技术措施以及控制要点;拟采用的监理方法和手段;监理工作制度和流程;监理文件资料管理和工作表式;拟投入的资源等。建设单位一般会特别关注工程监理单位资源的投入:一方面是项目监理机构的设置和人员配备,包括监理人员(尤其是总监理工程师)素质、监理人员数量和专业配套情况;另一方面是监理设备配置,包括检测、办公、交通和通信等设备。

(4)建设工程监理难点、重点及合理化建议。建设工程监理难点、重点及合理化建议是整个投标文件的精髓。工程监理单位在熟悉招标文件和施工图的基础上,要按实际监理工作的开展和部署进行策划,既要全面涵盖"三控两管一协调"和安全生产管理职责的内容,又要有针对性地提出重点工作内容、分部分项工程控制措施和方法以及合理化建议,并说明建议将会在工程质量、造价、进度等方面产生的效益。

4. 编制投标文件注意事项

建设工程监理招标、评标注重对工程监理单位能力的选择。因此,工程监理单位在投标时应在体现监理能力方面下功夫,应着重解决下列问题:

(1)投标文件应对招标文件内容做出实质性响应。

(2)项目监理机构的设置应合理,要突出监理人员素质,尤其是总监理工程师人选,将是建设单位重点考察的对象。

(3)应有类似建设工程监理经验。

(4)监理大纲能充分体现工程监理单位的技术、管理能力。

(5)监理服务报价应符合招标文件对报价的要求,以及工程监理成本利润测算。

(6)投标文件既要响应招标文件要求,又要巧妙回避建设单位的苛刻要求,同时还要避免为提高竞争力而盲目扩大监理工作范围,否则会给合同履行留下隐患。

(三)参加开标及答辩

1. 参加开标

参加开标是工程监理单位需要认真准备的投标活动,应按时参加开标。

2. 答辩

招标项目要求现场答辩的,工程监理单位要充分做好答辩前准备工作,强化工程监理人员答辩能力,提高答辩信心,积累相关经验,提升监理队伍的整体实力,包括仪表、自信心、表达力、知识储备等。平时要有计划地培训学习,逐步提高整体实战能力,并形成一整套可复制的模拟实战方案,这样才能实现专业技术与管理能力同步,做到精心准备与快速反应有机结合。答辩前,应拟定答辩的基本范围和纲领,细化到人和具体内容,组织演练,相互提问。另外,要了解对手,知己知彼、百战不殆,了解竞争对手的实力和拟定安排的总监理工程师及团队,完善自己的团队,发挥自身优势。在各组织成员配齐后,总监理工程师就可以担当答辩的组织者,以团队精神做好心理准备,有了内容心里就有了底,再调整每个人的情绪,以饱满的精神沉着应对。

(四)投标后评估

投标后评估是对投标全过程的分析和总结。投标后评估要全面评价投标决策是否正确,影响因素和环境条件是否分析全面,重难点和合理化建议是否有针对性,总监理工程师及项目监理机构成员人数、资历及组织机构设置是否合理,投标报价预测是否准确,参加开标和总监理工程师答辩准备是否充分,投标过程组织是否到位等。投标过程中任何导致成功与失败的细节都不能放过,这些细节是工程监理单位在随后投标过程中需要注意的问题。

二、建设工程监理投标策略

建设工程监理投标策略的合理制定和成功实施关键在于对影响投标因素的深入分析、招标文件的把握和深刻理解、投标策略的针对性选择、项目监理机构的合理设置、合理化建议的重视以及答辩的有效组织等环节。

要充分认识到工程项目的监理投标是一门科学,从投标准备、实施投标、中标谈判、监理实施等是一个完整的系统工程;合理的工程项目监理费用是保证监理合同正常履行的基础,更是保证工程项目有序和可控推进的关键。鉴于国内工程监理市场完全放开,竞争十分激烈,竞争手段及影响因素都在不断变化,如何有效组织投标工作,选择合适的投标策略,争取在有利条件下中标或者是提高中标率,是一件十分复杂而又面临新挑战的工作。

(一)提前分析影响监理投标的各项因素

由于企业在战略发展、行业经验及业绩、人力资源、技术力量、资金实力、成本管理等多方面因素的不同,因而不同监理企业在投标时所考虑的影响因素和投标策略显然是不同的,但是通常考虑的一般都有以下主要因素:同类工程经验及业绩、总监工程师的能力、监理团队的配置、公司技术水平及资源条件的支持、合同支付条件、竞争对手的实力、竞争对手投标积极性、项目可能的利润、社会影响、风险情况等。还要重点分析以下因素:

1. 建设单位(业主)

对建设单位的分析重点是工程的可靠程度和考虑工程实现的可靠性,如:工程项目的合规性、工程施工条件、资金落实情况、监理服务要求、工程规模和难度、建设单位资信及支付条件等。

2. 自身投标意愿和期望值

在确定投标前,首先要分析监理项目是否符合公司的经营目标和经营宗旨,如果是首次进入该市场或行业,必须进行市场调查和前景分析;其次要研究项目如果中标后可能获得的利润水平。通过分析,测算出工程中标后可能获得的利润,无利可图的项目一般不应去投标,监理企业必须将有利润作为投标的期望底线。

3. 竞争对手

对于需要进行公开竞争性招标的监理项目,在筛选项目时应充分考虑项目的竞争态势,判断自身的优势是否突出,对于毫无把握或者是竞争对手具备突出优势的项目不宜勉强参与,否则不但中标概率不大,还会浪费公司资源,加大公司运营成本,影响投标团队的信心和积极性。

4. 环境和条件

良好的项目投标环境是监理单位实现公司经营目标和完成监理工作的前提条件。对于投标环境,即工程项目所在地的政治、经济、社会、工程条件等对投标和中标后履行合同有影响的各种要素都要进行客观分析,特别是投标单位所在地之外的省外、国外项目更应该进行综合性分析,还应分析在属地可能的合作伙伴。

(二)深刻理解招标文件,编制好投标文件

招标文件是投标和响应招标的依据,是编制投标文件的基础性文件,因此,吃透招标文件对编制投标文件并做出实质性响应以及制定合理有效的投标策略至关重要,建议编制《投标书编制计划》,明确时间节点、参与投标部门所负责的内容及完成时间并编制"重点事项清单及核对表",标书完成后一定要按照"重点事项清单及核对表"仔细检查核对并签字签认修订,以防止废标等低级错误的发生。确定投标报价后,应该按照规范填写投标报价,采用正常的书写格式进行填写看似很简单,但却很容易被投标人忽略,往往会出现小数点点错、算术错误、抄错、数字与文字不符等低级错误。因此,在填定时要特别注意数字要正确无误,无论单价、合计、总报价及大写数字应仔细核对。如果中标后按照错误

的单价结算,可能会导致企业蒙受不应有的损失和结算纠纷。

(三)做好投标报价工作

投标报价是建设工程投标内容的重要部分,是整个建设工程投标活动的核心环节,报价的高低直接决定着能否中标和中标后的效益。监理企业应充分考虑市场及自身的因素,严格按照招标文件要求,选择合适的方法,进行准确的报价,提高中标概率。监理费用报价应该充分考虑和分析监理单位的管理能力、财务状况、成本分析等综合承受能力,建立监理项目的成本管理台账,按照项目类型、规模等进行分类并设定关键成本指标,实施动态管理,认真收集整理公司所有项目监理实施期间的相关信息、数据,定期总结已完工程项目监理的与管理成本有关的指标;对参与投标而未中标项目进行原因分析,比较竞争对手中标及不中标关键因素,形成分析报告并存档备查,为后续投标工作提供经验和借鉴。

报价还应考虑以下风险因素:如招标文件规定,投标人的报价在合同实施期间不因政策、工程延期及市场因素变化而变动;投标人在计算报价时应充分考虑政府政策调整、定额调整、费率调整和税收变化及市场因素变化等风险;异地项目还应考虑通货膨胀、项目持续周期、人力资源调配等一些可变因素。

(1)必须熟读招标文件中投标报价的参考依据和相关规定,要认真阅读招标文件中对最高投标限价的规定,投标报价高于最高投标限价的,按废标处理;要认真分析评标办法中规定的报价得分计算方法,通过模拟运算,确定最可能中标的一个报价。

(2)要对该企业投入该项工程的成本价进行估算,综合考虑市场情况,根据企业自身的成本支出情况,从监理人员收入(包括工资、福利、各项津贴及税费)、拟投入办公生活用品、试验检测仪器设备、交通工具购置和使用费、生活用房的租赁、公司管理费、应得利润及各种税费等方面进行全面测算,得出一个成本价,作为投标报价的参考。

(3)要分析同行业竞争对手报价,收集同行业监理企业的投标报价走向,大概确定对手报价范围,判断对手的报价思路。

(四)选择有针对性的监理投标策略

在投标阶段,中标是唯一的目标。为了中标,投标必须完全按照招标文件中规定的内容和要求进行,以获得最高分为首要目的。此外,再综合考虑项目的规模、复杂程度、项目周期以及监理服务费的支付方式等,合理选择接近招标人最高投标限价报价法或者接近投标人成本价报价等方法。

(五)重视提出合理化建议

招标人往往会比较关心投标人此部分内容,借此了解投标人的专业能力、管理水平以及投标人对拟监理工程项目的熟悉程度和关注程度等,从而提升招标人对工程监理单位承担和完成监理任务的信心及工作思路。因此,必须重视技术建议书的编写,技术建议书是工程项目监理活动的纲领性文件,可以全面体现监理服务水平、服务思路,是企业的软实力,通常情况要由公司技术管理部门牵头,拟选项目总监等参与编撰。在技术建议书的编写中,要根据工程实际情况,突出"项目重点、难点分析及其监理对策措施"等相应内容,包括一般的通用性问题和针对本项目重大特殊问题的分析描述。

三、建设工程监理费用计取方法

由于建设工程类别、特点及服务内容不同,可采用不同方法计取监理费用。通行的咨询计价方式有以下几种,具体采用哪种计价方式,应由双方在合同中约定。

(一)按费率计费

这种方法是按照工程规模大小和所委托的咨询工作繁简,以建设投资的一定百分比来计算。一般情况下,工程规模越大,建设投资越多,计算咨询费的百分比越小。这种方法比较简便、科学,颇受业主和咨询单位欢迎,也是行业中工程咨询采用的计费方式之一。如美国按3%~4%计取,德国按5%计取(含工程设计方案费),日本按2.3%~4.5%计取(称设计监理费),东南亚多数国家按1%~3%计取;在我国的台湾地区按2.3%左右计取。

(二)按人工时计费

这种方法是根据合同项目执行时间(时间单位可以是小时,也可以是工作日或月),以补偿费加一定数额的补贴来计算咨询费总额。单位时间的补偿费用一般以咨询企业职员的基本工资为基础,再加上一定的管理费和利润(税前利润)。采用这种方法时,咨询人员的差旅费、工作函电费、资料费,以及试验和检验费、交通和住宿费等均由业主另行支付。

这种方法主要适用于临时性、短期咨询业务活动,或者不宜按建设投资百分比等方法计算咨询费的情形。由于这种方法在一定程度上限制了咨询单位潜在效益增加,因而会使单位时间计取的咨询费比咨询单位实际支出的费用要高得多。如美国工程咨询服务采用按工时计费法时,一般以工程咨询公司咨询人员每小时雇佣成本的2.5~3倍作为计费标准。

(三)按服务内容计费

这种方法是指在明确咨询工作内容的基础上,业主与工程咨询公司协商一致确定的固定咨询费,或工程咨询公司在投标时以固定价形式进行报价而形成的咨询合同价格。当实际咨询工作量有所增减时,一般也不调整咨询费。

国内工程监理费用一般参考国家以往收费标准或以人工成本加酬金等方式计取。

第三节 建设工程监理合同管理

一、建设工程监理合同订立

(一)建设工程监理合同特点

建设工程监理合同是指委托人(建设单位)与监理人(工程监理单位)就委托的建设工程监理与相关服务内容签订的明确双方义务和责任的协议。其中,委托人是指委托建设工程监理与相关服务的一方,及其合法的继承人或受让人;监理人是指提供监理与相关服务的一方,及其合法的继承人。

建设工程监理合同是一种委托合同,除具有委托合同的共同特点外,还具有以下特点：

(1) 建设工程监理合同当事人双方应是具有民事权力能力和民事行为能力、具有法人资格的企事业单位及其他社会组织，个人在法律允许的范围内也可以成为合同当事人。接受委托的监理人必须是依法成立、具有工程监理资质的企业，其所承担的工程监理业务应与企业资质等级和业务范围相符合。

(2) 建设工程监理合同委托的工作内容必须符合法律法规、有关工程建设标准、勘察设计文件及合同。建设工程监理合同是以对建设工程项目目标实施控制并履行建设工程安全生产管理法定职责为主要内容，因此，建设工程监理合同必须符合法律法规和有关工程建设标准，并与工程勘察设计文件、施工合同及材料设备采购合同相协调。

(3) 建设工程监理合同的标的是服务。监理工程师凭借自己的知识、经验、技能，为委托人所签订的施工合同、物资采购合同等的履行实施监督管理。

(二) 建设工程监理合同主要内容

工程监理合同的订立，意味着委托关系的形成，委托人与监理人之间的关系将受到合同约束。工程监理合同应采用书面形式约定双方的义务和违约责任，且通常会参照国家推荐使用的示范文本。监理合同条款由通用合同条款和专用合同条款两部分组成，同时还以合同附件格式明确了合同协议书和履约保证金格式。

1. 通用合同条款

通用合同条款包括一般约定、委托人义务、委托人管理、监理人义务、监理要求、开始监理和完成监理、监理责任与保险、合同变更、合同价格与支付、不可抗力、违约、争议解决，共计12个方面。

2. 专用合同条款

专用合同条款是对通用合同条款的细化、完善、补充、修改或另行约定的条款。合同当事人可根据不同工程特点及具体情况，通过谈判、协商对相应通用合同条款进行修改、补充。

3. 合同附件格式

合同附件格式是订立合同时采用的规范化文件，包括合同协议书和履约保证金格式。

(1) 合同协议书。合同协议书是合同组成文件中唯一需要委托人和监理人签字盖章的法律文书。合同协议书除明确规定对当事人双方有约束力的合同组成文件外，订立合同时需要明确填写的内容包括委托人和监理人名称；实施监理的项目名称；签约合同价；总监理工程师；监理工作质量符合的标准和要求；监理人计划开始监理的日期和监理服务期限。

(2) 履约保证金格式。履约担保采用保函形式，履约保函标准格式主要有以下特点：

1) 担保期限。自委托人与监理人签订的合同生效之日起，至委托人签发工程竣工验收证书之日起28天后失效。

2) 担保方式。采用无条件担保方式，即持有履约保函的委托人认为监理人有严重违约情况时，即可凭保函要求担保人予以赔偿，不需监理人确认。在履约保函标准格式中，担保人承诺"在本担保有效期内，如果监理人不履行合同约定的义务或其履行不符合合同的约定，我方在收到你方以书面形式提出的在担保金额内的赔偿要求后，在7日为无条件支付"。

合同协议书与下列文件一起构成合同文件:①中标通知书;②投标函及投标函附录;③专用合同条款;④通用合同条款;⑤委托人要求;⑥监理报酬清单;⑦监理大纲;⑧其他合同文件。上述合同文件互相补充和解释。如果合同文件之间存在矛盾或不一致之处,以上述文件的排列顺序在先者为准。

二、建设工程监理合同履行

(一)委托人主要义务

(1)除专用合同条款另有约定外,委托人应在合同签订后14天内,将委托人代表的姓名、职务、联系方式、授权范围和授权期限书面通知监理人,由委托人代表在其授权范围和授权期限内,代表委托人行使权利、履行义务和处理合同履行中的具体事宜。委托人更换委托人代表的,应提前14天将更换人员的姓名、职务、联系方式、授权范围和授权期限书面通知监理人。

(2)委托人应按约定的数量和期限将专用合同条款约定由委托人提供的文件(包括规范标准、承包合同、勘察文件、设计文件等)交给监理人。

(3)委托人应在收到预付款支付申请后28天内,将预付款支付给监理人。

(4)符合专用合同条款约定的开始监理条件的,委托人应提前7天向监理人发出开始监理通知。监理服务期限自开始监理通知中载明的开始监理日期起计算。

(5)委托人应按合同约定向监理人发出指示,委托人的指示应盖有委托人单位章,并由委托人代表签字确认。在紧急情况下,委托人代表或其授权人员可以当场签发临时书面指示。委托人代表应在临时书面指示发出后24小时内发出书面确认函,逾期未发出书面确认函的,该临时书面指示应被视为委托人的正式指示。

(6)委托人应在专用合同条款约定的时间内,对监理人书面提出的事项做出书面答复;逾期没有做出答复的,视为已获得委托人批准。

(7)委托人应当及时接收监理人提交的监理文件。如无正当理由拒收的,视为委托人已接收监理文件。委托人接收监理文件时,应向监理人出具文件签收凭证,凭证内容包括文件名称、文件内容、文件形式、份数、提交和接收日期、提交人与接收人的亲笔签名等。

(8)委托人应在收到中期支付或费用结算申请后的28天内,将应付款项支付给监理人。委托人未能在前述时间内完成审批或不予答复的,视为委托人同意中期支付或费用结算申请。委托人不按期支付的,按专用合同条款的约定支付逾期付款违约金。

(9)委托人要求监理人进行外出考察、试验检测、专项咨询或专家评审时,相应费用不含在合同价格之中,由委托人另行支付。

(10)监理人提出的合理化建议降低工程投资、缩短施工期限或者提高工程经济效益的,委托人应按专用合同条款约定给予奖励。

(二)监理人主要义务

监理工作内容,除专用合同条款另有约定外,监理工作内容包括:

(1)收到工程设计文件后编制监理规划,并在第一次工地会议7天前报委托人。根据有关规定和监理工作需要,编制监理实施细则。

(2)熟悉工程设计文件,并参加由委托人主持的图纸会审和设计交底会议。

(3)参加由委托人主持的第一次工地会议;主持监理例会并根据工程需要主持或参加专题会议。

(4)审查施工承包人提交的施工组织设计,重点审查其中的质量安全技术措施、专项施工方案与工程建设强制性标准的符合性。

(5)检查施工承包人工程质量、安全生产管理制度及组织机构和人员资格。

(6)检查施工承包人专职安全生产管理人员的配备情况。

(7)审查施工承包人提交的施工进度计划,核查施工承包人对施工进度计划的调整。

(8)检查施工承包人的试验室。

(9)审核施工分包人资质条件。

(10)查验施工承包人的施工测量放线成果。

(11)审查工程开工条件,对条件具备的签发开工令。

(12)审查施工承包人报送的工程材料、构配件、设备质量证明文件的有效性和符合性,并按规定对用于工程的材料采取平行检验或见证取样方式进行抽检。

(13)审核施工承包人提交的工程款支付申请,签发或出具工程款支付证书,并报委托人审核、批准。

(14)在巡视、旁站和检验过程中,发现工程质量、施工安全存在事故隐患的,要求施工承包人整改并报委托人。

(15)经委托人同意,签发工程暂停令和复工令。

(16)审查施工承包人提交的采用新材料、新工艺、新技术、新设备的论证材料及相关验收标准。

(17)验收隐蔽工程、分部分项工程。

(18)审查施工承包人提交的工程变更申请,协调处理施工进度调整、费用索赔、合同争议等事项。

(19)审查施工承包人提交的竣工验收申请,编写工程质量评估报告;参加工程竣工验收,签署竣工验收意见;审查施工承包人提交的竣工结算申请并报委托人;编制、整理工程监理归档文件并报委托人。

(三)监理人职责

监理人应按合同协议书的约定指派总监理工程师,并在约定的期限内到职。监理人更换总监理工程师应事先征得委托人同意,并应在更换14天前将拟更换的总监理工程师的姓名和详细资料提交委托人。总监理工程师2天内不能履行职责的,应事先征得委托人同意,并委派代表代行其职责。

监理人为履行合同发出的一切函件均应盖有监理人单位章或由监理人授权的项目机构章,并由监理人的总监理工程师签字确认。按照专用合同条款约定,总监理工程师可以授权其下属人员履行其某项职责,但事先应将这些人员的姓名和授权范围书面通知委托人和承包人。

监理人应在接到开始监理通知之日起7天内,向委托人提交监理项目机构以及人员安排的报告,其内容应包括项目机构设置、主要监理人员和作业人员的名单及资格条件。

主要监理人员应相对稳定,更换主要监理人员的,应取得委托人的同意,并向委托人提交继任人员的资格、管理经验等资料。除专用合同条款另有约定外,主要监理人员包括总监理工程师、专业监理工程师等;其他人员包括各专业的监理员、资料员等。

除专用合同条款另有约定外,建议监理人根据工程情况对监理责任进行保险,并在合同履行期间保持足额、有效。

总监理工程师应当在办理工程质量监督手续前签署工程质量终身责任承诺书,连同法定代表人出具的授权书,报送工程质量监督机构备案。总监理工程师应当按照法律法规、有关技术标准、设计文件和工程承包合同进行监理,对施工质量承担监理责任。

监理人应当根据法律、规范标准、合同约定和委托人要求实施和完成监理,并编制和移交监理文件。监理文件的深度应满足本阶段相应监理工作的规定要求,满足委托人下一步工作需要,并应符合国家和行业现行规定。

合同履行中,监理人可对委托人要求提出合理化建议。合理化建议应以书面形式提交委托人。

监理人应对施工承包人在缺陷责任期的质量缺陷修复进行监理。

三、违约责任

(一)委托人违约

在合同履行中发生下列情况之一的,属委托人违约:
(1)委托人未按合同约定支付监理报酬。
(2)委托人原因造成监理停止。
(3)委托人无法履行或停止履行合同。
(4)委托人不履行合同约定的其他义务。

委托人发生违约情况时,监理人可向委托人发出暂停监理通知,要求其在限定期限内纠正;逾期仍不纠正的,监理人有权解除合同并向委托人发出解除合同通知。委托人应当承担由于违约所造成的费用增加、周期延误和监理人损失等。

(二)监理人违约

在合同履行中发生下列情况之一的,属监理人违约:
(1)监理文件不符合规范标准及合同约定。
(2)监理人转让监理工作。
(3)监理人未按合同约定实施监理并造成工程损失。
(4)监理人无法履行或停止履行合同。
(5)监理人不履行合同约定的其他义务。

监理人发生违约情况时,委托人可向监理人发出整改通知,要求其在限定期限内纠正;逾期仍不纠正的,委托人有权解除合同并向监理人发出解除合同通知。监理人应当承担由于违约所造成的费用增加、周期延误和委托人损失等。

思考题

1. 建设工程监理招标有哪些方式？有何特点？
2. 建设工程监理招标文件包括哪些内容？
3. 建设工程监理评标方法有哪些？
4. 编制建设工程监理投标文件应注意哪些事项？
5. 建设工程监理投标策略有哪些？
6. 建设工程监理合同文件优先解释顺序是什么？

第五章 建设工程监理组织

建设工程监理组织是完成建设工程监理工作的基础和前提。在建设工程的不同组织管理模式下,可采用不同的建设工程监理委托方式。工程监理单位接受建设单位委托后,应成立项目监理机构,并按照一定的原则、程序、方法和手段实施监理。

项目监理机构作为工程监理单位派驻施工现场履行建设工程监理合同的组织机构,需要根据建设工程监理合同约定的服务内容、服务期限,以及工程特点、规模、技术复杂程度、环境等因素设立,同时需要明确项目监理机构中各类人员的基本职责。

第一节 建设工程监理委托方式及实施程序

一、建设工程监理委托方式

建设工程监理委托方式的选择与建设工程组织管理模式密切相关。建设工程可采用平行承包、施工总承包、工程总承包等不同实施组织模式,相应地可选择不同的建设工程监理委托方式。

(一)平行承包模式下建设工程监理委托方式

平行承包是指建设单位将建设工程设计、施工及材料设备采购任务经分解后分别发包给若干设计单位、施工单位和材料设备供应单位,并分别与各承包单位签订合同的工程建设组织实施方式。平行承包模式中,各设计单位、各施工单位、各材料设备供应单位之间的关系是平行关系。

采用平行承包模式,由于各承包单位在其承包范围内同时进行相关工作,有利于缩短工期、控制质量,也有利于建设单位在更广范围内选择施工单位。该模式的缺点是:合同数量多,会造成合同管理困难;工程造价控制难度大。具体表现为:一是工程总价不易确定,影响工程造价控制的实施;二是工程招标任务量大,需控制多项合同价格,增加了工程造价控制难度;三是在施工过程中设计变更和修改较多,导致工程造价增加。

在平行承包模式下,工程监理委托方式有以下两种主要形式:

1. 建设单位委托一家工程监理单位实施监理

这种委托方式要求被委托的工程监理单位应具有较强的合同管理与组织协调能力,并能做好全面规划工作。工程监理单位的项目监理机构可以组建多个监理分支机构对各施工单位分别实施监理。在建设工程监理过程中,总监理工程师应重点做好总体协调工作,加强横向联系,保证建设工程监理工作的有效运行。

2. 建设单位委托多家工程监理单位实施监理

建设单位委托多家工程监理单位针对不同施工单位实施监理，需要分别与多家工程监理单位签订建设工程监理合同，并协调各工程监理单位之间的相互协作与配合关系。采用这种委托方式，工程监理单位的监理对象相对单一，便于管理，但建设工程监理工作被肢解，各家工程监理单位各负其责，无法对建设工程进行总体规划与协调控制。

为了克服上述不足，在某些大、中型建设工程监理实践中，建设单位首先委托一家"总监理单位"，再由建设单位与"总监理单位"共同选择几家工程监理单位分别承担不同施工合同段监理任务；或由建设单位在已选定的几家工程监理单位中确定一家"总监理单位"。在建设工程监理工作中，"总监理单位"负责监理项目的总体规划和协调控制，管理其他各工程监理单位工作，可减轻建设单位的管理压力。

（二）施工总承包模式下建设工程监理委托方式

施工总承包模式是指建设单位将全部施工任务发包给一家施工单位作为总承包单位，总承包单位可以将其部分任务分包给其他施工单位，形成一个施工总包合同及若干个分包合同的工程建设组织实施方式。

对建设单位来说，采用施工总承包模式，有利于建设工程的组织管理；施工总承包模式比平行承包模式的合同数量少，有利于建设单位的合同管理，减少协调工作量，可发挥工程监理单位与施工总承包单位多层次协调的积极性；总包合同价可较早确定，有利于控制工程造价；既有施工分包单位的自控，又有施工总承包单位监督，还有工程监理单位的检查认可，有利于工程质量控制；施工总承包单位具有控制的积极性，施工分包单位之间也有相互制约的作用，有利于总体进度的协调。但该模式的缺点是：建设周期较长，施工总承包单位的报价可能偏高。

在施工总承包模式下，建设单位宜委托一家工程监理单位实施监理，这样有利于工程监理单位统筹考虑工程质量、造价、进度控制，合理进行总体规划协调，有利于实施建设工程监理工作。

虽然施工总承包单位对施工合同承担承包方的最终责任，但分包单位的资格、能力直接影响工程质量、进度等目标的实现，因此，监理工程师必须做好对分包单位资格的审查、确认工作。

（三）工程总承包模式下建设工程监理委托方式

工程总承包是指建设单位将工程设计、材料设备采购、施工（EPC）或设计、施工（DB）等工作全部发包给一家单位，由该承包单位对工程质量、安全、工期和造价等全面负责的工程建设组织实施方式。按这种模式发包的工程也称"交钥匙工程"。

采用工程总承包模式，建设单位的合同关系简单，组织协调工作量小；由于工程设计与施工由一家承包单位统筹实施，一般能做到工程设计与施工的相互搭接，有利于控制工程进度，可缩短建设周期；也可从价值工程或全寿命期费用角度取得明显的经济效果，有利于工程造价控制。但该模式的缺点是：合同条款不易准确确定，容易造成合同争议；合同数量虽少，但合同管理难度较大，造成招标发包工作难度大；由于承包范围大，介入工程项目时间早，工程信息未知数多，总承包单位要承担较大风险；由于有工程总承包能力的单位数量相对较少，建设单位选择余地也相应减少；工程质量标准和功能要求不易做到全面、具体、准确,"他人控制"机制薄弱,使工程质量控制难度加大。

在工程总承包模式下,建设单位宜委托一家工程监理单位实施监理。在该委托方式下,监理工程师需具备较全面的知识,做好合同管理工作。

二、建设工程监理实施程序和原则

(一)建设工程监理实施程序

1. 组建项目监理机构

工程监理单位在参与工程监理投标、承接工程监理任务时,根据建设工程规模、性质、建设单位对建设工程监理的要求,可选派符合总监理工程师任职资格要求的人员主持该项工作。在签订建设工程监理合同时,该主持人即可作为总监理工程师在工程监理合同中予以明确。

工程监理单位实施监理时,应在施工现场派驻项目监理机构,项目监理机构的组织形式和规模,可根据建设工程监理合同约定的服务内容、服务期限,以及工程特点、规模、技术复杂程度、环境等因素确定。

总监理工程师由工程监理单位法定代表人书面任命,负责履行建设工程监理合同,主持项目监理机构工作,是监理项目的总负责人,对内向工程监理单位负责,对外向建设单位负责。

总监理工程师应根据监理大纲和签订的建设工程监理合同确定项目监理机构人员及岗位职责,并在监理规划和具体实施计划执行中进行及时调整。

2. 收集工程监理有关资料

项目监理机构应收集工程监理有关资料,作为开展监理工作的依据。这些资料包括:

(1)反映工程项目特征的有关资料。主要包括:工程项目的批文,规划部门关于规划红线范围和设计条件的通知,土地管理部门关于准予用地的批文,批准的工程项目可行性研究报告或设计任务书,工程项目地形图,工程勘察成果文件,工程设计图纸及有关说明等。

(2)反映当地工程建设政策、法规的有关资料。主要包括:关于工程建设报建程序的有关规定,当地关于拆迁工作的有关规定,当地有关建设工程监理的有关规定,当地关于工程建设招标投标的有关规定,当地关于工程造价管理的有关规定等。

(3)反映工程所在地区经济状况等建设条件的资料。主要包括:气象资料,工程地质及水文地质资料,与交通运输(包括铁路、公路、航运)有关的可提供的能力、时间及价格等的资料,与供水、供电、供热、供燃气、电信有关的可提供的容(用)量、价格等的资料,勘察设计单位状况,土建、安装施工单位状况,建筑材料及构件、半成品的生产、供应情况,进口设备及材料的到货口岸、运输方式等。

(4)类似工程项目建设情况的有关资料。主要包括:类似工程项目投资方面的有关资料,类似工程项目建设工期方面的有关资料,类似工程项目的其他技术经济指标等。

3. 编制监理规划及监理实施细则

监理规划是项目监理机构全面开展建设工程监理工作的指导性文件。监理实施细则是针对某一专业或某一方面建设工程监理工作的操作性文件。

4. 规范化地开展监理工作

项目监理机构应按照建设工程监理合同约定，依据监理规划及监理实施细则规范化地开展建设工程监理工作。建设工程监理工作的规范化体现在以下几个方面：

（1）工作的时序性。指工程监理各项工作都应按一定的逻辑顺序开展，使建设工程监理工作能有效地达到目的而不至于造成工作状态的无序和混乱。

（2）职责分工的严密性。建设工程监理工作是由不同专业、不同层次的专家群体共同完成的，他们之间严密的职责分工是协调进行建设工程监理工作的前提和实现建设工程监理目标的重要保证。

（3）工作目标的确定性。在职责分工的基础上，每一项监理工作的具体目标都应确定，完成的时间也应有明确的限定，从而能通过书面资料对建设工程监理工作及其效果进行检查和考核。

5. 参与工程竣工验收

建设工程施工完成后，项目监理机构应在正式验收前组织工程竣工预验收，在预验收中发现的问题，应及时与施工单位沟通，提出整改要求。项目监理机构应参加由建设单位组织的工程竣工验收，签署工程监理意见。

6. 向建设单位提交建设工程监理文件资料

建设工程监理工作完成后，项目监理机构应向建设单位提交在监理合同文件中约定的建设工程监理文件资料。如合同中未作明确规定，一般应向建设单位提交工程变更资料、监理指令性文件、各类签证等文件资料。

7. 进行监理工作总结

建设工程监理工作完成后，项目监理机构应及时从两方面进行监理工作总结。

（1）向建设单位提交的监理工作总结。主要内容包括：工程概况；项目监理机构；建设工程监理合同履行情况；监理工作成效；监理工作中发现的问题及其处理情况；监理任务或监理目标完成情况评价；由建设单位提供的供项目监理机构使用的办公用房、车辆、试验设施等的清单；表明建设工程监理工作终结的说明；其他说明和建议等。

（2）向工程监理单位提交的监理工作总结。主要内容包括：建设工程监理工作的成效和经验，可以是采用某种监理技术、方法，或采用某种经济措施、组织措施，或如何处理好与建设单位、施工单位关系，以及其他工程监理合同执行方面的成效和经验；建设工程监理工作中发现的问题、处理情况及改进建议。

（二）建设工程监理实施原则

工程监理单位受建设单位委托实施建设工程监理时，应遵循以下基本原则：

1. 公平、独立、诚信、科学原则

工程监理单位在实施建设工程监理与相关服务时，要公平地处理工作中出现的问题，独立地进行判断和行使职权，科学地为建设单位提供专业化服务，既要维护建设单位的合法权益，也不能损害其他有关单位的合法权益。建设单位与施工单位虽然都是独立运行的经济主体，但他们追求的经济目标有差异，各自的行为也有差别，工程监理单位应在按合同约定的权、责、利关系基础上，协调双方的一致性。独立是公平地开展监理活动的前提，诚信、科学是监理工作质量的根本保证。

2. 权责一致原则

工程监理单位实施监理是受建设单位的委托授权并根据有关建设工程监理法律法规而进行的。这种权力的授予,除体现在建设单位与工程监理单位签订的建设工程监理合同之中外,还应体现在建设单位与施工单位签订的建设工程施工合同中。工程监理单位履行监理职责、承担监理责任,需要建设单位授予相应的权力。同样,由于总监理工程师是工程监理单位履行建设工程监理合同的全权代表,由总监理工程师代表工程监理单位履行建设工程监理职责、承担建设工程监理责任,因此,工程监理单位应给予总监理工程师充分授权,体现权责一致原则。

3. 总监理工程师负责制原则

总监理工程师负责制指由总监理工程师全面负责建设工程监理工作,其内涵包括:

(1)总监理工程师是建设工程监理工作的责任主体。总监理工程师是实现建设工程监理目标的最高责任者。责任是总监理工程师负责制的核心,它构成总监理工程师的工作压力和动力,也是确定总监理工程师权力和利益的依据。

(2)总监理工程师是建设工程监理工作的权力主体。根据总监理工程师承担责任的要求,总监理工程师负责制体现了总监理工程师全面领导建设工程监理工作。包括组建项目监理机构,组织编制监理规划,组织实施监理活动,总结、评价监理工作等。

(3)总监理工程师是建设工程监理工作的利益主体。总监理工程师对社会公众利益负责,对建设单位投资效益负责,同时也对所监理项目的监理效益负责。

4. 严格监理,热情服务原则

在处理工程监理单位与承包单位、建设单位与承包单位之间的利益关系时,一方面要坚持严格按合同办事、严格监理要求;另一方面要立场公正,为建设单位提供热情服务。

严格监理就是要求监理人员严格按照法规、政策、标准和合同控制工程项目目标,严格把关,依照规定的程序和制度,认真履行监理职责,建立良好的工作作风。

热情服务就是运用合理的技能,谨慎而勤奋地工作。工程监理单位应按照建设工程监理合同的要求,多方位、多层次地为建设单位提供良好服务,维护建设单位的正当权益。但不顾施工单位的正当经济利益,一味向施工单位转嫁风险,也非明智之举。

5. 综合效益原则

建设工程监理活动既要考虑建设单位的经济利益,也必须考虑与社会效益和环境效益的有机统一。建设工程监理活动虽经建设单位的委托和授权才得以进行,但工程监理单位首先应严格遵守工程建设管理有关法律、法规及标准,既要对建设单位负责,谋求最大的经济效益,同时要对国家和社会负责,取得最佳的综合效益。只有在符合宏观经济效益、社会效益和环境效益的条件下,业主投资项目的微观经济效益才能得以实现。

6. 预防为主原则

由于工程项目具有一次性、单件性等特点,在工程建设过程中存在很多风险,工程监理单位要有预见性,将重点放在"预控"上,防患于未然,在编制监理规划和监理实施细则以及实施监理过程中,要分析和预测可能发生的问题,制定相应对策和预控措施予以防范。

7. 实事求是原则

在建设工程监理工作中,工程监理单位应尊重事实。项目监理机构的任何指令、判断应以事实为依据,有证明、检验、试验资料等。

第二节 项目监理机构及监理人员职责

项目监理机构是工程监理单位实施监理时,派驻工程负责履行建设工程监理合同的组织机构。工程监理单位在建设工程监理合同签订后,应及时将项目监理机构的组织形式、人员构成及对总监理工程师的任命书面通知建设单位,并应在建设单位主持的第一次工地会议上告知承包单位。在施工现场监理工作全部完成或建设工程监理合同终止时,项目监理机构可撤离施工现场。项目监理机构撤离施工现场前,应由监理单位书面通知建设单位,并办理相关移交手续。

一、项目监理机构的设立

(一)项目监理机构设立的基本要求

(1)设立项目监理机构应满足以下基本要求:

设立项目监理机构应遵循适应、精简、高效的原则,要有利于建设工程监理目标控制和合同管理,要有利于建设工程监理职责的划分和监理人员的分工协作,要有利于建设工程监理的科学决策和信息沟通。

项目监理机构的监理人员应由一名总监理工程师、若干名专业监理工程师和监理员组成,且专业配套,数量应满足监理工作和建设工程监理合同对监理工作深度及建设工程监理目标控制的要求,必要时可设总监理工程师代表。

(2)工程规模较大、地域比较分散,可按工程地域设置总监理工程师代表。

除总监理工程师、专业监理工程师和监理员外,项目监理机构还可根据监理工作需要,配备文秘、翻译、司机和其他行政辅助人员。

项目监理机构应根据建设工程不同阶段的需要配备数量和专业满足要求的监理人员,有序安排相关监理人员进退场。

(3)一名监理工程师可担任一项建设工程监理合同的总监理工程师。当需要同时担任多项建设工程监理合同的总监理工程师时,应经建设单位书面同意,且最多不得超过3项。

(4)工程监理单位更换、调整项目监理机构监理人员,应做好交接工作,保持建设工程监理工作的连续性。工程监理单位调换总监理工程师时,应征得建设单位书面同意;调换专业监理工程师时,总监理工程师应书面通知建设单位。

(二)项目监理机构设立步骤

工程监理单位在组建项目监理机构时,一般按以下步骤进行:

1. 确定项目监理机构目标

建设工程监理目标是项目监理机构建立的前提,项目监理机构的建立应根据建设工程监理合同中确定的目标,制定总目标并明确划分项目监理机构的分解目标。

2. 确定监理工作内容

根据监理目标和建设工程监理合同中规定的监理任务，明确列出监理工作内容，并进行分类归并及组合。监理工作的归并及组合应便于监理目标控制，并综合考虑工程组织管理模式、工程结构特点、合同工期要求、工程复杂程度、工程管理及技术特点，还应考虑工程监理单位自身组织管理水平、监理人员数量、技术业务特点等。

3. 设计项目监理机构组织结构

（1）选择组织结构形式。由于建设工程规模、性质、组织实施模式等不同，应选择适宜的项目监理机构组织形式，以适应监理工作需要。组织结构形式选择的基本原则是：有利于工程合同管理，有利于监理目标控制，有利于决策指挥，有利于信息沟通。

（2）确定管理层次与管理跨度。管理层次是指组织的最高管理者到最基层实际工作人员之间等级层次的数量。管理层次可分为3个层次，即决策层、中间控制层和操作层。组织的最高管理者到最基层实际工作人员权责逐层递减，而人数却逐层递增。

项目监理机构中的3个层次：

①决策层。主要是指总监理工程师、总监理工程师代表，根据建设工程监理合同的要求和监理活动内容进行科学化、程序化决策与管理；

②中间控制层（协调层和执行层）。由各专业监理工程师组成，具体负责监理规划的落实，监理目标控制及合同实施的管理；

③操作层。主要由监理员组成，具体负责监理活动的操作实施。

管理跨度是指一名上级管理人员所直接管理的下级人数。管理跨度越大，领导者需要协调的工作量越大，管理难度也越大。为使组织结构能高效运行，必须确定合理的管理跨度。项目监理机构中管理跨度的确定应考虑监理人员的素质、管理活动的复杂性和相似性、监理业务的标准化程度、各规章制度的建立健全情况、建设工程的集中或分散情况等。

（3）制定岗位职责及考核标准。岗位职务及职责的确定要有明确的目的性，不可因人设事。根据权责一致的原则，应进行适当授权，以承担相应的职责，并应确定考核标准，对监理人员的工作进行定期考核，包括考核内容、考核标准及考核时间。

（4）选派监理人员。根据监理工作任务，选择适当的监理人员，必要时可配备总监理工程师代表。监理人员的选择除应考虑个人素质外，还应考虑人员总体构成的合理性与协调性。

《建设工程监理规范》（GB/T 50319—2013）规定，总监理工程师由监理工程师担任；总监理工程师代表由具有工程类职业资格的人员（如监理工程师、造价工程师、建造师、建筑师、注册结构工程师、注册岩土工程师、注册机电工程师等）担任，也可由具有中级及以上专业技术职称、3年及以上工程实践经验并经监理业务培训的人员担任；专业监理工程师由具有工程类职业资格的人员担任，也可由具有中级及以上专业技术职称、2年及以上工程实践经验并经监理业务培训的人员担任；监理员由具有中专及以上学历并经过监理业务培训的人员担任。

4. 制定工作流程和信息流程

为使监理工作科学、有序地进行，应按监理工作的客观规律制定工作流程和信息流程,规范化地开展监理工作。

二、项目监理机构组织形式

项目监理机构组织形式是指项目监理机构具体采用的管理组织结构,应根据建设工程特点、建设工程组织管理模式及工程监理单位自身情况等选择适宜的项目监理机构组织形式。常用的项目监理机构组织形式有直线制、职能制、直线职能制、矩阵制等。

(一)直线制组织形式

直线制组织形式的特点是项目监理机构中任何一个下级只接受唯一上级的命令。各级部门主管人员对各自所属部门的事务负责,项目监理机构中不再另设职能部门,如图5-1所示。

这种组织形式适用于能划分为若干个相对独立的子项目的大、中型建设工程。总监理工程师负责整个工程的规划、组织和指导,并负责整个工程范围内各方面的指挥协调工作;子项目监理机构分别负责各子项目的目标控制,具体领导现场专业或专项监理机构的工作。

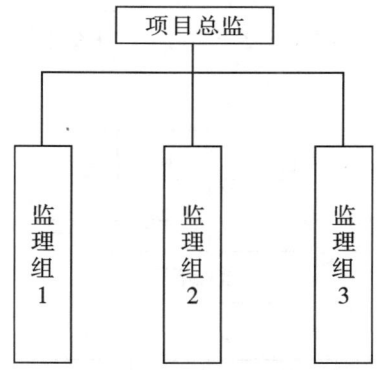

图5-1 直线制项目监理组织

如果建设单位将相关服务一并委托,项目监理机构的部门还可按不同的建设阶段分解设立直线制项目监理机构组织形式。

对于小型建设工程,项目监理机构也可采用按专业内容分解的直线制组织形式。

1. 直线制项目监理组织的优点

(1)保证单头领导,每个组织单元仅向一个上级负责,一个上级对下级直接行使管理和监督的权力即直线职权,一般不能越级下达指令。项目参加者的工作任务、责任、权力明确,指令唯一,这样可以减少扯皮和纠纷,协调方便。

(2)具有独立的项目组织的优点,尤其是项目总监能直接控制监理组织资源,向业主负责。

(3)信息流通快,决策迅速,项目容易控制。

(4)项目任务分配明确,责权利关系清楚。

2. 直线制项目监理组织的缺点

（1）当项目比较多、比较大时，每个项目对应一个组织，使监理企业资源可能不能达到合理使用。

（2）项目总监责任较大，一切决策信息都集中于他处，这要求他能力强、知识全面、经验丰富，是一个"全能式"人物。否则决策较难、较慢，容易出错。

（3）不能保证项目监理参与单位之间信息流通速度和质量。

（4）监理企业的各项目间缺乏信息交流，项目之间的协调、企业的计划和控制比较困难。

（二）职能制组织形式

职能制组织形式是在项目监理机构内设立一些职能部门，将相应的监理职责和权力交给职能部门，各职能部门在其职能范围内有权直接发布指令指挥下级。这种监理组织形式，就是在项目总监之下设立一些职能机构，分别从职能角度对基层监理组织进行业务管理，并在总监授权的范围内，向下下达命令和指示。这种组织形式强调管理职能的专业化，即把管理职能授权给不同的专业部门，如图5-2所示。

在职能制的组织结构中，项目的任务分配给相应的职能部门，职能部门经理对分配到本部门的项目任务负责，职能制的组织结构适用于任务相对比较稳定明确的项目监理工作。

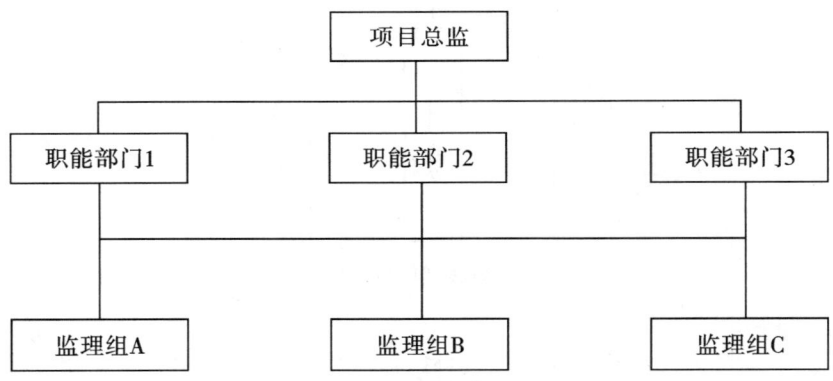

图5-2 职能制项目监理组织

1. 职能制项目监理组织形式的优点

（1）由于部门是按职能来划分的，因此各职能部门的工作具有很强的针对性，可以最大程度地发挥人员的专业才能，减轻项目总监的负担。

（2）如果各职能部门能做好互相协作的工作，对整个项目的完成会起到事半功倍的效果。

2. 职能制项目监理组织形式的缺点

（1）项目信息传递途径不畅。

（2）工作部门可能会接到来自不同职能部门的互相矛盾的指令。

（3）不同职能部门之间有意见分歧难以统一时，互相协调存在一定的困难。

(4)职能部门直接对工作部门下达工作指令,项目总监对工程项目的控制能力在一定的程度上被弱化。

(三)矩阵制组织形式

矩阵制是现代大型工程管理中广泛采用的一种组织形式,是美国在20世纪50年代创立的一种组织形式,它把职能原则和项目对象原则结合起来建立工程项目管理组织机构,使其既发挥职能部门的横向优势,又能发挥项目组织纵向优势。从系统论的观点来看,解决问题不能只靠某一部门的力量,一定要各方面专业人员共同协作。

矩阵制组织形式是由纵、横两套管理系统组成的矩阵组织结构,一套是纵向职能系统,另一套是横向子项目系统,如图5-3所示。这种组织形式的纵、横两套管理系统在监理工作中是相互融合关系。图中虚线所绘的交叉点上,表示两者协同以共同解决问题。职能组织形式的主要优点是加强了项目监理目标控制的职能化分工,可以发挥职能机构的专业管理作用,提高管理效率,减轻总监理工程师负担;缺点是由于下级人员受多头指挥,如果这些指令相互矛盾,会使下级在监理工作中无所适从。

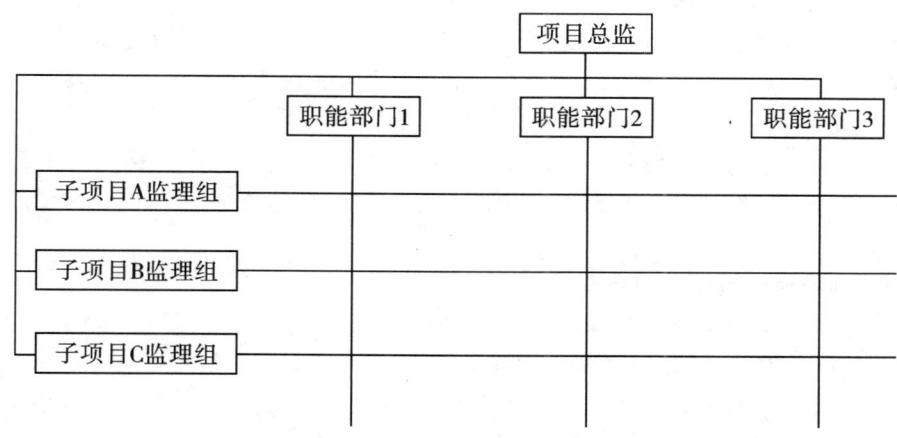

图5-3 矩阵制项目监理组织

1. 矩阵制项目监理组织特征

(1)项目监理组织机构与职能部门的结合部同职能部门数量相同,多个项目与职能部门的结合部呈矩阵状。

(2)把职能原则和对象原则结合起来,既发挥职能部门的横向优势,又发挥项目组织的纵向优势。

(3)专业职能部门是永久性的,项目组织是临时性的。职能部门负责人对参与项目组织的人员有组织调配、业务指导和管理考察权,项目总监将参与项目组织的职能人员在横向上有效地组织在一起,为实现项目目标协同工作。

(4)矩阵中的每个成员或部门,接受原部门负责人和项目总监的双重领导,但部门的控制力大于项目的控制力,部门负责人有权根据不同项目的需要和忙闲程度,在项目之间调配本部门人员。一个专业人员可能同时为几个项目服务,特殊人才可充分发挥作用,免得人才在一个项目中闲置又在另一个项目中短缺,大大提高人才利用率。

(5)项目总监对"借"到本项目监理部来的成员,有权控制和使用,当感到人力不足或某些成员不得力时,他可以向职能部门求援或要求调换,辞退回原部门。

(6)项目监理部的工作有多个职能部门支持,项目部没有人员包袱。但要求在水平方向和垂直方向有良好的信息沟通及良好的协调配合,对整个企业组织和项目组织的管理水平和组织渠道畅通提出了较高的要求。

2. 矩阵制项目监理组织适用范围

(1)适用于平时承担多个需要进行项目监理工程的企业。在这种情况下,各项目对专业技术人才和管理人员都有需求,加在一起数量较大。采用矩阵制组织可以充分利用有限的人才对多个项目进行监理,特别有利于发挥稀有人才的作用。

(2)适用于大型、复杂的监理工程项目。因大型复杂的工程项目要求多部门、多技术、多工种配合实施,在不同阶段,对不同人员,有不同数量和搭配各异的需求。显然,矩阵制项目监理组织形式可以很好地满足其要求。

3. 矩阵制项目监理组织优点

(1)能以尽可能少的人力,实现多个项目监理的高效率。理由是通过职能部门的协调,一些项目上的闲置人才可以及时转移到需要这些人才的项目上去,防止人才短缺,项目组织因此具有弹性和应变力。

(2)有利于人才的全面培养。可以使不同知识背景的人在合作中相互取长补短,在实践中拓宽知识面;发挥了纵向的专业优势,使人才成长建立在深厚的专业训练基础之上。

4. 矩阵制项目监理组织缺点

(1)由于人员来自监理企业职能部门,且仍受职能部门控制,故凝聚在项目上的力量减弱,往往使项目组织的作用发挥受到影响。

(2)管理人员或专业人员如果身兼多职地监理多个项目,往往难以确定监理项目的优先顺序,有时难免顾此失彼。

(3)双重领导。项目组织中的成员既要接受项目总监的领导,又要接受监理企业中原职能部门的领导,在这种情况下,如果领导双方意见和目标不一致乃至有矛盾时,当事人便无所适从。

(4)矩阵制组织对监理企业管理水平、项目管理水平、领导者的素质、组织机构的办事效率、信息沟通渠道的畅通,均有较高要求。

三、项目监理机构人员配备及职责分工

(一)项目监理机构人员配备

项目监理机构中配备监理人员的数量和专业应根据监理的任务范围、内容、工作期限以及工程的类别、规模、技术复杂程度、工程环境等因素综合考虑,并应符合建设工程监理合同中对监理工作深度及建设工程监理目标控制的要求,能体现项目监理机构的整体素质。

1. 项目监理机构人员结构

项目监理机构应具有合理的人员结构,包括以下两方面:

(1)合理的专业结构。项目监理机构应由与所监理工程的性质(专业性强的生产项目或是民用项目)及建设单位对建设工程监理的要求(是否包含相关服务内容,是工程质量、造价、进度的多目标控制或是某一目标的控制)相适应的各专业人员组成,也即各专业人员要配套,以满足项目各专业监理工作要求。

通常,项目监理机构应具备与所承担的监理任务相适应的专业人员。但当监理的工程局部有特殊性或建设单位提出某些特殊监理要求而需要采用某种特殊监控手段时,如局部的钢结构、网架、球罐体等质量监控需采用无损探伤、X射线光及超声探测,水下及地下混凝土桩需要采用遥测仪器探测等,此时,可将这些局部专业性强的监控工作另行委托给具有相应资质的咨询机构来承担,这也应视为保证了监理人员合理的专业结构。

(2)合理的技术职称结构。为了提高管理效率和经济性,应根据建设工程的特点和建设工程监理工作需要,确定项目监理机构中监理人员的技术职称结构。合理的技术职称结构表现为监理人员的高级职称、中级职称和初级职称的比例与监理工作要求相适应。

通常,工程勘察设计阶段的服务对人员职称要求更高些,具有高级职称及中级职称的人员在整个监理人员构成中应占绝大多数。施工阶段监理,可有较多的初级职称人员从事实际操作工作,如旁站、见证取样、检查工序施工结果、复核工程计量有关数据等。

初级职称是指助理工程师、助理经济师、技术员等,也可包括具有相应能力的实践经验丰富的工人(应能看懂图纸、正确填报有关原始凭证)。

2. 项目监理机构监理人员数量的确定

(1)影响项目监理机构人员数量的主要因素。主要包括以下几方面:

1)工程建设强度。工程建设强度是指单位时间内投入的建设工程资金的数量,即

$$工程建设强度 = 投资/工期$$

其中,投资和工期是指工程监理单位所承担监理任务的工程的建设投资和工期。投资可按工程概算投资额或合同价计算,工期可根据进度总目标及其分目标计算。

显然,工程建设强度越大,需投入的监理人数越多。

2)建设工程复杂程度。通常,工程复杂程度涉及以下因素:设计活动、工程位置、气候条件、地形条件、工程地质、施工方法、工期要求、工程性质、材料供应、分散程度等。

根据上述各项因素,可将工程分为若干工程复杂程度等级,不同等级的工程需要配备的监理人员数量有所不同。例如,可将工程复杂程度按五级划分:简单、一般、较复杂、复杂、很复杂。工程复杂程度定级可采用定量办法:对构成工程复杂程度的每一因素通过专家评估,根据工程实际情况给出相应权重,将各影响因素的评分加权平均后根据其值的大小确定该工程的复杂程度等级。例如,将工程复杂程度按10分制考虑,则平均分值1~3分、3~5分、5~7分、7~9分者依次为简单工程、一般工程、较复杂工程和复杂工程,9分以上为很复杂工程。

显然,简单工程需要的监理人员较少,而复杂工程需要的项目监理人员较多。

3)工程监理单位的业务水平。每个工程监理单位的业务水平和对某类工程的熟悉程度不完全相同,在监理人员素质、管理水平和监理设备手段等方面也存在差异,这都会

直接影响到监理效率的高低。高水平的监理单位可以投入较少的监理人力完成一个建设工程的监理工作,而一个经验不多或管理水平不高的监理单位则需投入较多的监理人力。因此,各监理单位应当根据自己的实际情况制定监理人员需要量定额。

4)项目监理机构的组织结构和任务职能分工。项目监理机构的组织结构情况关系到具体的监理人员配备,务必使项目监理机构任务职能分工的要求得到满足。必要时,还需要根据项目监理机构的职能分工对监理人员的配备作进一步调整。

有时,监理工作需要委托专业咨询机构或专业监测、检验机构进行,当然,项目监理机构的监理人员数量可适当减少。

(2)项目监理机构人员数量的确定方法。项目监理机构人员数量可按如下方法确定:

1)项目监理机构人员需要量定额。根据监理工作内容和工程复杂程度等级,测定、编制项目监理机构监理人员需要量定额,见表5-1。

2)确定工程建设强度。根据所承担的监理工程,确定工程建设强度。例如:某工程分为2个子项目,合同总价为人民币28000万元,其中子项目1合同价为16000万元,子项目2合同价为12000万元,合同工期为30个月。

工程建设强度 = 28000/30×12 = 11200(万元/年) = 11.2(千万元/年)

表5-1 监理人员需要量定额　　　　　　　　　　单位:人·年/千万元

工程复杂程度	监理工程师	监理员	行政、文秘人员
简单工程	0.30	1.10	0.15
一般工程	0.35	1.50	0.15
较复杂工程	0.50	1.60	0.35
复杂工程	0.70	2.20	0.50
很复杂工程	>0.70	>2.20	>0.50

3)确定工程复杂程度。按构成工程复杂程度的10个因素考虑,根据工程实际情况分别按10分制打分。具体结果见表5-2。根据计算结果,此工程为较复杂工程。

4)根据工程复杂程度和工程建设强度套用监理人员需要量定额。从定额中可查到较复杂工程监理人员需要量如下(人·年/千万元):

监理工程师:0.50;监理员:1.60;行政文秘人员0.35。

各类监理人员数量如下:

监理工程师:0.50×11.2 = 5.60人,按6人考虑;

监理员:1.60×11.2 = 17.92人,按18人考虑;

行政文秘人员:0.35×11.2 = 3.92人,按4人考虑。

表5-2 工程复杂程度等级评定表

项次	影响因素	子项目1	子项目2
1	设计活动	5	6
2	工程位置	9	5
3	气候条件	5	5
4	地形条件	7	5
5	工程地质	4	7
6	施工方法	4	6
7	工期要求	5	5
8	工程性质	6	6
9	材料供应	4	5
10	分散程度	5	5
	平均分值	5.4	5.5

5)根据实际情况确定监理人员数量。

根据项目监理机构情况决定每个部门各类监理人员如下:

监理总部(包括总监理工程师、总监理工程师代表和总监理工程师办公室):总监理工程师1人,总监理工程师代表1人,行政文秘人员2人。

子项目1监理组:专业监理工程师2人,监理员10人,行政文秘人员1人。

子项目2监理组:专业监理工程师2人,监理员8人,行政文秘人员1人。

项目监理机构监理人员数量和专业配备应随工程施工进展情况作相应调整,从而满足不同阶段监理工作需要。

(二)项目监理机构各类人员基本职责

《建设工程监理规范》(GB/T 50319—2013)规定了总监理工程师、总监理工程师代表、专业监理工程师和监理员应履行的基本职责。

1. 总监理工程师职责

总监理工程师是由工程监理单位法定代表人书面任命,负责履行建设工程监理合同、主持项目监理机构工作的监理工程师。总监理工程师应履行下列职责:

(1)确定项目监理机构人员及其岗位职责;

(2)组织编制监理规划,审批监理实施细则;

(3)根据工程进展及监理工作情况调配监理人员,检查监理人员工作;

(4)组织召开监理例会;

(5)组织审核分包单位资格;

(6)组织审查施工组织设计、(专项)施工方案;

(7)审查开复工报审表,签发工程开工令、暂停令和复工令;

(8)组织检查施工单位现场质量、安全生产管理体系的建立及运行情况;

(9)组织审核施工单位的付款申请,签发工程款支付证书,组织审核竣工结算;

(10)组织审查和处理工程变更;

(11)调解建设单位与施工单位的合同争议,处理工程索赔;

(12)组织验收分部工程,组织审查单位工程质量检验资料;

(13)审查施工单位的竣工申请,组织工程竣工预验收,组织编写工程质量评估报告,参与工程竣工验收;

(14)参与或配合工程质量安全事故的调查和处理;

(15)组织编写监理月报、监理工作总结,组织整理监理文件资料。

2. 总监理工程师代表职责

总监理工程师代表是经工程监理单位法定代表人同意,由总监理工程师书面授权,代表总监理工程师行使其部分职责和权力的人员。总监理工程师不得将下列工作委托给总监理工程师代表:

(1)组织编制监理规划,审批监理实施细则;

(2)根据工程进展及监理工作情况调配监理人员;

(3)组织审查施工组织设计、(专项)施工方案;

(4)签发工程开工令、暂停令和复工令;

(5)签发工程款支付证书,组织审核竣工结算;

(6)调解建设单位与施工单位的合同争议,处理工程索赔;

(7)审查施工单位的竣工申请,组织工程竣工预验收,组织编写工程质量评估报告,参与工程竣工验收;

(8)参与或配合工程质量安全事故的调查和处理。

3. 专业监理工程师职责

专业监理工程师是由总监理工程师授权,负责实施某一专业或某一岗位的监理工作,有相应监理文件签发权的人员。专业监理工程师应履行下列职责:

(1)参与编制监理规划,负责编制监理实施细则;

(2)审查施工单位提交的涉及本专业的报审文件,并向总监理工程师报告;

(3)参与审核分包单位资格;

(4)指导、检查监理员工作,定期向总监理工程师报告本专业监理工作实施情况;

(5)检查进场的工程材料、构配件、设备的质量;

(6)验收检验批、隐蔽工程、分项工程,参与验收分部工程;

(7)处置发现的质量问题和安全事故隐患;

(8)进行工程计量;

(9)参与工程变更的审查和处理;

(10)组织编写监理日志,参与编写监理月报;

(11)收集、汇总、参与整理监理文件资料;

(12)参与工程竣工预验收和竣工验收。

4. 监理员职责

监理员是在专业监理工程师领导下从事工程检查、材料的见证取样、有关数据复核等具体监理工作的人员。监理员应履行下列职责：

(1) 检查施工单位投入工程的人力、主要设备的使用及运行状况；

(2) 进行见证取样；

(3) 复核工程计量有关数据；

(4) 检查工序施工结果；

(5) 发现施工作业中的问题，及时指出并向专业监理工程师报告。

专业监理工程师和监理员的上述职责为其基本职责，在建设工程监理实施过程中，项目监理机构还应针对工程实际情况，明确各岗位专业监理工程师和监理员的职责分工。

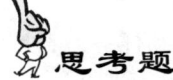
思考题

1. 建设工程监理委托方式有哪些？
2. 建设工程监理实施程序是什么？
3. 实施建设工程监理的基本原则有哪些？
4. 设立项目监理机构的步骤有哪些？
5. 项目监理机构组织结构设计需考虑哪些因素？
6. 项目监理机构组织形式有哪些？

第六章 建设工程监理规划与实施细则

第一节 概　述

建设工程监理规划性文件一般包括监理大纲、监理规划和监理实施细则。

监理大纲指的是投标人针对招标文件的要求,围绕建设工程监理的目标和任务,对投标项目的监理方案、方法和措施所做的一种书面陈述(监理大纲具体内容参见第四章)。

监理大纲又称监理方案,它是监理单位在建设单位委托监理的过程中为承揽监理业务而编写的监理方案性文件。它的主要作用有以下两方面:

(1)使建设单位认可监理大纲中的监理方案,其目的是让建设单位信服本监理单位能胜任该项目的监理工作,从而承揽到监理业务。

(2)为今后开展监理工作制订方案,也是作为制订监理规划的基础。监理大纲的内容应当根据监理招标文件的要求制订。其主要内容有以下三方面:①监理单位拟派往监理项目的主要监理人员,并对他们的资质情况作介绍;②监理单位应根据建设单位所提供的和自己初步掌握的工程信息,制订准备采用的监理方案(如监理组织方案、目标控制方案、合同管理方案、组织协调方案等);③明确说明将提供给建设单位的反映监理阶段性成果的文件。

监理规划是项目监理机构全面开展建设工程监理工作的指导性文件。

监理实施细则是在监理规划的基础上,针对工程项目中某一专业或某一方面监理工作编制的操作性文件。监理规划和监理实施细则的内容全面具体,而且需要按程序报批后才能实施。

建设工程监理规划性文件是指监理单位投标时编制的监理大纲、监理合同签订以后编制的监理规划和专业监理工程师编制的监理实施细则。三个文件之间的区别和联系见表6-1。

表6-1　建设工程监理规划性文件

监理大纲	又称监理方案,它是监理单位在业主开始委托监理的过程中,特别是在业主进行监理招标过程中,为承揽到监理业务而编写的监理方案性文件
	作用:一是使业主认可监理大纲中的监理方案,从而承揽到监理业务;二是为项目监理机构今后开展监理工作制定基本的方案
	编制人员:监理单位经营部门或技术管理部门人员,也应包括拟定的总监理工程师

续表 6-1

监理规划	监理单位接受业主委托并签订委托监理合同之后,在项目总监理工程师的主持下,根据委托监理合同,在监理大纲的基础上,结合工程的具体情况,广泛收集工程信息和资料的情况下制定,经监理单位技术负责人批准,用来指导项目监理机构全面开展监理工作的指导性文件
	从内容范围上讲,监理大纲与监理规划都是围绕着整个项目监理机构所开展的监理工作来编写的,但监理规划的内容要比监理大纲更翔实、更全面
监理实施细则	在监理规划的基础上,由项目监理机构的专业监理工程师针对建设工程中某一专业或某一方面的监理工作编写,并经总监理工程师批准实施的操作性文件
	作用:指导本专业或本子项目具体监理业务的开展
三者之间的关系	三者是相互关联的,都是建设工程监理工作文件的组成部分,之间存在着明显的依据性关系:在编写规划时,一定要严格根据监理大纲的有关内容;在制定监理实施细则时,一定要在监理规划的指导下进行。 一般来说,监理单位开展监理活动应当编制以上工作文件,但这也不是一成不变的。对于简单的监理活动只编写监理实施细则就可以了,而有些建设工程也可以制定较详细的监理规划,不再编写监理实施细则

第二节 监理规划

监理规划的基本作用就是指导项目监理机构全面开展监理工作。建设工程监理的中心目的是协助业主实现建设工程的总目标。监理规划需要对项目监理机构开展的各项监理工作做出全面、系统的组织和安排,包括确定监理工作目标,制定监理工作程序,确定目标控制、合同管理、信息管理、组织协调等各项措施和确定各项工作的方法和手段。

一、监理规划编写依据和要求

(一)监理规划编写依据

1. 工程建设法律法规和标准

(1)国家层面工程建设有关法律、法规及政策。无论在任何地区或任何部门进行工程建设,都必须遵守国家层面工程建设相关法律法规及政策。

(2)工程所在地或所属部门颁布的工程建设相关法规、规章及政策。建设工程必然是在某一地区实施的,有时也由某一部门归口管理,这就要求工程建设必须遵守工程所在地或所属部门颁布的工程建设相关法规、规章及政策。

(3)工程建设标准。工程建设必须遵守相关标准、规范及规程等工程建设技术标准和管理标准。

2. 建设工程外部环境调查研究资料

（1）自然条件方面的资料。包括建设工程所在地点的地质、水文、气象、地形以及自然灾害发生情况等方面的资料。

（2）社会和经济条件方面的资料。包括建设工程所在地人文环境、社会治安、建筑市场状况、相关单位（政府主管部门、勘察和设计单位、施工单位、材料设备供应单位、工程咨询和工程监理单位）、基础设施（交通设施、通信设施、公用设施、能源设施）、金融市场情况等方面的资料。

3. 政府批准的工程建设文件

（1）政府发展改革部门批准的可行性研究报告、立项批文。

（2）政府规划土地、环保等部门确定的规划条件、土地使用条件、环境保护要求、市政管理规定。

4. 建设工程监理合同文件

建设工程监理合同的相关条款和内容是编写监理规划的重要依据，主要包括监理工作范围和内容，监理与相关服务依据，工程监理单位的义务和责任，建设单位的义务和责任等。

工程监理投标书是建设工程监理合同文件的重要组成部分，工程监理单位在监理大纲中明确的内容均是监理规划的编制依据，主要包括项目监理组织计划，拟投入主要监理人员，工程质量、造价、进度控制方案，安全生产管理的监理工作，信息管理和合同管理方案，与工程建设相关单位之间关系的协调方法等。

5. 建设工程合同

在编写监理规划时，也要考虑建设工程合同（特别是施工合同）中关于建设单位和施工单位义务和责任的内容，以及建设单位对于工程监理单位的授权。

6. 建设单位要求

工程监理单位应竭诚为客户服务，在不超出合同职责范围的前提下，工程监理单位应最大程度地满足建设单位的合理要求。

7. 工程实施过程中输出的有关工程信息

主要包括方案设计、初步设计、施工图设计、工程实施状况、工程招标投标情况、重大工程变更、外部环境变化等。

（二）监理规划编写要求

1. 监理规划的基本构成内容应当力求统一

监理规划在总体内容组成上应力求做到统一，这是监理工作规范化、制度化、科学化的要求。监理规划基本构成内容主要取决于工程监理制度对于工程监理单位的基本要求。根据建设工程监理的基本内涵，工程监理单位受建设单位委托，需要控制建设工程质量、造价、进度三大目标，需要进行合同管理和信息管理，协调有关单位间的关系，还需要履行安全生产管理的法定职责。工程监理单位的上述基本工作内容决定监理规划的基本构成内容，而且由于监理规划对于项目监理机构全面开展监理工作的指导性作用，对整个监理工作的组织、控制及相应的方法和措施的规划等也成为监理规划必不可少的内容。

为此，监理规划的基本构成内容应包括：项目监理组织及人员岗位职责，监理工作制度、工程质量、造价、进度控制、安全生产管理的监理工作，合同与信息管理，组织协调等。

2. 监理规划的内容应具有针对性、指导性和可操作性

监理规划作为指导项目监理机构全面开展监理工作的纲领性文件，其内容应具有很强的针对性、指导性和可操作性。每个项目的监理规划既要考虑项目自身特点，也要根据项目监理机构的实际状况，在监理规划中应明确规定项目监理机构在工程实施过程中各个阶段的工作内容、工作人员、工作时间和地点、工作的具体方式方法等。只有这样，监理规划才能起到有效的指导作用，真正成为项目监理机构进行各项工作的依据。监理规划只要能够对有效实施建设工程监理做好指导工作，使项目监理机构能圆满完成所承担的建设工程监理任务，就是一个合格的监理规划。

3. 监理规划应由总监理工程师组织编制

《建设工程监理规范》（GB/T 50319—2013）明确规定，总监理工程师应组织编制监理规划。当然，真正要编制一份合格的监理规划，还要充分调动整个项目监理机构中专业监理工程师的积极性，广泛征求各专业监理工程师和其他监理人员的意见，并吸收水平较高的专业监理工程师共同参与编写。

4. 监理规划应把握工程项目运行脉搏

监理规划是针对具体工程项目编写的，而工程项目的动态性决定了监理规划的具体可变性。监理规划要把握工程项目运行脉搏，是指其可能随着工程进展进行不断的补充、修改和完善。在工程项目运行过程中，内外因素和条件不可避免地要发生变化，造成工程实际情况偏离计划，往往需要调整计划乃至目标，这就可能造成监理规划在内容上也要进行相应调整。

5. 监理规划应有利于工程监理合同的履行

监理规划是针对特定的一个工程的监理范围和内容来编写的，而建设工程监理范围和内容是由工程监理合同来明确的。项目监理机构应充分了解工程监理合同中建设单位、工程监理单位的义务和责任，对完成工程监理合同目标控制任务的主要影响因素进行分析，制定具体的措施和方法，确保工程监理合同的履行。

6. 监理规划的表达方式应当标准化、格式化

监理规划的内容需要选择最有效的方式和方法来表示，图、表和简单的文字说明应当是基本方法。规范化、标准化是科学管理的标志之一。所以，编写监理规划应当采用什么表格、图示以及哪些内容需要采用简单的文字说明应当做出统一规定。

7. 监理规划的编制应充分考虑时效性

监理规划应在签订建设工程监理合同及收到工程设计文件后由总监理工程师组织编制，并应在召开第一次工地会议 7 天前报建设单位。监理规划报送前还应由监理单位技术负责人审核签字。因此，监理规划的编写还要留出必要的审查和修改时间。为此，应当对监理规划的编写时间事先做出明确规定，以免编写时间过长，从而耽误监理规划对监理工作的指导，使监理工作陷于被动和无序。

8. 监理规划经审核批准后方可实施

监理规划在编写完成后需进行审核并经批准。监理单位的技术管理部门是内部审核单位，技术负责人应当签认，同时，还应当按工程监理合同约定提交给建设单位，由建设单位确认。

二、监理规划主要内容

《建设工程监理规范》(GB/T 50319—2013)明确规定,监理规划的内容包括:工程概况;监理工作的范围、内容、目标;监理工作依据;监理组织形式、人员配备及进退场计划、监理人员岗位职责;监理工作制度;工程质量控制;工程造价控制;工程进度控制;安全生产管理的监理工作;合同与信息管理;组织协调;监理工作设施。

(一)工程概况

(1)工程项目名称。
(2)工程项目建设地点。
(3)工程项目组成及建设规模。
(4)主要建筑结构类型。
(5)工程概算投资额或建安工程造价。
(6)工程项目计划工期,包括开竣工日期。
(7)工程质量目标。
(8)设计单位及施工单位名称、项目负责人。
(9)工程项目结构图、组织关系图和合同结构图。
(10)工程项目特点。
(11)其他说明。

(二)监理工作的范围、内容和目标

1. 监理工作范围

工程监理单位所承担的建设工程监理任务,可能是全部工程项目,也可能是某单位工程,也可能是某专业工程,监理工作范围虽然已在建设工程监理合同中明确,但需要在监理规划中列明并作进一步说明。

2. 监理工作内容

建设工程监理基本工作内容包括:工程质量、造价、进度三大目标控制,合同管理和信息管理,组织协调,以及履行建设工程安全生产管理的法定职责。监理规划中需要根据建设工程监理合同约定进一步细化监理工作内容。

3. 监理工作目标

监理工作目标是指工程监理单位预期达到的工作目标,通常以建设工程质量、造价、进度三大目标的控制值来表示。

工程质量控制目标:工程质量合格及建设单位的其他要求。

工程造价控制目标:以年预算为基价,静态投资为____万元(或合同价为____万元)。

工期控制目标:一个月或自____年____月____日至____年____月____日。

在建设工程监理实际工作中,应进行工程质量、造价、进度目标的分解,运用动态控制原理对分解的目标进行跟踪检查,对实际值与计划值进行比较、分析和预测,发现问题时,及时采取组织、技术、经济和合同等措施进行纠偏和调整,以确保工程质量、造价、进度目标的实现。

(三)监理工作依据

依据《建设工程监理规范》(GB/T 50319—2013),实施建设工程监理的依据主要包括法律法规及工程建设标准、建设工程勘察设计文件、建设工程监理合同及其他合同文件等。编制特定工程的监理规划,不仅要以上述内容为依据,而且还要收集有关资料作为编制依据。

(四)监理组织形式、人员配备及进退场计划、监理人员岗位职责

1. 项目监理机构组织形式

工程监理单位派驻施工现场的项目监理机构的组织形式和规模,应根据建设工程监理合同约定的服务内容、服务期限,以及工程特点、规模、技术复杂程度、环境等因素确定。

2. 项目监理机构人员配备及进退场计划

项目监理机构监理人员应由总监理工程师、专业监理工程师和监理员组成,且专业配套、数量应满足建设工程监理工作需要,必要时可设总监理工程师代表。

项目监理机构配备的监理人员应与监理投标文件或监理项目建议书的内容一致,并详细注明职称及专业等。要求填入真实到位人数,对于某些兼职监理人员,要说明参加本建设工程监理的确切时间,以便核查,以免名单开列数与实际数不相符而发生纠纷,这是监理工作中易出现的问题,必须避免。

3. 项目监理人员岗位职责

项目监理机构监理人员分工及岗位职责应根据监理合同约定的监理工作范围和内容以及《建设工程监理规范》(GB/T 50319—2013)规定,由总监理工程师安排和明确。总监理工程师应督促和考核监理人员职责的履行。必要时,可设总监理工程师代表,行使部分总监理工程师的岗位职责。

总监理工程师应根据项目监理机构监理人员的专业、技术水平、工作能力、实践经验等细化和落实相应的岗位职责。

(五)监理工作制度

为全面履行建设工程监理职责,确保建设工程监理服务质量,监理规划中应根据工程特点和工作重点明确相应的监理工作制度,主要包括项目监理机构现场监理工作制度、项目监理机构内部工作制度及相关服务工作制度。

1. 项目监理机构现场监理工作制度

(1)图纸会审及设计交底制度。
(2)施工组织设计审核制度。
(3)工程开工、复工审批制度。
(4)整改制度,包括签发监理通知单和工程暂停令等。
(5)平行检验、见证取样、巡视检查和旁站制度。
(6)工程材料、半成品质量检验制度。
(7)隐蔽工程验收、分项(部)工程质量验收制度。
(8)单位工程验收、单项工程验收制度。
(9)监理工作报告制度。
(10)安全生产监督检查制度。

（11）质量安全事故报告和处理制度。
（12）技术经济签证制度。
（13）工程变更处理制度。
（14）现场协调会及会议纪要签发制度。
（15）施工备忘录签发制度。
（16）工程款支付审核、签认制度。
（17）工程索赔审核、签认制度等。

2. 项目监理机构内部工作制度

（1）项目监理机构工作会议制度，包括监理交底会议、监理例会、监理专题会、监理工作会议等。
（2）项目监理机构人员岗位职责制度。
（3）对外行文审批制度。
（4）监理工作日志制度。
（5）监理周报、月报制度。
（6）技术、经济资料及档案管理制度。
（7）监理人员教育培训制度。
（8）监理人员考勤、业绩考核及奖惩制度。

3. 相关服务工作制度

如果提供相关服务时，还需要建立以下制度：
（1）项目立项阶段：包括可行性研究报告评审制度和工程估算审核制度等。
（2）设计阶段：包括设计大纲、设计要求编写及审核制度，设计合同管理制度，设计方案评审办法，工程概算审核制度，施工图纸审核制度，设计费用支付签认制度，设计协调会制度等。
（3）施工招标阶段：包括招标管理制度，标底或招标控制价编制及审核制度，合同条件拟订及审核制度，组织招标实务有关规定等。

（六）工程质量控制

工程质量控制重点在于预防，即在既定目标的前提下，遵循质量控制原则，制定总体质量控制措施、专项工程预控方案，以及质量事故处理方案，具体包括：

1. 工程质量控制目标描述

（1）施工质量控制目标。
（2）材料质量控制目标。
（3）设备质量控制目标。
（4）设备安装质量控制目标。
（5）质量目标实现的风险分析：项目监理机构宜根据工程特点、施工合同、工程设计文件及经过批准的施工组织设计对工程质量目标控制进行风险分析，并提出防范性对策。

2. 工程质量控制主要任务

（1）审查施工单位现场的质量保证体系，包括质量管理组织机构、管理制度及专职管理人员和特种作业人员的资格。

(2)审查施工组织设计、(专项)施工方案。
(3)审查工程使用的新材料、新工艺、新技术、新设备的质量认证材料和相关验收标准的适用性。
(4)检查、复核施工控制测量成果及保护措施。
(5)审核分包单位资格,检查施工单位为本工程提供服务的试验室。
(6)审查施工单位用于工程的材料、构配件、设备的质量证明文件,并按要求对用于工程的材料进行见证取样、平行检验,对施工质量进行平行检验。
(7)审查影响工程质量的计量设备的检查和检定报告。
(8)采用旁站、巡视检查、平行检验等方式对施工过程进行检查监督。
(9)对隐蔽工程、检验批、分项工程和分部工程进行验收。
(10)对质量缺陷、质量问题、质量事故及时进行处置和检查验收。
(11)对单位工程进行竣工验收,并组织工程竣工预验收。
(12)参加工程竣工验收,签署工程监理意见。

3. 工程质量控制工作流程与措施

(1)工程质量控制工作流程。依据分解的目标编制质量控制工作流程图(略)。
(2)工程质量控制的具体措施:
1)组织措施:建立健全项目监理机构,完善职责分工,制定有关质量监督制度,落实质量控制责任。
2)技术措施:协助完善质量保证体系;严格事前、事中和事后的质量检查监督。
3)经济措施及合同措施:严格质量检查和验收,不符合合同规定质量要求的,拒付工程款;达到建设单位特定质量目标要求的,按合同支付工程质量补偿金或奖金。

4. 旁站方案

旁站方案应结合工程实际,明确需要旁站的主要施工过程及关键工序,以确保主要施工过程及关键工序施工质量处于受控状态。旁站方案的具体内容可包括:旁站基本工作范围、旁站人员主要职责、旁站基本工作要求、旁站流程等。

5. 工程质量目标状况动态分析

工程质量目标控制范围应包括影响工程质量的 5 个要素,即要对人、材料、机械、方法和环境进行全面控制。工程质量是建设工程监理工作的核心,项目监理机构应根据建设工程施工的不同阶段进行工程质量控制目标状况动态分析,发现问题尽早采取措施予以解决,确保实现工程质量目标。

(七)工程造价控制

项目监理机构应全面了解工程施工合同文件、工程设计文件、施工进度计划等内容,熟悉合同价款的计价方式、施工投标报价及组成、工程预算等情况,明确工程造价控制的目标和要求,制定工程造价控制工作流程、方法和措施,以及针对工程特点确定工程造价控制的重点和目标值,将工程实际造价控制在计划造价范围内。

1. 工程造价控制的目标分解

(1)按建设工程费用组成分解;
(2)按年度、季度分解;

(3)按建设工程实施阶段分解。

2. 工程造价控制工作内容

(1)熟悉施工合同及约定的计价规则,复核、审查施工图预算;

(2)定期进行工程计量、复核工程进度款申请,签署进度款付款签证;

(3)建立月完成工程量统计表,对实际完成量与计划完成量进行比较分析,发现偏差的,应提出调整建议,并报告建设单位;

(4)按程序进行竣工结算款审核,签署竣工结算款支付证书。

3. 工程造价控制主要方法

在工程造价目标分解的基础上,依据施工进度计划、施工合同等文件,编制资金使用计划,可列表编制,并运用动态控制原理,对工程造价进行动态分析、比较和控制。

4. 工程造价目标实现的风险分析

工程造价受诸多因素影响,尤其是工程变更、材料市场价格变化等因素,为有效控制工程造价,对工程造价目标实现的风险进行分析并采取相应防范性对策是十分必要的。项目监理机构宜根据工程特点、施工合同、工程设计文件及经过批准的施工组织设计对工程造价目标控制进行风险分析,从而提出防范性对策。

5. 工程造价控制工作流程与措施

(1)工程造价控制工作流程。

(2)工程造价控制具体措施:

1)组织措施:包括建立健全项目监理机构,完善职责分工及有关制度,落实工程造价控制责任。

2)技术措施:对材料、设备采购,通过质量价格比选,合理确定生产供应单位;通过审核施工组织设计和施工方案,使施工组织合理化。

3)经济措施:包括及时进行计划费用与实际费用的分析比较;对原设计或施工方案提出合理化建议并被采用,由此产生的投资节约按合同规定予以奖励。

4)合同措施:按合同条款支付工程款,防止过早、过量的支付。减少施工单位的索赔,正确处理索赔事宜等。

(八)工程进度控制

项目监理机构应全面了解工程施工合同文件、施工进度计划等内容,明确施工进度控制的目标和要求,制定施工进度控制工作流程、方法和措施,以及针对工程特点确定工程进度控制的重点和目标值,将工程实际进度控制在计划工期范围内。

1. 工程总进度目标分解

(1)年度、季度进度目标;

(2)各阶段进度目标;

(3)各子项目进度目标。

2. 工程进度控制工作内容

(1)审查施工总进度计划和阶段性施工进度计划;

(2)检查、督促施工进度计划的实施;

(3)进行进度目标实现的风险分析,制定进度控制的方法和措施;

(4)预测实际进度对工程总工期的影响,分析工期延误原因,制订对策和措施,并报告工程实际进展情况。

3. 工程进度控制方法

(1)加强施工进度计划的审查,督促施工单位制定和履行切实可行的施工计划。

(2)运用动态控制原理进行进度控制。施工进度计划在实施过程中受各种因素的影响可能会出现偏差,项目监理机构应对施工进度计划的实施情况进行动态检查,对照施工实际进度和计划进度,判定实际进度是否出现偏差。发现实际进度严重滞后且影响合同工期时,应签发监理通知单,召开专题会议,要求施工单位采取调整措施加快施工进度,并督促施工单位按调整后批准的施工进度计划实施。

工程进度动态比较的内容包括:
1)工程进度目标分解值与进度实际值的比较;
2)工程进度目标值的预测分析。

4. 工程进度控制工作流程与措施

(1)工程进度控制工作流程图。
(2)工程进度控制具体措施:
1)组织措施:落实进度控制的责任,建立进度控制协调制度。
2)技术措施:建立多级网络计划体系,监控施工单位的实施作业计划。
3)经济措施:对工期提前者实行奖励;对应急工程实行较高的计件单价;确保资金的及时供应等。
4)合同措施:按合同要求及时协调有关各方的进度,以确保建设工程的形象进度。

(九)安全生产管理的监理工作

项目监理机构应根据法律法规、工程建设强制性标准,履行建设工程安全生产管理的监理职责。项目监理机构应根据工程项目的实际情况,加强对施工组织设计中涉及安全技术措施的审核,加强对专项施工方案的审查和监督,加强对现场安全事故隐患的检查,发现问题及时处理,防止和避免安全事故的发生。

1. 安全生产管理的监理工作目标

履行法律法规赋予工程监理单位的法定职责,尽可能防止和避免施工安全事故的发生。

2. 安全生产管理的监理工作内容

(1)编制工程监理实施细则,落实相关监理人员;
(2)审查施工单位现场安全生产规章制度的建立和实施情况;
(3)审查施工单位安全生产许可证及施工单位项目经理、专职安全生产管理人员和特种作业人员的资格,核查施工机械和设施的安全许可验收手续;
(4)审查施工承包人提交的施工组织设计,重点审查其中的质量安全技术措施、专项施工方案与工程建设强制性标准的符合性;
(5)审查包括施工起重机械和整体提升脚手架、模板等自升式架设设施等在内的施工机械和设施的安全许可验收手续情况;
(6)巡视检查危险性较大的分部分项工程专项施工方案实施情况;

(7)对施工单位拒不整改或不停止施工时,应及时向有关主管部门报送监理报告。

3. **专项施工方案的编制、审查和实施的监理要求**

(1)专项施工方案编制要求。实行施工总承包的,专项施工方案应当由施工总承包单位组织编制,其中,起重机械安装拆卸工程、深基坑工程、附着式升降脚手架等专业工程实行分包的,其专项施工方案可由专业分包单位组织编制。实行施工总承包的,专项施工方案应当由施工总承包单位技术负责人及相关专业分包单位技术负责人签字。对于超过一定规模的危险性较大的分部分项工程专项方案应当由施工单位组织召开专家论证会。

(2)专项施工方案监理审查要求:

1)对编审程序进行符合性审查;

2)对实质性内容进行符合性审查。

4. **安全生产管理的监理方法和措施**

(1)通过审查施工单位现场安全生产规章制度的建立和实施情况,督促施工单位落实安全技术措施和应急救援预案,加强风险防范意识,预防和避免安全事故发生。

(2)通过项目监理机构安全管理责任风险分析,制订监理实施细则,落实监理人员,加强日常巡视和安全检查,发现安全事故隐患时,项目监理机构应当履行监理职责,采取会议、告知、通知、停工、报告等措施向施工单位管理人员指出,预防和避免安全事故发生。

(十)合同与信息管理

1. **合同管理**

合同管理主要是对建设单位与施工单位、材料设备供应单位等签订的合同进行管理,从合同执行等各个环节进行管理,督促合同双方履行合同,并维护合同订立双方的正当权益。

(1)合同管理的主要工作内容:

1)处理工程暂停及复工、工程变更、索赔及施工合同争议、解除等事宜;

2)处理施工合同终止的有关事宜。

(2)合同结构。结合项目结构图和项目组织结构图,以合同结构图形式表示,并列出项目合同目录一览表。

(3)合同管理工作流程与措施。

(4)合同执行状况的动态分析:

1)对合同履约情况进行跟踪分析;

2)对合同变更原因进行分析;

3)对合同违约情况进行分析等。

2. **信息管理**

信息管理是建设工程监理的基础性工作,通过对建设工程形成的信息进行收集、整理、处理、存储、传递与运用,保证能够及时、准确地获取所需要的信息,具体工作包括监理文件资料的管理内容,监理文件资料的管理原则和要求,监理文件资料的管理制度和程序,监理文件资料的主要内容,监理文件资料的归档和移交等。

(1)信息分类表。

(2)信息管理工作流程与措施:

1）工作流程图。
2）信息管理具体措施。
（3）信息管理表格。

（十一）组织协调

组织协调工作是指监理人员通过对项目监理机构内部人与人之间、机构与机构之间，以及监理组织与外部环境组织之间的工作进行调和与联结，从而使工程参建各方相互理解、步调一致。具体包括编制工程项目组织管理框架、明确组织协调的范围和层次，制订项目监理机构内、外协调的范围、对象和内容，制订监理组织协调的原则、方法和措施，明确处理危机关系的基本要求等。

1. 组织协调的范围和层次

（1）组织协调的范围：项目组织协调的范围包括建设单位、工程建设参与各方（政府管理部门）之间的关系。

（2）组织协调的层次：

1）协调工程参与各方之间的关系；

2）工程技术协调。

2. 组织协调的主要工作

（1）项目监理机构的内部协调：

1）总监理工程师牵头，做好项目监理机构内部人员之间的工作关系协调；

2）明确监理人员分工及各自的岗位职责；

3）建立信息沟通制度；

4）及时交流信息、处理矛盾，建立良好的人际关系。

（2）与工程建设有关单位的外部协调：

1）建设工程系统内的单位：进行建设工程系统内的单位协调重点分析，主要包括建设单位、设计单位、施工单位、材料和设备供应单位、资金提供单位等。

2）建设工程系统外的单位：进行建设工程系统外的单位协调重点分析，主要包括政府建设行政主管机构、政府其他有关部门、工程毗邻单位、社会团体等。

3. 组织协调方法和措施

（1）组织协调方法：

1）会议协调：监理例会、专题会议等方式；

2）交谈协调：面谈、电话、网络等方式；

3）书面协调：通知书、联系单、月报等方式；

4）访问协调：走访或约见等方式。

（2）不同阶段组织协调措施：

1）开工前的协调：如第一次工地会议等；

2）施工过程中协调；

3）竣工验收阶段协调。

4. 协调工作程序

（1）工程质量控制协调程序；

(2)工程造价控制协调程序;
(3)工程进度控制协调程序;
(4)其他方面工作协调程序。

(十二)监理工作设施

(1)制订监理工作设施管理制度;
(2)根据建设工程类别、规模、技术复杂程度、建设工程所在地的环境条件,按建设工程监理合同约定,配备满足监理工作需要的常规检测设备和工具;
(3)落实场地、办公、交通、通信、生活等设施,配备必要的影像设备;
(4)项目监理机构应将拥有的监理设备和工具(如计算机、设备、仪器、工具、照相机、摄像机等)列表,注明数量、型号和使用时间,并指定专人负责管理。

三、监理规划报审

(一)监理规划报审程序

依据《建设工程监理规范》(GB/T 50319—2013),监理规划应在签订建设工程监理合同及收到工程设计文件后编制,在召开第一次工地会议前报送建设单位。监理规划报审程序的时间节点安排、各节点工作内容及负责人,如表6-2所示。

表6-2 监理规划报审程序

序号	时间节点安排	工作内容	负责人
1	签订监理合同及收到工程设计文件后	编制监理规划	总监理工程师组织专业监理工程师参与
2	编制完成、总监签字后	监理规划审批	监理单位技术负责人审批
3	第一次工地会议前	报送建设单位	总监理工程师报送
4	设计文件、施工组织计划和施工方案等发生重大变化时	调整监理规划	总监理工程师组织专业监理工程师参与监理单位技术负责人审批
		重新审批监理规划	监理单位技术负责人重新审批

(二)监理规划的审核内容

监理规划在编写完成后需要进行审核并经批准。监理单位技术管理部门是内部审核单位,其技术负责人应当签认。监理规划审核的内容主要包括以下几方面:

1. 监理范围、工作内容及监理目标的审核

依据监理招标文件和建设工程监理合同,审核是否理解建设单位的工程建设意图,监理范围、监理工作内容是否已包括全部委托的工作任务,监理目标是否与建设工程监理合同要求和建设意图相一致。

2. 项目监理机构的审核

(1)组织机构方面。组织形式、管理模式等是否合理,是否已结合工程实施特点,是否能够与建设单位的组织关系和施工单位的组织关系相协调等。

(2) 人员配备方面。人员配备方案应从以下几个方面审查：

1) 派驻监理人员的专业满足程度。应根据工程特点和建设工程监理任务的工作范围，不仅考虑专业监理工程师如土建监理工程师、安装监理工程师等能够满足开展监理工作的需要，而且还要看其专业监理人员是否覆盖了工程实施过程中的各种专业要求，以及高、中级职称和年龄结构的组成。

2) 人员数量的满足程度。主要审核从事监理工作人员在数量和结构上的合理性。按照我国已完成监理工作的工程资料统计测算，在施工阶段，大中型建设工程每年完成 100 万元的工程量所需监理人员为 1 人，专业监理工程师、一般监理人员和行政文秘人员的结构比例为 0.2∶0.6∶0.2。专业类别较多的工程的监理人员数量应适当增加。

3) 专业人员不足时采取的措施是否恰当。大中型建设工程由于技术复杂、涉及的专业面宽，当工程监理单位的技术人员不足以满足全部监理工作要求时，对拟临时聘用的监理人员的综合素质应认真审核。

4) 派驻现场人员计划表。对于大中型建设工程，不同阶段对所需要的监理人员在人数和专业等方面的要求不同，应对各阶段所派驻现场监理人员的专业、数量计划是否与建设工程进度计划相适应进行审核，还应平衡正在其他工程上执行监理业务的人员，是否能按照预定计划进入本工程参加监理工作。

3. 工作计划的审核

在工程进展中各个阶段的工作实施计划是否合理、可行，审查其在每个阶段中如何控制建设工程目标以及组织协调方法。

4. 工程质量、造价、进度控制方法的审核

对三大目标控制方法和措施应重点审查，看其如何应用组织、技术、经济、合同措施保证目标的实现，方法是否科学、合理、有效。

5. 对安全生产管理监理工作内容的审核

主要是审核安全生产管理的监理工作内容是否明确；是否制定了相应的安全生产管理实施细则；是否建立了对施工组织设计、专项施工方案的审查制度；是否建立了对现场安全隐患的巡视检查制度；是否建立了安全生产管理状况的监理报告制度；是否制定了安全生产事故的应急预案等。

6. 监理工作制度的审核

主要审查项目监理机构内、外工作制度是否健全、有效。

第三节　监理实施细则

一、监理实施细则编写依据和要求

监理实施细则是在监理规划的基础上，当落实了各专业监理责任和工作内容后，由专业监理工程师针对工程具体情况制定出更具实施性和操作性的业务文件，其作用是具体指导监理业务的实施。

(一)监理实施细则编写依据

《建设工程监理规范》(GB/T 50319—2013)规定了监理实施细则编写的依据:

(1)已批准的建设工程监理规划;

(2)与专业工程相关的标准、设计文件和技术资料;

(3)施工组织设计、(专项)施工方案。

除《建设工程监理规范》(GB/T 50319—2013)中规定的相关依据,监理实施细则在编制过程中,还可以融入工程监理单位的规章制度和经认证发布的质量体系,以达到监理内容的全面、完整,有效提高工程监理自身的工作质量。

(二)监理实施细则编写要求

《建设工程监理规范》(GB/T 50319—2013)规定,采用新材料、新工艺、新技术、新设备的工程,以及专业性较强、危险性较大的分部分项工程,应编制监理实施细则。对于工程规模较小、技术较为简单且有成熟监理经验和施工技术措施落实的情况下,可不必编制监理实施细则。

监理实施细则应符合监理规划的要求,并应结合工程专业特点,做到详细具体、具有可操作性。监理实施细则可随工程进展编制,但应在相应工程开始前由专业监理工程师编制完成,并经总监理工程师审批后实施。可根据建设工程实际情况及项目监理机构工作需要增加其他内容。当工程发生变化导致监理实施细则所确定的工作流程、方法和措施需要调整时,专业监理工程师应对监理实施细则进行补充、修改。

从监理实施细则目的角度,监理实施细则应满足以下三个方面要求:

1. 内容全面

监理工作包括"三控两管一协调"与安全生产管理的监理工作,监理实施细则作为指导监理工作的操作性文件应涵盖这些内容。在编制监理实施细则前,专业监理工程师应依据建设工程监理合同和监理规划确定的监理范围和内容,结合需要编制监理实施细则的专业工程特点,对工程质量、造价、进度主要影响因素以及安全生产管理的监理工作的要求,制定内容细致、翔实的监理实施细则,确保建设工程监理目标的实现。

2. 针对性强

独特性是工程项目的本质特征之一,没有两个完全一样的项目。因此,监理实施细则应在相关依据的基础上,结合工程项目实际建设条件、环境、技术、设计、功能等进行编制,确保监理实施细则的针对性。为此,在编制监理实施细则前,各专业监理工程师应组织本专业监理人员熟悉本专业的设计文件、施工图纸和施工方案,应结合工程特点,分析本专业监理工作的难点、重点及其主要影响因素,制定有针对性的组织、技术经济和合同措施。同时,在监理工作实施过程中,监理实施细则要根据实际情况进行补充、修改和完善。

3. 可操作性

监理实施细则应有可行的操作方法、措施,详细、明确的控制目标值和全面的监理工作计划。

二、监理实施细则主要内容

《建设工程监理规范》(GB/T 50319—2013)明确规定了监理实施细则应包含的内容,

即专业工程特点、监理工作流程、监理工作要点,以及监理工作方法及措施。

(一)专业工程特点

专业工程特点是指需要编制监理实施细则的工程专业特点,而不是简单的工程概述。专业工程特点应从专业工程施工的重点和难点、施工范围和施工顺序、施工工艺、施工工序等内容进行有针对性的阐述,体现为工程施工的特殊性、技术的复杂性、与其他专业的交叉和衔接以及各种环境约束条件。

如对于某拟建于古河道分布区域的工程,监理细则中专业工程特点部分阐述了工程地质情况、场地水文地质条件、存在的不良地质现象等;对于某房地产开发项目,监理细则中专业工程特点部分则主要明确了土方开挖与基坑支护工程特点等。

除专业工程外,新材料、新工艺、新技术以及对工程质量、造价、进度等特殊要求也需要在监理实施细则中体现。

(二)监理工作流程

监理工作流程是结合工程相应专业制定的具有可操作性和可实施性的流程图,不仅涉及最终产品的检查验收,更多地涉及施工中各个环节及中间产品的监督检查与验收。

监理工作涉及的流程包括开工审核工作流程、施工质量控制流程、进度控制流程、造价(工程量计量)控制流程、安全生产和文明施工监理流程、测量监理流程、施工组织设计审核工作流程、分包单位资格审核流程、建筑材料审核流程、技术审核流程、工程质量问题处理审核流程、旁站检查工作流程、隐蔽工程验收流程、工程变更处理流程、信息资料管理流程等。

(三)监理工作要点

监理工作控制要点及目标值是对监理工作流程中工作内容的增加和补充,应将流程图设置的相关监理控制点和判断点进行详细而全面的描述,将监理工作目标和检查点的控制指标、数据和频率等阐明清楚。

(四)监理工作方法及措施

监理规划中的方法是针对工程总体概括要求的方法和措施,监理实施细则中的监理工作方法和措施是针对专业工程而言,更应具体,更具有可操作性和可实施性。

1. 监理工作方法

监理工程师通过旁站、巡视、见证取样、平行检测等监理方法,对专业工程作全面监控,对每一个专业工程的监理实施细则而言,其工作方法必须加以详尽阐明。

除上述四种常规方法外,监理工程师还可采用指令文件、监理通知、支付控制手段等方法实施监理。

2. 监理工作措施

各专业工程的控制目标要有相应的监理措施,以保证控制目标的实现。制定监理工作措施通常有两种方式:

(1)根据措施实施内容不同,可将监理工作措施分为技术措施、经济措施、组织措施和合同措施。例如,某建筑工程钻孔灌注桩分项工程监理工作组织措施和技术措施如下:

1)组织措施:根据钻孔桩工艺和施工特点,对项目监理机构人员进行合理分工,现场专业监理人员分2班(8:00~20:00和20:00~次日8:00,每班1人),进行全程巡视、旁站、检查和验收。

2）技术措施：组织所有监理人员全面阅读图纸等技术文件，提出书面意见，参加设计交底，制定详细的监理实施细则。详细审核施工单位提交的施工组织设计，严格审查施工单位现场质量管理体系的建立和实施。研究分析钻孔桩施工质量风险点，合理确定质量控制关键点，包括桩位控制、桩长控制、桩径控制、桩身质量控制和桩端施工质量控制。

（2）根据措施实施时间不同，可将监理工作措施分为事前控制措施、事中控制措施及事后控制措施。

1）事前控制。事前控制措施是指为预防发生差错或问题而提前采取的措施。

2）事中控制。事中质量控制是指在施工过程进行的质量控制，事中质量控制的策略是全面控制施工过程，其具体措施是：工序交接有检查（抽查）、施工分项有方案、技术措施有交底、图纸会审有记录、设计变更有手续、质量处理有复查、质量文件有档案。

3）事后控制（验收）。工程质量验收均应在施工单位自检合格的基础上进行。施工单位确认自检合格后提出工程验收申请，由项目监理机构进行验收。

三、监理实施细则报审

（一）监理实施细则报审程序

《建设工程监理规范》（GB/T 50319—2013）规定，监理实施细则可随工程进展编制，但必须在相应工程施工前完成，并经总监理工程师审批后实施。监理实施细则报审程序见表6-3。

表6-3 监理实施细则报审程序

序号	节点	工作内容	负责人
1	相应工程施工前	编制监理实施细则	专业监理工程师编制
2	相应工程施工前	监理实施细则审批、批准	专业监理工程师送审，总监理工程师批准
3	工程施工过程中	若发生变化，监理实施细则中工作流程与方法措施调整	专业监理工程师调整，总监理工程师批准

（二）监理实施细则的审核内容

监理实施细则由专业监理工程师编制完成后，需要报总监理工程师批准后方能实施。监理实施细则审核的内容主要包括以下几方面：

1. 编制依据、内容的审核

监理实施细则的编制是否符合监理规划的要求，是否符合专业工程相关的标准，是否符合设计文件的内容，与提供的技术资料是否相符合，是否与施工组织设计、（专项）施工方案使用的规范、标准、技术要求相一致。监理的目标、范围和内容是否与监理合同和监理规划相一致，编制的内容是否涵盖专业工程的特点、重点和难点，内容是否全面、翔实、可行，是否能确保监理工作质量等。

2. 项目监理人员的审核

（1）组织方面。组织方式、管理模式是否合理，是否结合了专业工程的具体特点，是否便于监理工作的实施,制度、流程上是否能保证监理工作,是否与建设单位和施工单位相协调等。

（2）人员配备方面。人员配备的专业满足程度、数量等是否满足监理工作的需要、专业人员不足时采取的措施是否恰当、是否有操作性较强的现场人员计划安排表等。

3. 监理工作流程、监理工作要点的审核

监理工作流程是否完整、翔实,节点检查验收的内容和要求是否明确,监理工作流程是否与施工流程相衔接,监理工作要点是否明确、清晰,目标值控制点设置是否合理、可控等。

4. 监理工作方法和措施的审核

监理工作方法是否科学、合理、有效,监理工作措施是否具有针对性、可操作性、安全可靠性,是否能确保监理目标的实现等。

5. 监理工作制度的审核

针对专业工程监理,其内、外监理工作制度是否能有效保证监理工作的实施,监理记录、检查表格是否完备等。

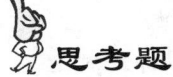

思考题

1. 监理大纲、监理规划、监理实施细则三者之间的关系是什么?
2. 监理规划编制依据和要求分别是什么?
3. 监理实施细则的主要内容有哪些?
4. 项目监理机构控制建设工程三大目标的工作内容有哪些?

第七章 建设工程监理工作内容和主要方式

建设工程监理的主要工作内容是通过合同管理、信息管理和组织协调等手段,控制工程建设的投资、建设工期和工程质量,进行工程建设合同管理,协调司有关单位之间的工作关系。因此,建设监理的主要工作内容可以归纳为"三控""两管""一协调"。

第一节 建设工程监理工作内容

一、目标控制

建设工程目标系统主要由质量、造价、进度三大目标共同构成。受到建设单位的委托,工程监理单位要对三大目标之间的关系进行处理和协调,同时需要确定和分解这三大目标,并且还要采取相应措施对三大目标进行有效的控制。建设工程项目目标控制是控制论与建设工程项目管理实践相结合的产物,其具有很强的适用性和作用效果。

(一)建设工程三大目标之间的相互关系

建设工程质量、造价、进度三大目标,共同构成了一个统一的整体,在一定程度上具有相互关联性。从建设单位的角度进行分析,通常是希望建设工程的质量好、投资少、速度快、工期短。但是在实际的工程操作过程中,基本不可能同时实现上述目标,所以为了防止发生盲目追求单一的目标而对其他的目标进行影响,就要对这三大目标的关系进行确定和控制,进行多方面多方案的分析和对比,争取在矛盾中求得三大目标的统一,确保这个系统的可行性,从而达到预期的目标效果。

1. 三大目标之间的对立关系

三大目标在建设工程中的对立关系表现得比较明显、直观。通常情况下,如果对建设工程的效果和作用要求较高,就需要投入较多的资金,同时需要花费更长的建设时间,耗费大量的人力(人工费用也会增加),还需要对建设工程进行监督、严格管理、精工细作,要投入较多的精力。如果是加快工程的建设进度,缩短建设工期,抢时间、争进度,以在最短的时间内完成建设目标,可能会打乱原有的建设计划,使建设工程在实施过程中的环节之间出现脱节的现象,会给建设控制和协调带来一定的难度,那么可能会达到一种"欲速则不达"的效果,会对建设工程质量带来不利影响,同时还会留下一些不确定的工程质量隐患,而使建设工程的质量无法得到保障。如果要减少投资,降低费用,就要考虑到在建设过程中降低功能和质量要求,在可以代替的情况下,采用一些比较普通或较差的工程设备和建筑材料,那么一旦发生有关质量的问题,就需要重新对工程进行修改,那么整个工期的时间就会延长,相应的费用也会增加,给后期的修正带来了极大的不便与不利。

通过以上的分析表明,建设工程的三大目标关系存在着对立的关系。因此不能奢求质量、造价、进度这三个目标达到最优效果同时实现,即既要质量好,又要投资少,还要进度快。在对三大目标进行分析和确定时,不能把三大目标孤立开来,单独地分析其中的一个目标,也不能因为只是片面的分析其中的一个目标而忽略其他两个目标带来的不利影响,而需要将这三个目标看作是一个统一整体,在分析时,要全面客观,对三大目标进行反复协调,平衡它们三者之间的关系,争取在最大力度上达到最优效果。这也是建设工程目标调控的其中一个重要内容。

2. 三大目标之间的统一关系

对于建设工程三大目标的统一关系,需要从不同的角度对其进行分析。通常情况下,要提高建设工程的功能和质量问题,虽然需要增加一次性投资和延长建设工期,但也无法保证不出现工程质量问题,但是可以降低工程投入使用后期的运行费用和维修需要的费用;适当增加投资数额,为采取加快进度的措施提供经济条件,即可加快工程建设进度、缩短工期,使工程项目尽早动用、投资尽早收回,进而建设工程全寿命期经济效益得到提高;从这些角度来分析,其可以达到节约投资的目的。如果是加快进度、缩短工期,虽然需要投资的增加,但是如果可以尽早发挥投资效益,不仅可以在一定程度上减少利息支出,还可以使整个建设工程提前投入使用过程中。但不能由此得出工期越短就越好的错误结论,因为要加快进度、缩短工期会受到很多方面因素的影响,如技术、环境、场地等。但是提早发挥的投资效益超过了加快进度所需的投资数额,从经济的角度来看,加快工程进度是可行的。如果在建设工程中,科学合理地规划建设工程进度,把工程进度计划指定得合理可行,则可使工程进度具有连续性和均衡性。

在对建设工程三大目标统一关系的分析时,需要反复平衡三者之间的关系,将质量、造价、进度三大目标作为一个统一整体进行考虑和调控,争取使整个目标系统达到最大的收益效果,实现质量、造价、进度三大目标系统的统一局面。

(二)建设工程三大目标的确定与分解

控制建设工程三大目标,需要综合考虑建设工程项目三大目标之间相互关系,在分析论证基础上明确建设工程项目质量、造价、进度总目标,目标的确定是一项动态的工作,在建设工程的不同阶段都需要进行,所以就需要从不同角度将建设工程总目标分解成若干分目标、子目标及可执行目标,从而形成"自上而下层层展开、自下而上层层保证"的目标体系,这样分解比较直观,而且也可以将质量、造价、进度三大目标联系起来,也便于对后期偏差原因进行分析。通过对建设工程的三大目标进行确定与分解为建设工程三大目标动态控制奠定基础。

1. 建设工程总目标的分析

建设工程总目标是建设工程目标控制的基本前提,也是决定建设工程监理成功与否的重要依据。要确定建设工程的总目标,就需要密切关注建设工程投资方及利益相关者的需求,同时还要结合建设工程本身所处的环境特点进行综合的分析论证。

分析论证建设工程总目标,应该遵循下列基本原则:

(1)确保建设工程质量目标符合工程建设强制性标准。工程建设强制性标准是与人民生命财产安全、人体健康、环境保护和公众利益相关的技术要求,在追求建设工程质量、造价和进度三大目标间最佳匹配关系时,应确保建设工程质量目标符合工程建设强制性标准。

(2)定性分析与定量分析相结合。在建设工程目标系统中,质量目标通常采用定性分析方法,而造价、进度目标可采用定量分析方法。对于某一建设工程而言,采用不同的质量标准,往往会有不同的工程造价和工期,所以论证建设工程三大目标需要采用定性分析与定量分析相结合的方法。

(3)不同建设工程三大目标可具有不同的优先等级。建设工程质量、造价、进度三大目标的优先顺序并非固定不变。由于每一建设工程的建设背景、复杂程度、投资方及利益相关者需求等不同,决定了三大目标的重要性顺序不同。有的建设工程工期要求紧迫,有的建设工程资金紧张等,从而决定了三大目标在不同建设工程中具有不同的优先等级。

总之,建设工程三大目标之间密切联系、相互制约,需要应用多目标决策、多级递阶、动态规划等理论统筹考虑、分析论证,努力在"质量优、投资省、工期短"之间寻求最佳匹配。

2. 建设工程目标分解的原则

(1)能分能合。这要求建设工程的总目标能够自上而下逐层分解,也能够根据需要自下而上逐层综合。这一原则实际上是要求目标分解要有明确的依据并采用适当的方式,避免目标分解的随意性。

(2)按工程部位分解,而不按工种分解。这是因为建设工程的建造过程也是工程实体的形成过程,这样分解比较直观,而且可以将质量、造价、进度三大目标相互联系起来,也便于对偏差原因进行分析。

(3)区别对待,有粗有细。根据建设工程目标的具体内容、作用和所具备的数据,目标分解的粗细程度应当有所区别。对不同工程内容目标分解的层次或深度,不必强求一律,要根据目标控制的实际需要和可能来确定。

(4)有可靠的数据来源。目标分解本身是手段而不是目的,其是为目标控制服务的。目标分解的结果是形成不同层次的分目标,这些分目标就成为各级目标控制组织机构和人员进行目标控制的依据。如果数据来源不可靠,分目标就不可靠,就不能作为目标控制的依据。因此,目标分解所达到的深度应当以能够取得可靠的数据为原则,并非越深越好。

(5)目标分解结构与组织分解结构相对应。如前所述,目标控制必须有组织加以保障,要落实到具体的机构和人员,因而就存在一定的目标控制组织分解结构。只有使目标分解结构与组织分解结构相对应,才能进行有效的目标控制。当然,一般而言,目标分解结构较细、层次较多,而组织分解结构较粗、层次较少,目标分解结构在较粗的层次上应当与组织分解结构一致。

3. 建设工程目标分阶段方式

建设工程的总目标可以按照不同的方式进行分解。对于建设工程质量、造价、进度三个目标来说,目标分解的方式是不相同的,其中,质量目标和进度目标的分解方式相对比较单一,而造价目标的分解方式相对而言就比较多。

按工程内容分解是建设工程目标分解最基本的方式,适用于质量、造价、进度三个目标的分解,但是,三个目标分解的深度不一定完全一致。一般来说,将质量、造价、进度三个目标分解到单项工程和单位工程是比较容易办到的,其结果也是比较合理和可靠的。在施工图设计完成之前,目标分解至少都应当达到这个层次。至于是否分解到分部工程和分项工程,一方面取决于工程进度所处的阶段、资料的详细程度、设计所达到的深度等,另一方面还取决于目标控制工作的需要。

(三)建设工程三大目标控制的任务和措施

1. 三大目标动态控制过程

建设工程三大目标体系建立后,对动态的控制是建设监理工作的重要内容。在项目实施过程中必须随着情况的变化进行项目目标的动态控制。为了使建设工程的预定目标实现,就需要在建设工程实施过程中监测实施绩效,并将实施绩效与计划目标进行比较,采取有效措施纠正实施绩效与计划目标之间的偏差。建设工程目标体系的 PDCA(Plan——计划;Do——执行;Check——检查;Action——纠偏)动态控制过程如图 7-1 所示。

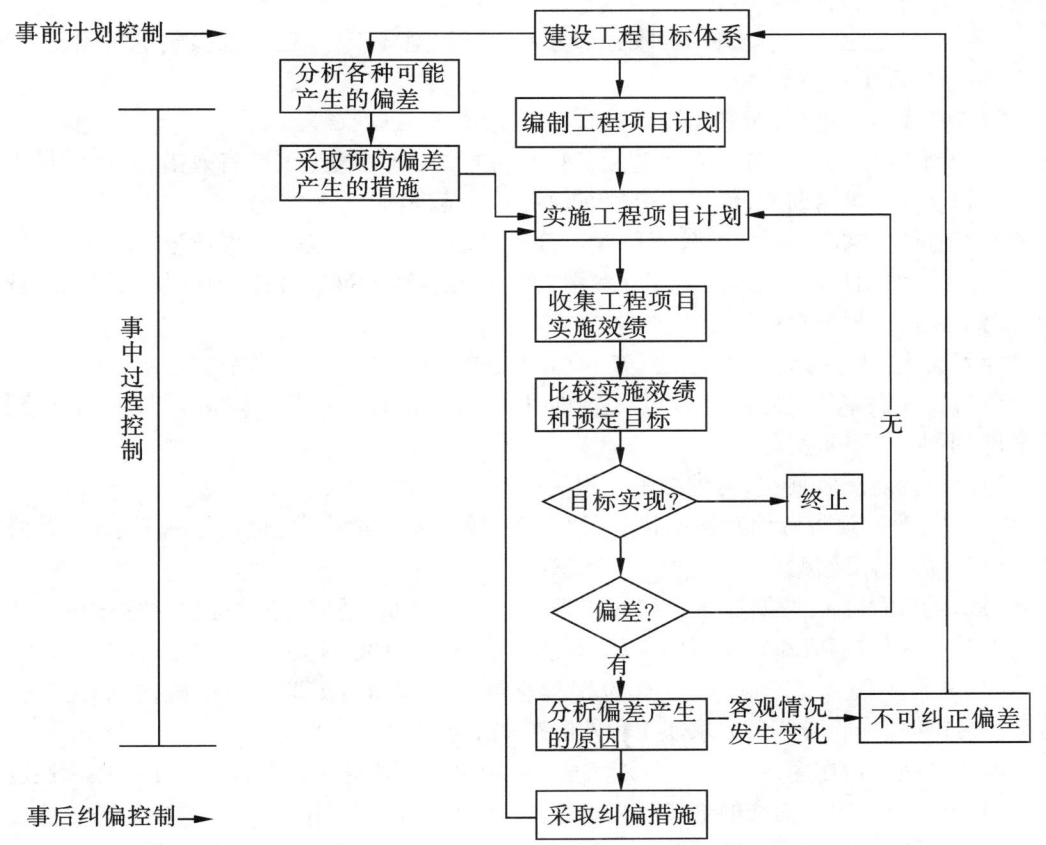

图 7-1 建设工程目标体系的 PDCA 动态控制过程

2. 三大目标控制任务

建设工程质量控制,就是采用有效措施,在满足造价和进度要求的前提下,实现对预定工程质量目标的控制。

(1)建设工程质量控制任务。建设工程质量控制,就是通过采取有效措施,在满足工程造价和进度要求的前提下,实现预定的工程质量目标。

项目监理机构在建设工程施工阶段质量控制的主要任务包括:施工投入、施工和安装过程、施工产出品(分项工程、分部工程、单位工程、单项工程等)进行全过程控制、施工单位及其人员的资格、材料和设备、施工机械和机具、施工方案和方法、施工环境实施全面控制,以期按标准实现预定的施工质量目标。

为完成施工阶段质量控制任务,项目监理机构需要做好以下工作:

1)协助建设单位做好施工现场准备工作,为施工单位提交合格的施工现场;

2)审查确认施工总包单位及分包单位资格,审查施工组织设计和施工方案;

3)检查工程材料、构配件、设备质量,检查施工机械和机具质量,检查施工单位的现场质量管理体系和管理环境;

4)控制施工工艺过程质量,验收分部分项工程和隐蔽工程,处置工程质量问题、质量缺陷,协助处理工程质量事故;

5)审核工程竣工图,组织工程预验收,参加工程竣工验收等。

(2)建设工程造价控制任务。建设工程造价控制,就是通过采取有效措施,以满足工程质量和进度要求为前提,使工程造价在预定造价范围内。

项目监理机构在建设工程施工阶段造价控制的主要任务包括工程计量、工程付款控制、工程变更费用控制、预防并处理好费用索赔、挖掘降低工程造价潜力等使工程实际费用支出不超过计划投资。

为完成施工阶段造价控制任务,项目监理机构需要做好以下工作:

1)协助建设单位制定施工阶段资金使用计划,严格进行工程计量和付款控制,做到不多付、不少付、不重复付;

2)严格控制工程变更,力求减少工程变更费用;

3)研究确定预防费用索赔的措施,以避免、减少施工索赔,及时处理施工索赔,并协助建设单位进行反索赔;

4)协助建设单位按期提交合格施工现场,保质、保量、适时、适地提供由建设单位负责提供的工程材料和设备,审核施工单位提交的工程结算文件等。

(3)建设工程进度控制任务。建设工程进度控制即通过采取有效措施,在满足工程质量和造价要求的前提下,力求使工程实际工期不超过计划工期目标。

项目监理机构在建设工程施工阶段进度控制的主要任务包括完善建设工程控制性进度计划、审查施工单位提交的进度计划、做好施工进度动态控制工作、协调各相关单位之间的关系、预防并处理好工期索赔,力求施工进度计划满足实际施工进度的要求。

为完成施工阶段进度控制任务,项目监理机构需要做好以下工作:

1)完善建设工程控制性进度计划;

2)审查施工单位提交的施工进度计划;

第七章　建设工程监理工作内容和主要方式

3）协助建设单位编制和实施由建设单位负责供应的材料和设备供应进度计划,组织进度协调会议,协调有关各方关系,跟踪检查实际施工进度;

4）研究制定预防工期索赔的措施,做好工程延期审批工作等。

3. 三大目标控制措施

为了有效地控制建设工程项目目标,应从组织、技术、经济、合同等多方面采取措施。

（1）组织措施。组织措施就是从目标控制的组织管理方案方面采取的措施。组织措施是其他各类措施的前提和保障。包括：建立健全实施动态控制的组织机构、规章制度和人员,明确各级目标控制人员的任务和职责分工,改善建设工程目标控制的工作流程;建立建设工程目标控制工作考评机制,加强各单位（部门）之间的沟通协作;加强动态控制过程中的激励措施,调动和发挥员工实现建设工程目标的积极性和创造性等。对那些由于业主原因而造成了目标偏差的问题,组织措施应该给予足够的重视。

（2）技术措施。对多个可能的建设方案、施工方案等进行可行性分析。采用工程网络计划技术、信息化技术等实施动态控制。技术措施不仅对解决建设工程实施过程中的技术问题是不可或缺的,而且对纠正目标偏差亦有相当重要的作用。为此,需要对各种技术数据进行审核、比较,需要对施工组织设计、施工方案等进行审查、论证等。此外,在整个建设工程实施过程中,还需要采用工程网络计划。

（3）经济措施。经济措施主要是审核工程量、工程款支付申请及工程结算报告,编制和实施资金使用计划。无论是对建设工程造价目标实施控制,还是对建设工程质量、进度目标实施控制,都离不开经济措施。经济措施不仅是审核工程量及相应的付款和结算报告,还需要从一些全局性、总体性的问题上加以考虑,这是经济措施最容易被大众所广泛接受和采取的措施。而且通过投资偏差分析和未完工程投资预测,可发现一些可能引起未完工程投资增加的潜在问题,从而便于以主动控制为出发点,采取有效措施加以预防。

（4）合同措施。加强合同管理是控制建设工程目标的重要措施。选择合理的承发包模式和合同计价方式,选定满意的施工单位和供应单位,拟定完善的合同条款,处理好相关的工程索赔并动态跟踪合同执行情况及处理好工程索赔等,是控制建设工程目标的重要合同措施。对于合同措施,除了拟订合同条款外,还要协助业主确定对目标控制有利的建设工程组织管理模式和合同结构,分析不同合同之间的相互联系和影响,对每一个合同作总体和具体分析。建设工程总目标及分目标将反映在建设单位与工程参建主体所签订的合同之中。

二、合同管理

建设工程合同也称作建设工程承发包合同。建设工程合同是一个综合的概念,它由一系列的合同构成。它是指法人之间为了建设工程任务,明确相互权利、义务关系的协议。按照《中华人民共和国合同法》规定内容,建设工程合同包括三种,即建设工程勘察合同、建设工程设计合同、建设工程施工合同。合同管理不仅是市场经济体制下用来组织建设工程实施的基本手段,同时也是监理机构用来控制三大目标实现的重要手段。

建设工程合同管理的内容：

（1）建立健全规章制度。企业通过建立合同管理制度,做到管理层次清楚、职责明确、程序规范,从而使合同的签订、履行、考核、纠纷处理都处于有效的控制状态。首先要从完善制度入手,制定切实可行的合同管理制度,使管理工作有章可循,这样才能使合同管理规范化、科学化。合同管理制度的主要内容应包括:合同的归口管理,合同资信调查、签订、审批、会签、审查、登记、备案,法人授权委托办法,合同示范文本管理,合同专用章管理,合同履行与纠纷处理,合同定期统计与考核检查,合同管理人员培训,合同管理奖惩与挂钩考核等。

(2)加强合同管理人员的培训教育。合同管理人员的业务素质的高低,直接影响着合同管理的质量。通过学习培训,使合同管理人员掌握合同法律知识和签约技巧,这不但增强了合同管理人员的责任感,也提高了合同法律意识。

(3)重大合同审查管理。把对生产经营活动和经济效益影响大的合同作为重点管理对象,从合同的项目论证、当事方资信调查、合同谈判、文本起草、修改、签约、履行或变更解除、纠纷处理的全过程,严格管理和控制,预防合同纠纷的发生,有效维护合法权益。

(4)合同实施的管理。通过追踪管理可以知道各类合同的履行情况,及时发现影响履行的原因,以便排除阻碍,防止违约的发生。签约的目的主要是保障合同的及时有效履行,防止违约行为的发生,所以对合同的履行情况进行追踪管理是十分必要的。

(5)违约纠纷的及时处理。合同关系是一种法律关系,违约行为是一种违法行为,要承担支付违约金、赔偿损失或强制履行等法律后果。法律顾问部门审查合同时选择合适的违约条款和纠纷处理条款显得很重要,一旦发生违约情形,法律顾问要区别情况,及时采用协商,仲裁或诉讼等方式,积极维护企业的合法权益,减少企业的经济损失。

合同管理不是简单的要约、承诺、签约等内容,而是一种全过程、全方位、科学的管理,对合同实施有效管理,将为管理水平和经济效益的提高产生巨大的推动力。

完整的建设工程施工合同管理应包括:施工招标的策划与实施、合同计价方式及合同文本的选择、合同谈判及合同条件的确定、合同协议书的签署、合同履行检查、合同变更,违约及纠纷的处理、合同订立和履行的总结评价等。

根据《建设工程监理规范》(GB/T 50319—2013),项目监理机构在处理工程暂停及复工、工程变更、索赔及施工合同争议、解除等方面的合同管理职责如下:

(一)工程暂停

1.签发工程暂停令的情形

项目监理机构发现下列情况之一时,总监理工程师应及时签发工程暂停令:

(1)建设单位要求暂停施工且工程需要暂停施工的;
(2)施工单位未经批准擅自施工或拒绝项目监理机构管理的;
(3)施工单位未按审查通过的工程设计文件施工的;
(4)施工单位违反工程建设强制性标准的;
(5)施工存在重大质量、安全事故隐患或发生质量、安全事故的。

总监理工程师在签发工程暂停令时,可根据停工原因的影响范围和影响程度,确定停工范围。总监理工程师签发工程暂停令,应事先征得建设单位同意,若在紧急情况下未能事先报告,应在事后及时向建设单位作出书面报告。

2. 工程暂停相关事宜

暂停施工事件发生时,项目监理机构应如实记录所发生的情况。总监理工程师应会同有关各方按施工合同约定,处理因工程暂停引起的与工期、费用有关的问题。

因施工单位原因暂停施工时,项目监理机构应检查、验收施工单位的停工整改过程、结果。

(二)复工审批或指令

当暂停施工原因消失、具备复工条件时,施工单位提出复工申请的,项目监理机构应审查施工单位报送的工程复工报审表及有关材料,符合要求后,总监理工程师应及时签署审查意见,并应报建设单位批准后签发工程复工令;施工单位未提出复工申请的,总监理工程师应根据工程实际情况指令施工单位恢复施工。总监理工程师签发工程复工令时,应事先经过建设单位的同意后,才能签发复工令。

(三)工程变更处理

1. 施工单位提出的工程变更处理程序

项目监理机构可按下列程序处理施工单位提出的工程变更:

(1)总监理工程师组织专业监理工程师审查施工单位提出的工程变更申请,提出审查意见。对涉及工程设计文件修改的工程变更,应由建设单位转交原设计单位修改文件。必要时,项目监理机构应建议建设单位组织设计、施工等单位召开论证工程设计文件的修改方案的专题会议。

(2)总监理工程师组织专业监理工程师对工程变更费用及工期影响作出评估。

(3)总监理工程师组织建设单位、施工单位等共同协商确定工程变更费用及工期变化,会签工程变更单。

(4)项目监理机构根据批准的工程变更文件监督施工单位实施工程变更。

2. 监理对建设单位要求的工程变更处理

(1)工程变更的含义:工程变更是指构成合同文件的任何组成部分的变更。包括设计变更、施工次序变更、施工时间变更、工程数量的变更、技术规范的变更、合同条件的修改。实质上,工程变更是对合同文件的修正、补充和完善。

(2)工程变更的程序:工程变更的提出可以是业主、设计单位、承包商、监理机构。无论是设计单位、建设单位或承包单位提出的工程变更,均应经过建设单位、设计单位、承包单位、监理机构的代表签认,并通过项目总监理工程师下达变更指令后,承包单位方可施工。

项目的监理机构可以对建设单位要求的工程变更进行评估,然后提出相应的意见,并且还应该督促和监督施工单位按照会签后的工程变更来组织施工。

(四)工程索赔处理

工程索赔包括费用索赔和工程延期申请。项目监理机构应及时收集、整理有关工程费用、施工进度的原始资料,务必要做到有理有据,为处理工程索赔提供证据。

1. 工程索赔处理的原则

应以合同为依据,处理索赔时必须做到有理有据,必须注意资料的收集、对资料的真实性、可信度,必须认定后及时地处理索赔,在具体处理索赔的过程中,一定要仔细分析,什么时候应该给工期索赔,什么时候应该给费用索赔。项目监理机构应以法律法规、勘察设计文件、施工合同文件、工程建设标准、索赔事件的证据等为依据处理工程索赔。

2. 费用索赔处理

当施工单位的费用索赔要求与工程延期要求相关联时,项目监理机构应按《建设工程监理规范》(GB/T 50319—2013)规定的费用索赔处理程序和施工合同约定的时效期限处理施工单位提出的费用索赔,同时项目监理机构可提出费用索赔和工程延期的综合处理意见,并应与建设单位和施工单位协商。

因施工单位的原因而造成的建设单位损失,建设单位在提出索赔的时候,项目监理机构应该与建设单位和施工单位进行协商处理。

3. 工程延期审批

项目监理机构应按《建设工程监理规范》(GB/T 50319—2013)规定的工程延期审批程序和施工合同约定的时效期限审批施工单位提出的工程延期申请。施工单位因工程延期提出费用索赔时,项目监理机构可按施工合同约定进行处理。

(五)施工合同争议与解除的处理

1. 施工合同争议的处理

在施工合同出现争议的时候,可以通过以下方式解决:

(1)和解或调解。发生建设工程承包合同争议时,当事人可以自行协商和解,或者通过第三者进行调解。和解是指当事人通过自行友好协商,解决合同发生的争议。调解是由当事人以外的调解组织或者个人主持,在查明事实和分清是非的基础上,通过说服引导,促进当事人互谅互让,友好地解决争议。

(2)仲裁或诉讼。建设工程承包合同当事人如果不愿意和解、调解,或者和解、调解不成功,可以根据达成的仲裁协议,将合同争议提交仲裁机构仲裁。仲裁具有办案迅速、程序简便的特点和优点,而且进入仲裁程序以后,仍然采取仲裁与调解相结合的方法,先调解,后仲裁,首先着力于以调解方式解决。经调解成功达成协议后,仲裁庭即制作调解书或者根据协议的结果制作裁决书,调解书和裁决书都具有法律效力。诉讼如果建设工程承包合同当事人没有在合同中订立仲裁条款,发生争议后也没有达成书面的仲裁协议,或者达成的仲裁协议无效,合同的任何一方当事人,包括涉外合同的当事人,都可向人民法院提起诉讼。经过诉讼程序或者仲裁程序产生的具有法律效力的判决、仲裁裁决或调解书,当事人应当履行。如果负有履行义务的当事人不履行判决、仲裁裁决或调解书,对方当事人可以请求人民法院强制执行。

2. 施工合同解除的流程

施工合同解除的操作流程如下:

(1)催告。当发包人出现列举的违约行为并导致施工无法进行时,施工单位并不能当然取得合同解除的权力,而需首先向发包人发出要求其在合理期限内履行的催告,在进行催告时应注意以下环节:首先,催告的内容必须明确。催告中不仅应明确指出发包人的违约行为以及要求其履行义务的具体合理期限,同时也必须明确告知发包人在其仍不履行合同义务的情况下,施工单位将行使合同解除权以解除合同。其次,催告的方式必须可以证明。由于《民法典》并未规定催告必须采取书面方式,因此口头形式、数据电文等形式也可能作为催告的方式,但必须注意的是,无论采用何种催告方式,都必须注意保留符合法定要求的证据。一般而言,书面催告易于固定催告的内容及保留对方签收的证据,应尽量采用。

(2)解除通知。根据《民法典》(合同编)的规定,当事人一方行使合同解除权的,应当通知对方,合同自通知到达对方时解除。另外,在示范文本通用条款4、5条中还规定,合同一方解除合同的,应以书面形式向对方发出解除合同的通知,并在发出通知前7天告知对方,通知到达对方时合同解除。因此,合同解除条件满足后施工单位仍须向发包人发出解除通知,对该通知也同样应明确内容,并注意保留通知送达的证据。

3. 施工合同解除的处理过程

(1)因建设单位原因解除施工合同时,项目监理机构根据施工合同与建设单位、施工单位协商确定应付建设单位的金额,并出具工程款证明。

(2)因施工单位原因造成施工合同解除的,工程监理机构应当按照施工合同的约定,确定建设单位的付款或还款金额,与建设单位、施工单位协商后,提交建设单位已支付或还款的书面证明。

(3)因建设单位或施工单位以外的原因解除施工合同时,项目监理机构应当按照施工合同约定办理合同终止后的有关事宜。

三、信息管理

建设工程信息管理是指对建设工程信息进行收集、加工处理、储存、传递与应用等一系列活动的总称。信息管理的目的就是通过有组织规整的信息流通,及时、准确地获取相关信息,给监理工程师查询信息带来便利。信息管理影响着一个组织乃至整个项目管理系统的运行效率,是人们进行沟通的桥梁,项目监理机构应给予足够的重视。信息管理主要包括对信息的收集、加工整理、储存、传递与应用等。

(一)建设工程管理信息中信息管理的现状

1. 信息管理的局限性

当前我国的工程企业中,应用计算机主要存在明显的局限性,工程管理部门所使用的软件大多是单机软件,单机操作仅仅利用了计算机计算速度快的特点,没有形成网络,没有实现信息的共享和自动传递;信息管理技术容易受到各种因素的影响,使得在工程管理中无法充分发挥其良好作用;许多工程企业没有充分利用计算机信息化带来的便利,没有对互联网进行充分的利用,实现网上招标、项目管理、材料采购、信息发布、信息交换等,不论政府网站还是商业网站,大都以信息发布为主,缺少工具类网络软件,缺少信息互动;大多数企业没有开展电子商务活动,大多数只是购买相关的软件,没有对软件进行二次开发,造成软件适应性不强。

2. 信息管理的应用范围较窄

工程管理中的计算机信息管理存在着一定的狭窄性,工程项目施工管理主要靠管理人员的经验和处理能力,跟不上当前信息化的管理体制,很不科学。工程管理的信息管理主要集中在项目施工的前期,如招投标、工程造价预算、工程设计及施工组织设计,而在施工过程中的进度、质量、成本控制方面的应用较少。

3. 信息管理的误区

建筑工程管理存在信息化误区,大部分工程的业主方、设计施工方和监理方以为只要有了计算机和局域网就实现了信息化管理,信息交换依然基于纸介质来进行,并没有因为信息化的推进而改变。信息管理模式必须以信息数字化为主要前提,信息交换必须基于电子介质或网络来进行,并存储在电子介质中。现今情况下的信息管理技术只是为工程管理提供了工具而已,并没有从根本上带来管理工作模式的信息化改变。

(二)建设工程信息的收集

随着建筑行业飞速发展,建筑行业建设工程的管理工作也日益细致、合理。由于工程建设项目前期资料对于整个项目实施都具有重大作用,对建设施工过程中也有着重要的影响,在项目管理中前期资料的收集和管理成为愈来愈重要的内容。所以要研究对前期资料的收集和管理措施,以达到更好地进行这项工作并发挥其有效功能的作用,促使建设工程项目有效顺利地进行。

在建设工程的不同进展阶段,会产生大量的信息。工程监理单位的介入阶段不同,决定了信息收集的内容不同。不同的监理范畴,需要的信息也不相同,将监理信息进行归类划分,有利于满足不同监理工作人员对信息的要求,使信息管理更加有效、高效。在建设工程施工阶段,项目监理机构应从下列方面收集信息:

(1)施工期气象的中长期趋势及同期历史数据,每天不同时段动态信息,特别在气候对施工质量影响较大的情况下,更要加强收集气象数据。

(2)建筑原材料、半成品、成品、构配件等工程物资的进场、加工、保管、使用等信息。

(3)项目经理部管理程序;质量、进度、投资的事前、事中、事后控制措施;数据采集来源及采集、处理、存储、传递方式;工序间交接制度;事故处理制度;施工组织设计及技术方案执行的情况;工地文明施工及安全措施等。

(4)施工中需要执行的国家和地方规范、规程、标准;施工合同执行情况。

(5)施工中发生的工程数据,如地基验槽及处理记录、工序间交接记录、隐蔽工程检查记录等。

(6)建筑材料必试项目有关信息,如水泥、砖、砂石、钢筋、外加剂、混凝土、防水材料、回填土、饰面板、玻璃幕墙等。

(7)设备安装的试运行和测试项目有关信息,如电气接地电阻、绝缘电阻测试,管道通水、通气、通风试验,电梯施工试验,消防报警、自动喷淋系统联动试验等。

(8)施工索赔相关信息,如索赔程序、索赔依据、索赔证据、索赔处理意见等。

(三)建设工程信息的加工、整理、分发、检索和存储

1. 信息的加工和整理

信息的加工和整理主要是指将建设各方所获得的数据和信息通过统一的鉴别、选择、核对、合并、排序、更新、计算、汇总等,生成不同形式的数据和信息,目的是提供给各类管理人员使用。在加工整理时,通过完善建设工程项目业务流程图进而抽象化,找到总的流程图,规范信息的处理程序。加工和整理数据和信息往往需要按照不同的需求分层进行。

工程监理人员对于数据和信息的加工要从鉴别开始。一般而言,工程监理人员自己收集的数据和信息的可靠度较高;而对于施工单位报送的数据,就需要进行鉴别、选择、核

对,对于动态数据需要及时更新。需要对收集来的数据和信息按照工程项目组成(单位工程、分部工程、分项工程等)、工程项目目标(质量、造价、进度)等进行汇总和组织,以便于应用。

科学的信息加工和整理,需要通过业务流程图和数据流程图来展示,结合建设工程监理与相关服务业务工作绘制业务流程图和数据流程图,它不仅是建设工程信息加工和整理的重要基础,还是优化建设工程监理与相关服务业务处理过程、规范建设工程监理与相关服务行为的重要手段。

(1)业务流程图。业务流程图以图示形式表示业务处理过程。通过绘制业务流程图,可以发现业务流程的问题或不完善之处,进而可以优化业务处理过程。某项目监理机构的工程量处理业务流程图如图7-2所示。

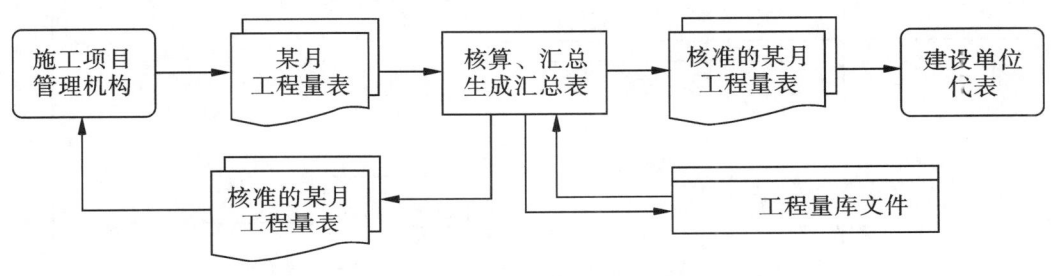

图7-2　工程量处理业务流程图

(2)数据流程图。数据流程图是根据业务流程图,将数据流程以图示形式表示出来。数据流程图的绘制应自上而下地层层细化,如图7-3所示。

2. 信息的分发和检索

加工整理后的信息要及时提供给需要使用信息的部门和人员,信息的分发要根据需要来进行,信息的检索需要建立在一定的分级管理制度上。信息分发和检索的基本原则是:需要信息的部门和人员,有权在需要的第一时间,方便地得到所需要的信息,而不该知道的部门(人),则保证不向其提供任何信息和数据。

(1)信息分发。设计信息分发制度时需要考虑:

1)了解信息使用部门和人员的使用目的、使用周期、使用频率、获得时间及信息的安全要求;

2)决定信息分发的内容、数量、范围、数据来源;

3)决定分发信息的数据结构、类型、精度和格式;

4)决定提供信息的介质。

(2)信息检索。设计信息检索时需要考虑:

1)允许检索的范围,检索的密级划分,密码管理等;

2)检索的信息能否及时、快速地提供,实现的手段;

3)所检索信息的输出形式,能否根据关键词实现智能检索等。

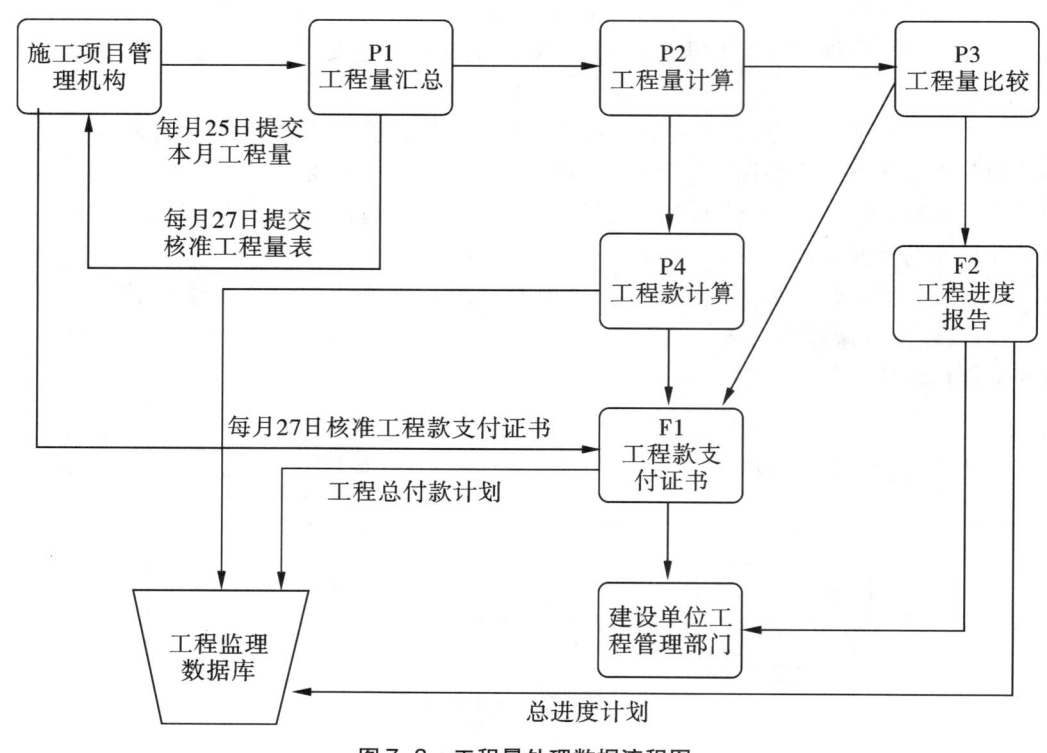

图 7-3 工程量处理数据流程图

3. 信息的存储

要考虑参建各方协调统一,有条件时可以通过网络数据等形式存储数据,储存信息可以建立一个统一的数据库,各类数据按照规范的要求以文件的形式组织在一起,文件名要求规范化,按照工程情况进行组织。

(1)按照工程进行组织,同一工程按照质量、造价、进度、合同等类别组织,各类信息再进一步根据具体情况进行细化。

(2)工程参建各方要协调统一数据存储方式,数据文件名要规范化,要建立统一的编码体系。

(3)尽可能以网络数据库形式存储数据,减少数据冗余,保证数据的唯一性,并实现数据共享。

四、组织协调

项目在运行过程中涉及很多方面的关系,为了处理好这些关系,确保建设工程目标的实现,就需要协调。所谓协调,就是以一定的组织手段和方法,对项目中产生的不畅通关系进行疏通,对沟通干扰和障碍予以排除。协调的目的是力求得到各方的协助,促使各方协同一致、齐心合力,以实现自己的预定目标。项目的协调其实就是一种沟通,沟通提供一个重要的人在思想和信息之间的联系方式。项目沟通管理确保通过正式的结构和步骤,及时和适当地对项目的信息进行收集、分发、储存和处理,并对正式的沟通网络进行必要的控制,以利于项目目标的实现。

对监理工程师扎实的专业知识和对建设工程监理程序的有效执行,才能确保建设工程监理目标的实现。除此之外,还需要监理工程师有较强的组织协调能力。通过组织协调,能够使影响建设工程监理目标实现的各方主体有机配合、协同一致,促进建设工程监理目标的实现。

(一)项目监理机构组织协调内容

从系统工程角度看,项目监理机构组织协调内容可分为系统内部(项目监理机构)协调和系统外部协调两大类,系统外部协调又分为系统近外层协调和系统远外层协调。近外层和远外层的主要区别是,建设单位与近外层关联单位之间有合同关系,与远外层关联单位之间没有合同关系。

1. 项目监理机构内部的协调

(1)项目监理机构内部人际关系的协调。

项目监理机构是由工程监理人员组成的工作体系,工作效率在很大程度上取决于人际关系的协调程度。总监理工程师应首先协调好人际关系,激励项目监理机构人员。

1)在人员安排上要量才录用。要根据项目监理机构中每个人的专长进行安排,做到人尽其才。工程监理人员的搭配要注意能力互补和性格互补。

2)在工作分配上要职责分明。对项目监理机构中的每一个岗位,都要明确岗位目标和责任,应通过职位分析,使管理职能不重不漏,做到事事有人管,人人有专责,同时明确岗位职权。

3)在绩效评价上要实事求是。要发扬民主作风,实事求是地评价工程监理人员工作绩效,以免人员无功自傲或有功受屈,使每个人热爱自己的工作,并对工作充满信心和希望。

4)在矛盾调解上要恰到好处。人员之间的矛盾总是存在的,一旦出现矛盾,就要进行调解,要多听取项目监理机构成员的意见和建议,及时沟通,使工程监理人员始终处于团结、和谐、热情高涨的工作氛围之中。

(2)项目监理机构内部组织关系的协调。

项目监理机构是由若干部门(专业组)组成的工作体系,每个专业组都有自己的目标和任务。如果每个专业组都从建设工程整体利益出发,理解和履行自己的职责,则整个建设工程就会处于有序的良性状态,否则,整个系统便处于无序的紊乱状态,导致功能失调,效率下降。为此,应从以下几方面协调项目监理机构内部组织关系:

1)在目标分解的基础上设置组织机构,根据工程特点及工程监理合同约定的工作内容,设置相应的管理部门。

2)明确规定每个部门的目标、职责和权限,最好以规章制度形式作出明确规定。

3)事先约定各个部门在工作中的相互关系。工程建设中的许多工作是由多个部门共同完成的,其中有主办、牵头和协作、配合之分,事先约定,可避免误事、脱节等贻误工作现象的发生。

4)建立信息沟通制度。如采用工作例会、业务碰头会,发送会议纪要、工作流程图、信息传递卡等来沟通信息,这样有利于从局部了解全局,服从并适应全局需要。

5)及时消除工作中的矛盾或冲突。坚持民主作风,注意从心理学、行为科学角度激励各个成员的工作积极性;实行公开信息政策,让大家了解建设工程实施情况、遇到的问题或危机;经常性地指导工作,与项目监理机构成员一起商讨遇到的问题,多倾听他们的意见、建议,鼓励大家同舟共济。

(3)项目监理机构内部需求关系的协调。

建设工程监理实施中有人员需求、检测试验设备需求等,而资源是有限的,因此,内部需求平衡至关重要。协调平衡需求关系需要从以下环节考虑:

1)对建设工程监理检测试验设备的平衡。建设工程监理开始实施时,要做好监理规划和监理实施细则的编写工作,合理配置建设工程监理资源,要注意期限的及时性、规格的明确性、数量的准确性、质量的规定性。

2)对建设工程监理人员的平衡。要抓住调度环节,注意各专业监理工程师的配合。工程监理人员的安排必须考虑到工程进展情况,根据工程实际进展安排工程监理人员进退场计划,以保证建设工程监理目标的实现。

2. 项目监理机构与建设单位的协调

建设工程监理实践证明,项目监理机构与建设单位组织协调关系的好坏,在很大程度上决定了建设工程监理目标能否顺利实现。

项目监理机构在与建设单位进行协调时应当注意:坚持原则、实事求是,严格按照规范、规程进行办事,讲究科学态度;还要注意协调不仅是方法、技术上的问题,更多的是语言技术、感情交流和用权适度问题。

我国长期计划经济体制的惯性思维,使得多数建设单位合同意识差、工作随意性大。主要体现在:

一是沿袭了在计划经济时期搞"大业主、小监理"的基建管理模式,以至于工程监理人员比建设单位工程建设管理人员还要多,或者建设单位的管理层次较多,对建设工程监理工作也进行插手和干涉。

二是监理单位在合同约定中没有实质的权力,以至于监理工程师也只是有职无权,不能充分发挥出来实际的作用。

三是科学管理意识差,随意压缩工期、压低造价,在工程实施的过程中,变更比较多,有时还不能按时履行相应的责任,给工程监理人员的工作带来很大的困难。

所以,与建设单位的协调是建设工程监理工作的重点,也是难点。项目监理机构需要加强与建设单位的协调,可以从以下几点进行协调:

(1)理解建设工程总目标和建设单位的意图。

对于未能参加工程项目决策过程的监理工程师,必须了解项目构思的基础、起因、出发点,否则就可能会对建设工程监理目标及任务理解的不完整、不准确。从而给监理工作带来困难。

(2)在工作之余的时间,做好建设工程的宣传工作,通过宣传增进建设单位对建设工程监理,尤其是对建设管理各方职责及监理程序的理解,自觉主动去帮助建设单位去处理一些过程建设中的工作,用自己的规范化、标准化和制度化的工作行为去影响和促进监理机构和施工单位之间工作的协调统一。

（3）尊重建设单位，让建设单位一起投入工程建设全过程。

尽管在工程建设过程中会有预定目标，但建设工程实施必须执行建设单位指令，使建设单位满意。对建设单位提出的某些不适当要求，只要不属于原则问题，都可先执行，然后在适当时机、采取适当方式加以说明或解释；对于原则性问题，为了避免误解的发生，使建设工程能够顺利实施，应采取书面报告等方式说明原委。

3. 项目监理机构与施工单位的协调

项目监理机构可以通过施工单位的工作实现对工程质量、造价、进度目标的控制，以及履行建设工程安全生产管理的法定职责，因此，项目监理机构组织协调工作的重要内容是做好与施工单位的协调工作。

（1）与施工单位的协调应注意以下问题：

1）坚持原则，实事求是，严格按规范、规程办事，讲究科学态度。项目监理机构应强调各方面利益的一致性和建设工程总目标；应鼓励施工单位向其汇报建设工程实施状况、实施结果和遇到的困难和意见，以寻求对建设工程目标控制的有效解决办法。双方了解得越多越深刻，建设工程监理工作中的对抗和争执就越少。

2）协调不仅是方法、技术问题，更多的是语言艺术、感情交流和用权适度问题。有时尽管协调意见是正确的，但由于方式或表达不妥，反而会激化矛盾。高超的协调能力则往往能起到事半功倍的效果，令各方面都满意。

（2）与施工单位的协调工作内容主要有：

1）与施工项目经理关系的协调。施工项目经理及工地工程师最希望监理工程师能够公平、通情达理，指令明确而不含糊，并且能及时答复所询问的问题。项目监理机构既要懂得坚持原则，又善于理解施工项目经理的意见，工作方法灵活，能够随时提出或愿意接受变通办法解决问题。

2）施工进度和质量问题的协调。由于工程施工进度和质量的影响因素错综复杂，因而施工进度和质量问题的协调工作也十分复杂。项目监理机构应采用科学的进度和质量控制方法，合理地设计奖罚机制及组织现场协调会议等协调工程施工。

3）对施工单位违约行为的处理。在工程施工过程中，项目监理机构对施工单位的某些违约行为进行处理是一件需要慎重而又难免的事情。当发现施工单位采用不适当的方法，或采用不符合质量要求的材料进行施工时，项目监理机构不仅要立即制止，还需采取相应处理措施，以在其权限范围内采用恰当方式及时做出协调处理。

4）施工合同争议的协调。对于工程施工合同争议，项目监理机构应首先采用协商解决方式，协调建设单位与施工单位的关系。协商不成时，才由合同当事人申请调解，甚至申请仲裁或诉讼。遇到非常棘手的合同争议时，不妨暂时搁置等待时机，另谋良策。

5）对分包单位的管理。项目监理机构虽然不直接与分包合同发生关系，但可对分包合同中的工程质量、进度进行直接跟踪监控，然后通过总承包单位进行调控、纠偏。分包单位在施工中发生的问题，由总承包单位负责协调处理。分包合同履行中发生的索赔问题，一般应由总承包单位负责，涉及总包合同中建设单位的义务和责任时，由总承包单位通过项目监理机构向建设单位提出索赔，由项目监理机构进行协调。

4. 项目监理机构与设计单位的协调

工程监理单位与设计单位都是受建设单位委托进行工作的,两者之间没有合同关系,因此,项目监理机构要与设计单位做好交流工作,需要建设单位的支持,以加快工程进度,确保质量,降低消耗。

(1)真诚尊重设计单位的意见,在设计交底和图纸会审时,要理解和掌握设计意图、技术要求、施工难点等,将标准过高、设计遗漏、图纸差错等问题解决在施工之前;进行结构工程验收、专业工程验收、竣工验收等工作,要约请设计代表参加;发生质量事故时,要认真听取设计单位的处理意见等。

(2)施工中发现设计问题,应及时按工作程序通过建设单位向设计单位提出,以免造成更大的直接损失;项目监理机构掌握比原设计更先进的新技术、新工艺、新材料、新结构、新设备时,可主动通过建设单位与设计单位沟通。

(3)注意信息传递的及时性和程序性。监理工作联系单、工程变更单等要按规定的程序进行传递。

项目监理机构与设计、工程监理单位的协调配合措施如下:

(1)为了保质按期完成工程,本着为建设单位着想的宗旨,在施工全过程中,应加强与设计院、监理方的密切联系。

(2)组织设计图纸会审和设计优化,技术咨询工作,将政府部门和有关部门的审核意见提供建设单位,并反馈给设计单位。

(3)组织设计院和施工单位进行设计交底,进行设计、施工方面的工程技术协调,负责审查施工方案,并提出书面意见。

(4)及时向设计单位书面提出施工图设计可能出现的疏漏。

5. 项目监理机构与政府部门及其他单位的协调

在施工过程中,外界环境影响施工的因素很多,项目经理部将设置综合部,加强与政府部门和外部合作单位的沟通与协调,取得政府部门及外部合作单位的支持,保证施工生产的顺利进行创造良好的外部环境。

项目监理机构应自觉接受政府的依法监督和指导,随时了解国家和政府的有关文件、政策,掌握近期的市场信息,熟悉当地的法规和惯例;一切项目管理活动都须遵纪守法;通过经常性的上门咨询和信息发布等形式,沟通与政府部门间的关系;主动向工商税务部门依法纳税,主动与公安交通部门沟通,采取合理的运输路线确保施工运输的畅通;与城监部门保持联系,搞好施工现场周围地区的环境卫生;主动与质监站、安监站联系,取得他们对于工程质量和施工安全的指导与认可。

在建设工程实施过程中,政府部门、金融组织、社会团体、新闻媒介等也会起到一定的控制、监督、支持和帮助作用,如果协调进行得不顺畅,可能会严重阻挡建设工程实施的进度。

(1)与政府部门的协调。包括:与工程质量监督机构的交流和协调;建设工程合同备案;协助建设单位在征地、拆迁、移民等方面的进度和质量问题工作争取得到政府有关部门的支持;现场消防设施的配置得到消防部门检查认可;现场环境污染防治得到环保部门认可等。

(2)与社会团体、新闻媒介等的协调。建设单位和项目监理机构应把握机会,争取社会各界对建设工程的关心和支持。这是一种争取良好社会环境的远外层关系的协调,建设单位应起主导作用。如果建设单位确需将部分或全部远外层关系协调工作委托工程监理单位承担,则应在建设工程监理合同中明确委托的工作和相应报酬。

(二)项目监理机构组织协调方法

1. 会议协调法

会议协调法是建设工程监理中最常用的一种协调方法,包括第一次工地会议、监理例会、专题会议等。

(1)第一次工地会议。第一次工地会议是建设工程尚未全面展开、总监理工程师下达开工令前,建设单位、工程监理单位和施工单位对各自人员及分工、开工准备、监理例会的要求等情况进行沟通和协调的会议,也是检查开工前各项准备工作是否就绪并明确监理程序的会议。第一次工地会议应由建设单位主持,监理单位、总承包单位授权代表参加,也可邀请分包单位代表参加,必要时可邀请有关设计单位人员参加。第一次工地会议上,总监理工程师应介绍监理工作的目标、范围和内容、项目监理机构及人员职责分工、监理工作程序、方法和措施等。

(2)监理例会。监理例会是项目监理机构定期组织有关单位研究解决与监理相关问题的会议。监理例会应由总监理工程师或其授权的专业监理工程师主持召开,宜每周召开一次。参加人员包括:项目总监理工程师或总监理工程师代表、其他有关监理人员、施工项目经理、施工单位其他有关人员。需要时,也可邀请其他有关单位代表参加。

监理例会主要内容应包括:

1)检查上次例会议定事项的落实情况,分析未完事项原因;
2)检查分析工程进度计划完成情况,提出下一阶段进度目标及其落实措施;
3)检查分析工程质量、施工安全管理状况,针对存在的问题提出改进措施;
4)检查工程量核定及工程款支付情况;
5)解决需要协调的有关事项;
6)其他有关事宜。

(3)专题会议。为解决工程监理过程中的工程专项问题,会不定时的召开专题会议组,主要是由监理工程师或授权的专业监理工程师主持或参加。

2. 交谈协调法

在建设工程监理实践中,并不是所有问题都需要开会来解决,有时可采用"交谈"的方法进行协调。交谈包括面对面交谈和电话、微信等形式交谈。

无论是内部协调还是外部协调,交谈协调法的使用频率都是相当高的。由于交谈本身没有合同效力,而且具有方便、及时等特性,因此,工程参建各方之间及项目监理机构内部都愿意采用这一方法进行协调。此外,相对于书面寻求协作而言,人们更难于拒绝面对面的请求。因此,采用交谈方式请求协作和帮助比采用书面方法实现的可能性要大。

3. 书面协调法

当会议或者交谈不方便或不需要,或者需要精确地表达自己的意见时,就会采用书面协调法。书面协调法的特点是具有合同效力,一般常用于以下几方面:

(1)不需双方直接交流的书面报告、报表、指令和通知等;
(2)需要以书面形式向各方提供详细信息和情况通报的报告、信函和备忘录等;
(3)事后对会议记录、交谈内容或口头指令的书面确认。

工程建设是一个比较复杂的系统工程,从规划设计到施工建设所涉及的单位和机构众多。为将各方有利积极因素调动起来,共同为项目建设创造一个良好顺畅的内部和外部环境,使之按建设单位的预定目标顺利进行,应当深入细致地做好工程监理协调工作,在不同阶段的不同时期采取适当、及时、有效的协调措施,这是实现项目建设目标必不可少和非常重要的方法和手段。

五、安全生产管理

做好工程安全管理工作能够提升施工的顺畅性。在工程项目建设过程中,有效执行工程安全管理工作能够使施工的顺畅性得到较大程度的提升,因为一旦有安全事故出现在施工过程中,就会造成工程项目中断,从而对工程项目的顺利完工造成一定影响。也就是说,安全管理工作在任何一个工程项目中都是不可或缺的关键部分,同时做好工程安全管理工作能够提升企业经济效益。对于工程建设单位而言,明确安全管理的意义和必要性也是极为重要的。其中,加强安全管理最明显的就体现在企业经济效益上面,不仅能够使很多安全事故避免发生,而且能够使安全方面的额外支出有效减少,从而对工程的造价起到一定的控制作用,最终为建筑企业的经济效益做出了巨大的贡献。

与此同时,有效贯彻落实安全管理工作还能够使工程建设单位社会效益得到有效保障,促进单位的健康可持续发展;做好工程安全管理工作还有利于构建和谐社会。在工程建设中,加强安全管理工作能够保障单位工作人员人身和财产安全,有利于和谐社会的构建,避免出现负面影响。在当前经济快速发展阶段,工程建设行业一旦有安全事故出现,必然会出现人员伤亡,从而对家庭造成不可挽回的伤害,对单位经济效益造成严重损害,严重影响社会的和谐发展。因此,项目监理机构应根据法律法规、工程建设强制性标准,履行建设工程安全生产管理的监理职责,并应将安全生产管理的监理工作内容、方法和措施纳入监理规划及监理实施细则。

(一)施工单位安全生产管理体系的审查

1. 检查施工单位的管理制度、人员资格和验收程序

工程监理机构应当检查安全生产条例的制定和实施情况,检查项目经理、施工单位专职安全管理人员和特种作业人员的符合性和有效性,检查施工单位安全生产许可证的符合性和有效性,并对工程机械设施验收程序进行检查。

施工单位应当在使用起重机械、脚手架、模板等提升安装设施进行检验验收前组织有关单位,或者可以委托具有相应资质的检验检测机构;对租赁的机械附件,应当由总承包人、分包商、出租人和安装单位进行检验验收。

2. 审查专项施工方案

工程监理机构对建设单位报送的专项施工方案进行审查。符合要求的,由总监理工程师签字,然后报送施工单位。对超出一定规模风险较大的子工程的专项施工方案,应对施工单位组织专家进行论证、审核的结果进行检查。对专项施工方案进行审查的基本内

容包括:

(1)编审程序应当符合有关规定。专项施工方案由建设项目经理编制,经施工单位技术负责人签字后,方可提交工程监理机构审查。

(2)安全技术措施符合工程建设强制性标准。

(二)安全生产管理方法

1. 交接与交流

工程开工之前做好各项交接工作,工程监理机构以书面形式让施工方与建设方交接施工工艺、施工流程,并三方签字确认。对基层墙面质量进行验收,确认合格后双方书面交接,方可施工。

施工现场人际关系的处理非常重要,处理好现场管理人员的关系就等于节省了时间、增加了效率,关于施工现场存在的问题一定要与相关人员多沟通、多交流,如果出现对施工有影响的事情应及时请建设方解决并处理。

2. 施工质量管理

质量第一,首先要选择一个各项指标优良的施工班组,开工之前,要召集所有施工人员参加现场会议,传达项目工程的施工工艺和施工流程。

每天严格检查施工质量,做到及时发现并解决问题,对于不符合要求的施工部位,必须进行处理或者返工;每道工序施工完成后,要经甲方、监理验收签字,方可进行下道工序。

3. 施工进度管理

施工进度是决定工期的最大因素,一定要做好周密详细的时间安排。现场施工要将施工时的周计划、月计划按时上报建设方,如果遇到对施工有影响的情况,应及时申请建设方解决处理,以免耽误工期。如果施工进度跟不上,在必要的情况下,应增加施工班组人员,并将每周、每月的施工情况和进度,向施工单位汇报,以便施工单位统筹安排、按期结账。

4. 材料管理

材料的管理是每项工程的关键,首先一定要选好储存材料的仓库(防雨且便于卸货、搬运的位置),要将施工时搅拌机和施工部位的落地灰清理干净。对于刮尺上的保温砂浆要倒入灰桶,在下班前应仔细检查各处,保证现场的干净整洁。特别是要重点排查堆积材料的地方,以免下雨淋湿造成不必要的损失。申报材料时,要结合施工进度和当时天气情况,对进场材料进行数量清点,并要求建设方管理人员确认签字。

5. 安全管理

以人为本,安全第一,只有确保安全的情况下才能保障效率。

每天开工、收班都应清点人数,禁止酒后施工作业,高空作业必须佩戴安全帽、系好安全带,外脚手架没有经过安全员同意和批准,禁止私自拆除和变动,违者严处。

6. 工程收尾管理

工程完工后,应要求施工单位对施工面再次进行全面系统检查,经过建设方和监理验收,并对施工面积落实,和建设方核对确认,即时清点施工工具,剩余材料送回施工单位。

(三)专项施工计划的监督实施和安全事故隐患的处理

1. 专项施工计划的监督与实施

工程监理机构应当要求建设单位按照批准的专项施工方案组织施工。专项施工方案需要调整时,施工单位应当按程序报工程监理机构审查。

项目监理机构对风险较大的部分项目专项施工方案执行情况进行检查。若发现未按照专项施工方案执行的,下达监理通知书,要求施工单位按专项施工计划执行。

2. 安全事故隐患的处理

在施工程监理过程中,发现工程存在安全事故隐患时,应当出具监理通知书,要求施工单位整改;情节严重的,应当下达停工令,并及时向建设单位报告。施工单位拒不整改或不停止施工的,工程监理机构应当及时向有关主管部门提交监理报告。

遇紧急情况,工程监理机构可通过电话、传真或电子邮件等方式向有关主管部门报告,事后应形成监理报告。

第二节 建设工程监理主要方式

根据建设工程监理合同规定,项目监理机构对建设工程实施监理的主要方式为巡视、平行检验、旁站和见证取样。

一、巡视

巡视是指项目监理机构在监理实施细则中对施工现场进行检查活动。项目监理机构人员对现场可进行定期或者不定期的检查。此检查也是对建设工程实施监理的重要方式。

(一)巡视的内容

巡视检查内容以现场施工质量、生产安全事故隐患为主,且不限于工程质量、安全生产方面的内容。巡视的方式并不是单一的。在监理的过程中,监理人员按照监理规划及监理实施细则中规定的频次进行现场巡视。监理人员在巡视检查中发现的施工质量、生产安全事故隐患等问题以及采取的相应处理措施、所取得的效果等,应及时、准确地记录在巡视检查记录表中。

巡视检查内容:是否使用合格的材料,构配件和设备;施工现场管理人员和质检人员是否到岗;施工环境是否对工程质量产生不利影响;已施工部位是否存在质量缺陷;施工部位涉及较大危险时,是否按原方案实施;施工人员的技术是否符合要求,特种操作人员是否持证上岗;施工环境受天气和电力影响时,是否进行施工;做好巡视记录,将出现的问题及解决方法真实地记录在检查表里。

(二)巡视工作职责

总监理师要全面负责监理工程的巡视工作。如合理安排监理人员进行巡视检查工作;督促监理人员按照监理规划及监理实施细则的要求开展现场巡视检查工作;根据经审核批准的监理规划和监理实施细则对现场监理人员进行交底,明确巡视检查要点、巡视频率和采取措施及采用的巡视检查记录表;检查监理人员巡视的工作成果,与监理人员进行沟通，对发现的问题及时采取相应措施。专业监理工程师对其负责的范围内的工作进行全面巡视。在监理过程中，如若发现问题，监理人员应当积极及时采取措施处理，其处理事件的内容应及时且准确地记录在巡视检查记录表中；监理人员解决不了，则应由监理人员及时地向总监理工程师汇报，以免造成很大的损失。

（三）巡视的作用

巡视检查是监理工程师在对建设工程实施施工监理的最为有效的手段之一，也是工程质量实施措施的基础。通过巡视，可以及时发现重大隐患和控制目标的严重偏离问题，及时要求施工单位进行整改，避免造成不可修补的损失。在施工工程中难以避免一些社会性问题，如质量投诉问题，安全生产和灾难性事故给企业带来的信誉和经济问题等。

监理巡视的作用包括以下的几方面：观察和检查施工单位的施工准备情况；观察和检查施工工序等在内的施工情况；观察和检查施工过程中的质量问题并及时采取相应的措施；观察和检查施工过程中的安全及其他情况，并加以解决。

二、平行检验

工程监理平行检验是工程施工阶段建设工程监理对工程实体进行质量控制的重要措施。《建设工程监理规范》（GB/T 50319—2013）明确规定，工程监理平行检验是项目监理机构利用一定的检查或检测方法，在承包单位自检的基础上，按照一定的比例独立进行检查或检测的活动。

（一）平行检验的内容

国务院颁布的《建设工程质量管理条例》第二十六条规定：施工单位对建设工程的施工质量负责。第二十九条规定：施工单位必须按照工程设计要求，施工技术标准和合同约定，对建筑材料，建筑构配件、设施和商品混凝土进行检验平行检验的内容包括工程实体量测（检查、试验、检测）和材料检验等。即建设监理机构在施工单位进行自检的同时，对同一项目的实体或是材料进行独立的检查和验收。此外，应当注意的是，平行检验的检查或检测活动必须是监理机构独立进行的，也必须是项目监管机构，总监理工程师作为实施者。

（二）平行检验人员的工作职责

项目监理机构要依据建设工程监理合同编制符合工程特点的平行检验方案，使用量测、检测、试验等方式展开检验工作。检测机构要明确平行检验的方法、内容、范围、频率等，并设计平行检验记录表式。在检验过程中若发现问题当及时处理，负责平行检验的监理人员应做好平行检验资料的工作。平行检验的资料是指监理人员在"平行检验"的过程中，留下具体的记录（包括所填表格、所拍照片等），形成系统的、完整的、真实的监理资料。监理文件资料管理人员应将平行检验方面的文件资料等进行单独整理、归档。平行检验的资料是竣工验收资料的重要组成部分。

（三）平行检验的作用

平行检验是施工阶段质量控制的重要工作之一，也是工程质量预验收和工程竣工验收的重要依据之一。"平行检验"的资料是整个工程竣工资料的重要组成部分，监理机构不但要对材料、构配件和设备进行"平行检验"，而且对建设工程的工序、检验批、分项工程、隐蔽工程更要加强"平行检验"。监理工程人员不能完全依靠承包商报验的隐蔽工程、检验批、分部分项工程的质量数据签认。监理人员不应只根据施工单位自己的检查、验收情况填写验收结论。工程质量的结论应该是监理机构在"平行检验"复核后,再验证数据正确的基础上做出。这样结论才具有真实与可靠性,也才是真正对工程质量负责。

三、旁站

旁站是指监理人员在施工现场对工程的关键部位或关键工序(根据工程类别、特点及其有关规定确定)的施工质量的监督活动。旁站监理是我国建筑领域对建筑工程全面控制的一种方式。

(一)工作内容

(1)旁站监理应在总监理工程师的指导下,由现场监理人员负责具体实施。在旁站实施前,项目监理机构应根据旁站方案和相关的施工验收规范,对旁站人员进行技术交底。

(2)具有明确旁站的范围、内容、程序和旁站人员职责等的旁站方案,应由项目监理机构在编制监理规划时制定。监理人员在充分了解工程特点及监控重点的基础上,确定必须加以重点控制的关键工序、特殊工序,并以此制订的旁站作为指导。现场监理人员必须按此执行并根据方案的要求,有针对性地进行检查,将可能发生的工程质量问题和隐患加以消除。

(3)监理人员实施旁站时,发现施工工人未按施工组织设计的要求进行操作,有权责令立即整改,若已经或可能危及工程质量,应向监理工程师报告。

(4)对于需要旁站的关键部位、工序施工,凡没有实施旁站或者没有旁站记录的,监理工程师不得在相应文件上签字。在工程竣工验收后,工程监理单位应当将旁站记录存档备查。

(5)建设单位要求项目监理机构超出规定的范围实施旁站的,应当另行支付监理费用。具体费用标准由建设单位与工程监理单位在合同中约定。

(二)旁站人员的工作职责

旁站人员应当按照规定认真履行自己的责任,对需要实施监理的关键部位,关键工序在施工现场跟班监督,认真做好旁站记录。旁站监理人在旁站记录上签字以后,才可以进行下一道施工工序。旁站人员的主要职责有以下几方面:

(1)对于进行旁站监理的工序或检验批,监理人员应当事先检查,施工单位应有被审批的施工方案并核查有针对性的技术交底;

(2)审查材质必须合格,施工单位有关现场管理人员,质检员必须在岗;

(3)监控施工操作人员的技术水平,操作条件必须满足施工工艺要求,对于特种操作人员必须保证持证上岗;

(4)核查进场建筑材料、建筑构配件、设备和商品混凝土的质量检验报告等检查有无质量和安全隐患等;

(5)做好整理旁站记录,竣工验收后将旁站记录存档备案。

(三)旁站的作用

(1)旁站是建设工程监理工作中的监督工程质量的一项重要手段。可以起到及时发现问题并及时地采取措施、防止有些施工人员偷工减料、以次充好,确保施工工艺工序方案高效进行等作用。

(2)旁站是确保工程建设高标准、高质量,同时产生高效益的关键主体之一。监理单位代表建设单位对工程建设过程中的有关工程质量、安全、投资、进度等各项工作进行有效监控,对建设单位负责,不辜负建设单位的期望。

四、见证取样

见证取样是指项目监理机构对施工单位进行的涉及结构安全的试块、试件及工程材料现场取样、封样、送检工作的监督活动。

(一)见证取样程序

见证取样是指在建设监理单位或建设单位见证下,对进入施工现场的有关建筑材料,有施工单位转制材料试验人员在现场取样或制作试件后,送至符合资质资格管理要求的试验室进行试验的一个程序。见证取样的通常要求和程序如下。

1. 一般规定

(1)见证取样是建设工程的主要方式之一,涉及施工方、见证方、试验方三方行为。

(2)试验室的资质资格管理:各级工程质量监督检测机构(有CMA章,即计量认证,1年审查一次);建筑企业试验室应逐步转为企业内控机构,4年审查1次。

(3)第三方试验室检查:计量认证书、CMA章;查附件、备案证书。

(4)CMA(中国计量认证/认可)是依据《中华人民共和国计量法》为社会提供公正数据的产品质量检验机构。计量认证分为两级实施:一级为国家级,由国家认证认可监督管理委员会组织实施;一级为省级,实施的效力完全一致。

(5)见证人员必须取得《见证员证书》,且通过建设单位授权。

(6)对第三方进行试验检查时,需要检查CMA章、附件和备案证书。

2. 授权

见证单位和见证人员授权书,应由建设或监理单位向施工单位、工程受监的质监站和工程检测单位递交授权书,并写明本工程见证人单位及见证人姓名、证号,见证人不得少于2人。

3. 取样

在见证人必须在旁见证,且应对试样进行监护的情况下,取样人员在现场抽取和制作试样,并和委托送检的送检人员一起采取有效的封样措施或将试样送至检测单位。

4. 送检

检验单位在接受委托检验任务时,须有送检单位写委托单,见证人在检验委托单上签字。对进入施工现场的所有建筑材料,必须按规范要求实行见证取样和送检试验,试验报告纳入质保资料。

5. 试验报告

检验报告上应有由检测单位加盖的"有见证取样送检"印章。样式不合格的应在 24 小时内上报监质监站,并建立不合格项目台账。

注意,对检验报告有 5 点要求:应电脑打印;采用统一用表;个人签名一定要手签;应有"有见证检验"专用章统一格式;注明见证人的姓名。

(二)见证监理人员工作内容与职责

总监理工程师应督促专业监理工程师制定见证取样实施细则,并且工程项目总监理工程师对本建筑工程项目相关见证取样及送样工作负全面责任。实施细则中应包括材料进场报验、见证取样送检的范围、工作程序、见证人员和取样人员的职责、取样方法等内容。总监理工程师还应检查监理人员见证取样工作的实施情况,包括现场检查和资料检查,同时积极听取监理人员的汇报,发现问题应立即要求施工单位采取相应措施。

见证取样监理人员应根据见证取样实施细则要求,按程序实施见证取样工作。其主要职责如下:

(1)对试样的封样和送检过程进行监督;
(2)做好取样后的把关工作,确保经检测合格的材料用于过程实体;
(3)对过程现场检测进行旁站见证,并做好过程现场检测的见证记录;
(4)必须在见证送检委托单上签字盖章,并在需要时出示"见证员资格证书";
(5)对试样的代表性和真实性负责;
(6)协助建立见证取样档案。

第三节 建设工程监理信息化

随着经济全球化的快速发展,我国的建设工程企业数量不断扩大,传统的数据处理方式难以满足需求,信息化开始在各个行业中发展起来。建筑信息建模(building information modeling,BIM)、大数据、物联网、云计算、移动互联网、人工智能、地理信息系统(GIS)等现代技术快速发展,也促使建设工程监理信息化进一步发展。

一、工程监理信息系统

随着计算机技术、微电子技术以及互联网技术的快速发展,合理高效地运用信息是发展的关键。因此建立工程监理信息系统是工程监理的重要基础手段。建设监理的主要任务是控制,控制的基础是信息,工程监理机构的主要产品是生产各类有关信息。

(一)工程监理信息系统的基本功能

工程监理信息系统的目标是实现信息的系统管理和提供必要的决策支持。建设工程信息管理系统可以为监理工程师提供标准化、结构化的数据预测,决策所需要的信息及分析模型,建设工程目标动态控制的分析报告;提供解决建设工程监理问题的多个备选方案。工程监理信息系统应具有以下的基本功能:

1. 信息管理功能

工程建设监理离不开工程信息,建立监理工程项目的信息管理体系,对工程项目的各类信息进行收集、整理、归档和保存,并在项目工程的各个参建单位之间进行文件传输。这为监理人员提供基本的信息支撑是非常重要的。

2. 动态控制功能

动态控制就是工程行业内常说的"三控制","三控制"指质量控制、进度控制、造价控制。建设监理的主要手段是控制。信息系统能辅助编制相关计划,对这三大目标进行动态分析比较和预测,为工程监理单位和项目监理机构实施质量动态控制、进度动态控制、造价动态控制提供支持。只有充分掌握信息,监理工程师才能实施控制工作,因此,信息对工程监理有很大的必要性。

3. 辅助决策功能

信息是监理决策的依据。建设监理信息的决策正确与否,对项目建设总目标的实现及监理单位和监理工程师的信誉有直接影响。对工程建设方案及监理方案进行比选,为建设监理工程师提供多个备选方案,使项目监理机构做出更科学的决策。

4. 协调功能

信息是监理工程师协调各参建单位的重要媒介。互联网技术的快速发展及协同工作理念的逐步形成,加速了由原本的工程监理单位单独应用的信息系统逐步转变为工程参建各方共同应用的信息平台,实现了信息共享。近年来建筑信息建模技术的应用,更是为工程监理信息管理提供了可视化手段。

(二)工程监理信息系统的主要作用

作为处理工程监理信息的人—机交互系统,工程监理信息系统的主要作用体现在以下几个方面:

(1)利用计算机虚拟现实技术,直观清晰地展示工程项目各类信息。

(2)利用计算机数据存储技术,存储和管理与工程监理有关的信息,迅速精准处理工程监理所需要的信息。

(3)利用虚拟技术,有效地控制项目质量、进度和造价。利用分析运算功能,提供决策支持和方案比选。

(4)利用计算机网络技术,实现工程参建各单位之间的信息共享、传递和协同工作。

(5)利用计算机数据处理功能,快速、准确地处理工程监理所需要的信息,如工程质量检测数据分析、工程投资动态比较分析和预测、工程进度计划编制和动态比较分析、施工安全数据分析等。

二、建筑信息建模

BIM 是建筑学、工程学及土木工程学科的新工具。它以多种数字技术为依托,利用数字模型对工程进行设计、施工和运营的过程。BIM 在项目策划、运行和维护的全生命周期过程中进行共享和传递,可以基于 BIM 进行协同工作,有效提高工作效率,节省资源,降低成本,以实现可持续发展和在最大范围内实现资源的合理运用。此外,BIM 的核心是通过建立虚拟的建筑工程三维模型,利用数字化技术为这个模型提供完整的、与实际情况一致的建筑工程信息库。在施工之前,利用 BIM 技术进行设计方案必选,可以发现其施工阶段出现的问题并解决问题,大量降低风险。

(一)BIM 技术的关键理解

(1)BIM 是对建筑构件数据化或智能数字化的表述;

(2)BIM 不等同于三维模型,不仅仅是三维模型和建筑信息的简单叠加;

(3)BIM 不是一个具体的软件,而是一种流程和技术,不仅仅是设计工具,还是一种先进的项目管理理念;

(4)BIM 不是简单等于 3D。

(二)BIM 的特点

BIM 能够在综合数字环境中保持信息不断更新并可提供访问,使建筑师、工程师、施工人员以及业主可以清楚全面地了解项目。BIM 具有的代表性特点有可视化、协调性、模拟性、优化性、可出图性等。

1. 可视化

这一特点给我们最直观的感受,即"可见即所得"。之前,施工单位在施工过程中看到的仅仅是施工图纸,施工建设参与人员须自行想象,将各个构建信息的线条想象成真正的构造形式。但是,随着时代的发展,现代的建筑结构更为复杂,人们没有办法全靠脑子去想象。可视化在建设工程中的作用不言而喻。模型三维的立体图形是可视的,BIM 技术可以构建三维立体模型,这就为项目设计的建造、运营等整个建设的沟通、讨论与决策提供方便。BIM 可用于信息交换,为建筑全生命周期提供可重复、可验证、可维持的、明晰的信息环境。应用 BIM 技术还可以生成各种报表。

2. 协调性

BIM 是一种协作过程,它包含自动化的处理能力和维护信息的关联性和一致性。在施工设计阶段,各行业的项目信息"不兼容"时,如空间位置、防火分区、管道布置等方面的问题(如预留的洞口不合适、房间出现冷热不均等),可以利用 BIM 技术来解决。传统的解决方法是问题出来了,再组织有关人员召开协调会,找出问题再想办法解决。应用 BIM 技术之后,事后协调就转变为事先协调,这为工程的实施提供了极大的便利。使用 BIM 协调流程进行协调综合,生成协调数据,提供出来,可以减少不合理变更方案出现。

3. 模拟性

BIM 技术的模拟性是不仅仅能模拟设计出来建筑物模型,还可以模拟不能够在真实世界中展示出来的虚拟东西。在设计阶段,BIM 可以对设计上需要进行模拟的一些东西进行模拟实验。BIM 技术的模拟特点主要是在以下三个方面进行应用:

(1)3D 画面的模拟。在工程设计阶段,BIM 技术在绿色节能分析上起着很大的作用,应用 BIM 技术可以对能效、紧急疏散、日照、热传导等进行模拟。

(2)4D 模拟施工。BIM 4D 模拟即时间上的模拟,其可以满足缩短工期和控制进度的要求。

(3)5D 模拟。BIM 5D 模拟实际上是在 4D 模拟的基础上加上造价控制,这一模拟可以实现项目的利益最大化。

4. 优化性

BIM 模型提供了建筑物实际存在的信息,包括几何信息、物理信息、规则信息,还提供了建筑物变化以后的实际存在。事实上,整个设计、施工、运营的过程是一个不断优化的过程。现在的建筑物的复杂程度大多超过了参与人员本身的能力极限,当建筑复杂程度达到一定程度时,单靠参与人员的能力已无法掌握所有的信息,也没有准确的信息,这些方面制约了对工程的优化,需要借助其他手段和工具来完成优化,可以从以下几个方面实现优化:

(1)方案优化。虽然传统的2D模式也可进行项目的优化,但是在BIM环境下可以做得更好。一般基于BIM的方案优化都是基于业主对于投资回报的分析。BIM可以将工程设计与投资回报分析相结合,然后把项目在设计过程的不断变化对投资回报的影响实时地计算出来。它还可以对建筑的性能进行分析评估,大大满足了业主对项目的需求,可以上业主选择更佳的设计方案。

(2)设计优化。随着国内项目的体量不断扩大,造型也不断复杂,传统的模式很难再进行相关的优化工作。应用BIM技术建立海量的3D可视化模型,可进行特殊项目设计的优化。难免有一些工程部位存在不规则设计,难度较大、施工问题较多,对这些部位的设计和施工方案进行优化。BIM可以改善建筑工期的拖沓,避免造价精准度低、成本严重浪费等情况发生。

(3)施工优化。传统的施工优化基本上是靠着2D图纸以及Excel表格,再配合基本临时指定的工作手册,其效率很低。而4D甚至5D的模拟,可以了解设计施工的进展情况,通过施工预演并制订可行的计划,减少物料、人力和工时的浪费。

5. 可出图性

BIM模型不仅能绘制常规的建筑设计图纸,还能通过对建筑物进行可视化展示、协调和模拟优化。

(1)进行建筑平、立、剖及详图的输出;
(2)出碰撞报告和构件加工图等;
(3)综合管线图(通过碰撞检查和设计修改消除相应错误);
(4)综合结构留洞图(预埋套管图);
(5)碰撞检查诊错报告和建议改进方案。

(三)BIM在工程监理中的应用

1. 应用目标

BIM的核心是通过建立虚拟的建筑工程三维模型,利用数字化技术为这个模型提供完整的、与实际情况一致的建筑工程信息库。工程监理单位应用BIM主要是通过借助BIM理念及其相关技术对各阶段数据信息的整合及其应用,来提升工程建设效率和质量。应用BIM技术期望达成的目标有以下几个方面:

(1)可视化展示。应用BIM技术可实现建设工程完工前的可视化展示,与传统单一的设计效果图等表现方式相比,由于数字化工程监理信息平台包含了工程建设各阶段所有的数据信息。基于这些数据信息制作的各种可视化展示将更准确、更灵活地表现工程项目,并辅助各专业、各行业之间进行沟通交流。

(2)运用BIM技术提高信息化管理水平,提高管理工作效率。在施工全过程中对深化设计、施工工艺、工程进度、施工组织及协调配合方面高质量运用BIM技术进行模拟管理,提高工程的信息化管理水平,提高工程管理工作效率。

（3）控制工程造价。通过碰撞检测、深化设计，完善施工图纸并减少图纸的错、漏、碰、缺。这可为施工阶段提供完善的施工图纸，减少返工并加快施工进度，进而提高施工质量且减少相关损失。

（4）缩短施工工期，提高完成效率。通过对设计方案以及施工的优化，工程监理与相关的施工单位可以更好地共同协作，提高工作效率，缩短施工工期。

2.应用范围

虽然 BIM 技术在工程建设上已经发挥作用，但因处于初级阶段，其应用范围主要包括以下几个方面：

（1）4D 虚拟施工。应用 BIM 技术将数据进行集成，并根据现场情况进行实时调整，分析不同施工方案的优劣，从而得到最佳施工方案。此外，还可对工程项目的重点或难点部分进行可施工性模拟。对于传统方式下，大部分工程项目仍采用横道图表示进度计划，用直方图表示资源计划，这难以准确表达工程施工的动态变化过程，也无法清晰描述施工进度以及各种复杂关系，更不能动态地优化分配所需要的各种资源和施工场地。通过对施工进度以及施工过程的模拟，可以更好地提高工程项目的资源利用率。

（2）建立可视化模型。BIM 技术的原理可以描述为基于三维模型的信息集成管理模式。可视化模型的建立是应用 BIM 的基础而建立可视化模型，包括建筑、结构、设备等各专业工种。BIM 模型是一层一层地建立起来，且作为一种协作过程，BIM 包含自动化处理能力和维护信息的关联性和一致性。一个项目要用 BIM 技术进行完整建模，首先需要设计单位输入数据，然后需要施工单位进行二次设计与重塑，再由建设单位和监理单位进行多方面审核。

（3）管线综合。管线工程建设是一个难题。随着工程建设的快速发展，对协同设计与管线综合的要求愈加严格。BIM 技术的出现，可以进行碰撞检查，并可在建筑形体复杂或管线约束多的情况下实施分析，这在很大程度上避免了因有效技术手段的缺乏而严重影响工程质量、造价、进度等。

（4）成本核算。对于业主而言，投资或成本的控制更多是在规划和设计阶段。目前的成本核算方式相对传统，大多数只是通过估算或者"拍脑门"的方式进行，这往往造成入不敷出或严重浪费。但引入 BIM 后，业主可以通过 BIM 模型中对于成本分析及描述的结果，来比较不同方案的技术、经济等指标，更快捷地找到适合项目的投资方案。通过将工程设计和投资回报分析相结合，实时计算设计变更对投资回报的影响，合理控制工程总造价，以完成成本核算。

由于工程项目自身特性，工程建设过程中随时会出现无法预计的各类问题。工程监理单位运用 BIM 技术来提升服务价值，仍处于初级阶段。如果 BIM 技术在应用保存的过程中存在一定缺陷，会导致模拟系统出现故障或遭到病毒入侵等，这将进一步导致模拟系统的信息泄露，并会造成巨大损失。因此，建设工程监理与项目管理团队不仅要具备优秀的技术服务技能，还要具有强大的资源整合能力。

第七章 建设工程监理工作内容和主要方式

思考题

1. 建设工程三大目标是什么?
2. 如何才能很好地进行三大目标的动态控制?
3. 项目监理机构在处理工程暂停或复工、工程变更或索赔、施工合同争议或解除时,需要承担哪些合同管理职责?
4. 建设工程信息管理的几个基本环节及其具体内容是什么?
5. 项目监理机构应从哪几个方面加强与建设单位的协调?
6. 项目监理机构组织协调最常用的方法是什么?
7. 建设工程监理的主要方式有哪些?
8. 监理巡视的作用包括哪些?
9. 旁站是对工程的什么施工质量进行监督?
10. 见证取样涉及几方行为?
11. 见证监理人员工作内容和职责有哪些?
12. BIM 技术有哪些主要特点?

第八章 建设工程监理文件资料管理

第一节 概述

一、建设工程文件资料的概念及其主要分类

(一)建设工程文件资料的基本概念

建设工程文件资料也可简称为工程文件,一般指建设工程在建设过程中形成的各类形式的信息记录,包括工程准备阶段文件、监理文件、施工文件、竣工图和竣工验收文件等。

(二)建设工程文件资料的分类

由建设工程文件资料的基本概念可知,建设工程文件资料通常可分为工程准备阶段文件、监理文件、施工文件、竣工图和竣工验收文件五类,每类文件代表了工程施工的不同阶段或不同实施主体在工作过程中形成的文件。

(1)工程准备阶段文件指在工程开工以前,在立项、审批、用地、勘察、设计、招投标等工程准备阶段形成的文件。一般分为决策立项文件、建设用地文件、勘察设计文件、招投标及合同文件、开工文件、商务文件等。

(2)监理文件一般可分为监理管理资料、进度控制资料、质量控制资料、造价控制资料、合同管理资料和竣工验收资料等。

(3)施工文件指施工单位在施工过程中形成的文件。施工文件一般可分为施工管理资料、施工技术资料、施工进度及造价资料、施工物资资料、施工记录、施工试验记录及检测报告、施工质量验收记录、竣工验收资料等。

(4)竣工图指在工程竣工验收后,真实反映建设工程施工结果的图样。竣工图应加盖竣工图章,竣工图章应包括"竣工图"字样、施工单位、编制人、审核人、技术负责人、编制日期、监理单位、总监理工程师及现场监理工程师等内容。

(5)竣工验收文件指在建设工程项目竣工验收活动中形成的文件。竣工验收文件一般包括竣工验收及备案文件、竣工决算文件、工程声像资料等。

二、监理文件资料的概念及一般规定

(一)概念

《建设工程监理规范》(GB/T 50319—2013)对建设工程监理文件资料定义如下:工程监理单位在履行建设工程监理合同过程中形成或获取的,以一定形式记录、保存的文件

资料。

建设工程监理文件资料可分为文字、图表、数据、声像、电子文档等不同形式,需要归档的建设工程监理文件资料应按照国家有关规定及时整理归档。

(二)一般规定

建设工程监理文件资料管理一般指对建设工程监理文件资料的收集、填写、编制、审核、审批、整理、组卷、移交及归档等工作的统称。

建设工程监理文件资料管理一般要遵从如下规定:

(1)项目监理机构应建立和完善相应的建设工程监理文件资料的登记、处理、归档和借阅等管理制度,宜安排专人负责建设工程监理文件资料的管理工作。文件的收发应由专人负责,发文应有收文单位签收。存档文件不得随意存放,凡需查阅应办理有关手续,并及时归还。

(2)项目开工前,项目总监理工程师应与建设单位、设计单位、施工单位就资料的分类、格式、份数及移交进行沟通并达成一致。

(3)项目监理机构的监理工作人员应如实记录各自监理工作和工程建设情况,监理文件资料应与监理工作同步,及时分类整理自己负责的监理文件资料并移交给由总监理工程师指定的专人进行管理,建设工程监理文件资料的管理应及时、准确、完整的收集,并及时整理、编制和传递。项目总监理工程师应定期对建设工程监理文件资料的管理情况进行检查。

(4)建设工程监理文件资料的管理宜采用计算机等信息技术进行,进而实现建设工程监理文件资料管理的科学化、程序化和规范化。

(5)项目监理机构应及时整理、分类汇总项目监理文件资料,按有关规定组卷,形成建设工程监理文件资料档案。监理单位应根据工程特点及有关规定,保存有关监理文件档案,并向有关单位和部门移交需要存档的监理文件资料。

(6)工程监理单位保存的监理文件保存期限应符合国家现行有关标准的规定,当标准无规定时,保存期限不宜少于5年。

三、监理文件资料的主要内容、来源及重要性

(一)主要内容

根据《建设工程监理规范》(GB/T 50319—2013)的有关规定,建设工程监理文件资料包括如下主要内容:

(1)勘察设计文件、建设工程监理合同及其他合同文件。

(2)监理规划、监理实施细则。

(3)设计交底和图纸会审会议纪要。

(4)施工组织设计、(专项)施工方案、施工进度计划报审文件资料。

(5)分包单位资格报审文件资料。

(6)施工控制测量成果报验文件资料。

(7)总监理工程师任命书,工程开工令、暂停令、复工令、工程开工或复工报审文件资料。

(8)工程材料、构配件、设备报验文件资料。
(9)见证取样和平行检验文件资料。
(10)工程质量检查报验资料及工程有关验收资料。
(11)工程变更、费用索赔及工程延期文件资料。
(12)工程计量、工程款支付文件资料。
(13)监理通知单、工作联系单与监理报告。
(14)第一次工地会议、监理例会、专题会议等会议纪要。
(15)监理月报、监理日志、旁站记录。
(16)工程质量或生产安全事故处理文件资料。
(17)工程质量评估报告及竣工验收监理文件资料。
(18)监理工作总结。

除了上述监理文件资料外,在设备采购和设备监造中还会形成监理文件资料,具体内容详见《建设工程监理规范》(GB/T 50319—2013)的相关规定。

另外需要说明的是,随着国家对安全生产方面的要求愈加严格,建设工程安全生产管理方面的监理资料也需要随工程同步整理,安全生产管理的监理资料分类及其管理可按相关规定执行。

(二)主要来源

了解监理文件资料的来源,对建设工程监理文件资料的管理至关重要。

建设工程监理文件资料的主要来源按照资料的提供方不同,可分为建设单位提供的资料(如前期规划报批手续、施工总承包合同等)、施工单位提供的资料(如各种施工组织设计及专项方案、各类报验资料等)和监理单位提供的资料(如监理规划、监理实施细则、监理通知单、会议纪要、监理月报等等)。

在日常监理工作过程中,要做到工程资料真实完整、分类有序并与施工进度同步,编制并使用工程资料台账尤为重要。可以根据不同文件资料的分类设立查询台账,既体现出监理单位内业管理的规范性,又便于日常存放和查询。

(三)建设工程监理文件资料管理的重要性

建设工程监理文件资料是实施监理工作的真实反映,是监理工作成效的根本体现,更是建设工程质量、安全生产事故责任划分的重要依据和定罪量刑的重要呈堂证供,是衡量监理工作好坏的重要标志。因此,监理单位在项目监理机构中应对建设工程监理文件资料管理做到"明确责任,专人负责"。

建设工程监理文件资料系统记载着工程建设的全过程,完整地收集了工程建设的整体质量情况,是工程建设客观而真实的写照。

建设工程监理文件资料是监理单位自我保护的一种重要手段。监理工作强调按程序办事,做到该说的说,改写的写,该报的报,将事故苗头消灭在萌芽状态,将不符合要求的行为及时通报,妥善解决,必要时上报有关主管部门,留下系统的文字资料,以备必要之需。

第二节　建设工程监理基本表式及主要文件资料

目前,我国建设工程监理在施工阶段的基本表格模式(简称表式)仍按现行的《建设工程监理规范》(GB/T 50319—2013)中所附目录执行,这些表格可以一表多用。对于工程质量用表,由于各行业各部门的专业要求不同,各行业各部门已各自形成了比较完整、系统的表式,各类工程的质量检验及评定均有相应的技术标准,质量检查及验收按相关标准的要求办理即可。如果没有相应的表式,工程开工前,项目监理机构应与建设单位、承包单位进行协商,根据工程特点、质量标准、竣工及归档组卷要求协商一致后,制定相应的表式。

结合现行《建设工程监理规范》《建设工程文件归档规范》《建筑工程资料管理规程》等相关要求,如何正确使用和填写好监理文件资料的有关表格,是监理从业人员内业工作的基本功,也是建设工程监理文件资料管理基础性的工作,所有监理从业人员都应该对监理文件资料的主要表格能看懂、会使用、会填写,并不断改进以适应当下的监理工作实际情况。

一、工程监理基本表式及其应用说明

(一)基本表式

《建设工程监理规范》(GB/T 50319—2013)中规定的建设工程监理文件资料基本表格模式有如下三类：

A类表(共八个)：工程监理单位用表,是由工程监理单位对外签发的监理文件或监理工作控制记录表；

B类表(共十四个)：施工单位报审、报验用表,是由施工单位或由施工单位项目经理部填写后报工程监理单位或建设单位审批或验收的表；

C类表(共三个)：通用表,是工程参建各方工作联系的通用表式。

1. 工程监理单位用表(A类表)

(1)总监理工程师任命书(表8-1)。填报说明：本表一式三份,项目监理机构、建设单位、施工单位各一份；根据监理合同约定,由工程监理单位法定代表人任命有类似工程管理经验的注册监理工程师担任项目总监理工程师,负责项目监理机构的日常管理工作；工程监理单位法定代表人应根据相关法律法规、监理合同及工程项目和总监理工程师的具体情况明确总监理工程师的授权范围；本表应在《建设工程监理合同》签订后,由工程监理单位法定代表人签字并加盖监理单位公章。

表 8-1　A.0.1 总监理工程师任命书

工程名称：　　　　　　　　　　　　编号：

致：＿＿＿＿＿＿＿（建设单位）
　　兹任命＿＿＿＿＿＿（注册监理工程师注册号：＿＿＿＿＿＿）为我单位＿＿＿＿＿＿＿＿项目总监理工程师。负责履行建设工程监理合同、主持项目监理机构工作。

　　　　　　　　　　　　　　　　　　　　　工程监理单位（盖章）
　　　　　　　　　　　　　　　　　　　　　法定代表人（签字）
　　　　　　　　　　　　　　　　　　　　　　　　年　　月　　日

注：本表一式三份，项目监理机构、建设单位、施工单位各一份。

（2）工程开工令（表 8-2）。填表说明：本表一式三份，项目监理机构、建设单位、施工单位各一份；建设单位对《工程开工报审表》签署同意意见后，总监理工程师才可根据建设单位的审批意见签发《工程开工令》；《工程开工令》中的开工日期作为施工单位计算工期的起始日期；本表应有总监理工程师签字、加盖总监理工程师执业印章和项目监理机构用章。

表 8-2　A.0.2 工程开工令

工程名称：　　　　　　　　　　　　编号：

致：＿＿＿＿＿＿＿（施工单位）
　　经审查，本工程已具备施工合同约定的开工条件，现同意你方开始施工，开工日期为：＿＿＿年＿＿＿月＿＿＿日。
　　附件：工程开工报审表

　　　　　　　　　　　　　　　　　　　　　项目监理机构（盖章）
　　　　　　　　　　　　　　　　　　　　　总监理工程师（签字、加盖执业印章）
　　　　　　　　　　　　　　　　　　　　　　　　年　　月　　日

注：本表一式三份，项目监理机构、建设单位、施工单位各一份。

第八章 建设工程监理文件资料管理

（3）监理通知单（表8-3）。《监理通知单》是项目监理机构在日常监理工作中常用的指令性文件。项目监理机构在建设工程监理合同约定的权限范围内，针对施工单位出现的各种问题所发出的指令、提出的要求等，除另有规定外，均应采用《监理通知单》。监理工程师现场发出的口头指令及要求，也应采用《监理通知单》予以确认。

表8-3　A.0.3 监理通知单

工程名称：	编号：

致：_____（施工项目经理部）

事由：

内容：

项目监理机构（盖章）
总/专业监理工程师（签字）
年　　月　　日

注：本表一式三份，项目监理机构、建设单位、施工单位各一份。

施工单位有下列行为时，项目监理机构应签发《监理通知单》：
1）施工不符合设计要求、工程建设标准、合同约定；
2）使用不合格的工程材料、构配件和设备；
3）施工存在质量问题或采用不适当的施工工艺，或施工不当造成工程质量不合格；
4）实际进度严重滞后于计划进度且影响合同工期；
5）未按专项施工方案施工；
6）存在安全事故隐患；
7）工程质量、造价、进度等方面的其他违法违规行为。

《监理通知单》应由总监理工程师或专业监理工程师签发，对于一般问题可由专业监理工程师签发，对于重大问题应由总监理工程师或经其同意后签发。

（4）监理报告（表8-4）。填写说明及填写要求：本表一式四份，主管部门、建设单位、工程监理单位、项目监理机构各一份；当项目监理机构对工程存在安全事故隐患发出《监理通知单》《工程暂停令》而施工单位拒不整改或不停止施工，以及情况严重时，项目监理机构应及时向有关主管部门报送《监理报告》;本表填报时应说明工程名称、施工单位、工程部位,并附监理处理过程文件(《监理通知单》《工程暂停令》等,应说明时间和编号),以及其他检测资料、会议纪要等;紧急情况下,项目监理机构通过电话、传真或电子邮件方式向政府有关主管部门报告的,事后应以书面形式《监理报告》送达政府有关主管部门,同时抄报建设单位和工程监理单位;本表由总监理工程师签字,并加盖项目监理机构用章。

表8-4 A.0.4 监理报告

工程名称: 　　　　　　　　　　　　　　　　编号:

致:_____（主管部门）
　　由_____（施工单位）施工的_____
____（工程部位），存在安全事故隐患。我方已于___年___月___日发出编号为_____的《监理通知单》/《工程暂停令》，但施工单位未整改/停工。
　　特此报告。
　　附件:□监理通知单
　　　　　□工程暂停令
　　　　　□其他

项目监理机构（盖章）
总监理工程师（签字）
　　年　　月　　日

注:本表一式四份，主管部门、建设单位、工程监理单位、项目监理机构各一份。

（5）工程暂停令（表8-5）。填写说明及填写要求:本表一式三份,项目监理机构、建设单位、施工单位各一份;应建设单位的要求暂停施工,或由于施工单位的原因工程必须暂停施工,或因发生其他必须暂停施工的紧急事件,总监理工程师签发本表向施工单位发出工程暂停的指令;总监理工程师应根据暂停工程的影响范围和程度,按合同约定签发暂停令;签发工程暂停令时,应注明停工部位及范围、工程暂停的原因、停工期间应进行的工作等;总监理工程师签发工程暂停令应事先征得建设单位同意,在紧急情况下未能事先报告的,应在事后及时向建设单位作出书面报告;本表应有总监理工程师签字、加盖总监理工程师执业印章和项目监理机构用章。

表8-5 A.0.5 工程暂停令

工程名称：　　　　　　　　　　　　　　　　　编号：

致：＿＿＿＿＿＿＿（施工项目经理部） 　　由于＿＿＿＿＿＿＿＿＿＿＿＿＿＿＿＿＿＿＿＿＿＿＿＿＿＿＿＿＿＿＿＿＿＿＿＿＿ 原因,现通知你方于＿＿＿年＿＿＿月＿＿＿日时起,暂停＿＿＿＿＿＿＿＿部位(工序)施工,并按下述要求做好后续工作。 　　要求：   　　　　　　　　　　　　　　　　　项目监理机构(盖章) 　　　　　　　　　　　　　　　　　总监理工程师(签字、加盖执业印章) 　　　　　　　　　　　　　　　　　　　　　　　　　年　　月　　日

注：本表一式三份,项目监理机构、建设单位、施工单位各一份。

（6）旁站记录（表8-6）。项目监理机构对工程关键部位或关键工序的施工质量进行现场跟踪监督时,需要填写《旁站记录》。"关键部位、关键工序"是指影响工程主体结构安全、完工后无法检测其质量的或返工会造成较大损失的部位及其施工过程。

表8-6 A.0.6 旁站记录

工程名称：　　　　　　　　　　　　　　　　　编号：

旁站的关键部位、关键工序		施工单位	
旁站开始时间	年　月　日 时　　分	旁站结束时间	年　月　日 时　　分
旁站的关键部位、关键工序的施工情况：			
发现的问题及处理情况： 　　　　　　　　　　　　　　　　旁站监理人员(签字) 　　　　　　　　　　　　　　　　　　　　　　年　　月　　日			

注：本表一式一份,项目监理机构留存。

《旁站记录》中,"关键部位、关键工序的施工情况"应记录所旁站部位(工序)的施工作业内容、主要施工机械、材料、人员和完成的工程数量等内容及监理人员检查旁站部位施工质量的情况;"发现的问题及处理情况"应说明旁站所发现的问题及其采取的处置措施。

(7)工程复工令(表8-7)。当暂停施工的原因消失、具备复工条件时,施工单位提出复工申请的,建设单位在施工单位报送的《工程复工报审表》(表8-11)上签署同意复工意见后,总监理工程师应签发《工程复工令》;或者工程具备复工条件而施工单位未提出复工申请的,总监理工程师应根据工程实际情况直接签发《工程复工令》指令施工单位复工。《工程复工令》需要由总监理工程师签字,并加盖执业印章。

表8-7　A.0.7　工程复工令

工程名称：　　　　　　　　　　　　　　　编号：

致：＿＿＿＿＿＿＿＿＿（施工项目经理部） 　　我方发出的编号为＿＿＿＿＿＿《工程暂停令》,要求暂停施工的＿＿＿＿＿＿部位(工序),经查已具备复工条件。经建设单位同意,现通知你方于＿＿年＿＿月＿＿日时起恢复施工。 　　附件：工程复工报审表   　　　　　　　　　　　　　　　　　　　项目监理机构(盖章) 　　　　　　　　　　　　　　　　　　　总监理工程师(签字、加盖执业印章) 　　　　　　　　　　　　　　　　　　　　　　年　　月　　日

注：本表一式三份,项目监理机构、建设单位、施工单位各一份。

(8)工程款支付证书(表8-8)。填写说明及填写要求：本表一式三份,项目监理机构、建设单位、施工单位各一份;本表适用于项目监理机构收到经建设单位签署审批意见的《工程款支付报审表》后,根据建设单位的审批意见,签发本表作为工程款支付的证明文件;随本表应附送施工单位报送的《工程款支付报审表》及其附件;项目监理机构应按《建设工程监理规范》(GB/T 50319—2013)第5.3.1条规定的程序进行工程计量和付款签证;项目监理机构将本表签发给施工单位时,应同时抄报建设单位;本表应有总监理工程师签字、加盖总监理工程师执业印章和项目监理机构用章。

表8-8　A.0.8 工程款支付证书

工程名称：　　　　　　　　　　　编号：

致：_____（施工单位）
　　根据施工合同约定，经审核编号为_____工程款支付报审表，扣除有关款项后，同意支付该款项共计（大写）_____（小写：_____元）。

其中：
1. 施工单位申报款为：
2. 经审核施工单位应得款为：
3. 本期应扣款为：
4. 本期应付款为：

附件：工程款支付报审表及附件

　　　　　　　　　　　　项目监理机构（盖章）
　　　　　　　　　　　　总监理工程师（签字、加盖执业印章）
　　　　　　　　　　　　　　　　　　　　　　年　月　日

注：本表一式三份，项目监理机构、建设单位、施工单位各一份。

2. 施工单位报审、报验用表（B 类表）

（1）施工组织设计、（专项）施工方案报审表（表8-9）。施工单位编制的施工组织设计、施工方案、专项施工方案经其技术负责人审查后，需要连同《施工组织设计/（专项）施工方案报审表》一起报送项目监理机构。先由专业监理工程师审查后，再由总监理工程师审核签署意见。《施工组织设计/（专项）施工方案报审表》需要由总监理工程师签字，并加盖执业印章。对于超过一定规模的危险性较大的分部分项工程专项施工方案，还需要报送建设单位审批。

（2）工程开工报审表（表8-10）。单位工程具备开工条件时，施工单位需要向项目监理机构报送《工程开工报审表》。同时具备下列条件时，由总监理工程师签署审查意见，并报建设单位批准后，总监理工程师方可签发《工程开工令》：

1）设计交底和图纸会审已完成；
2）施工组织设计已由总监理工程师签认；
3）施工单位现场质量、安全生产管理体系已建立，管理及施工人员已到位，施工机械具备使用条件，主要工程材料已落实；
4）进场道路及水、电、通信等已满足开工要求。

《工程开工报审表》需要由总监理工程师签字，并加盖执业印章。

表8-9　B.0.1 施工组织设计/(专项)施工方案报审表

工程名称：＿＿＿＿＿＿＿＿　　　　　　　　　　　　　　　　编号：＿＿＿＿＿＿＿＿

致：＿＿＿＿＿＿（项目监理机构）

　　我方已完成＿＿＿＿＿＿工程组织设计/(专项)施工方案的编制和审批,请予以审查。

　　附：□施工组织设计
　　　　□专项施工方案
　　　　□施工方案

施工项目经理部(盖章)

项目经理(签字)

年　月　日

审批意见：

专业监理工程师(签字)

年　月　日

审核意见：

项目监理机构(盖章)

总监理工程师(签字、加盖执业印章)

年　月　日

审批意见(仅对超过一定规模的危险性较大的分部分项工程专项施工方案)：

建设单位(盖章)

建设单位代表(签字)

年　月　日

注：本表一式三份,项目监理机构、建设单位、施工单位各一份。

第八章 建设工程监理文件资料管理

表8-10 B.0.2 工程开工报审表

工程名称： 　　　　　　　　　　　　　　　　　　编号：

致：_____（施工单位） 　　_____（项目监理机构） 　　我方承担的_____工程,已完成相关准备工作,具备开工条件,申请于___年___月___日开工,请予以审批。 　　附件:证明文件资料 　　　　　　　　　　　施工单位(盖章) 　　　　　　　　　　　项目经理(签字) 　　　　　　　　　　　　　　　　　　　　　　　　年　月　日
审核意见：   　　　　　　　　　　　项目监理机构(盖章) 　　　　　　　　　　　总监理工程师(签字、加盖执业印章) 　　　　　　　　　　　　　　　　　　　　　　　　年　月　日
审批意见：   　　　　　　　　　　　建设单位(盖章) 　　　　　　　　　　　建设单位代表(签字) 　　　　　　　　　　　　　　　　　　　　　　　　年　月　日

注：本表一式三份,项目监理机构、建设单位、施工单位各一份。

（3）工程复工报审表(表8-11)。填写说明及填写要求:本表一式三份,项目监理机构、建设单位、施工单位各一份;本表用于因各种原因工程暂停后,停工原因消失后,施工单位准备恢复施工,向监理单位提出复工申请时;申请复工时应附必要的证明文件,证明文件可以为相关检查记录、制订的针对性整改措施及措施的落实情况、会议纪要、影像资料等。当导致暂停的原因是危及结构安全或使用功能时,整改完成后,应有建设单位、设计单位、监理单位各方共同认可的整改完成文件,其中涉及建设工程鉴定的文件必须由有资质的检测单位出具;收到施工单位报送的《工程复工报审表》后,经专业监理工程师按照停工指示或监理部发出的《工程暂停令》指出的停工原因进行调查、审核和评估,并对施工单位提出的复工条件证明资料进行审核后提出意见,由总监理工程师做出是否同意申请的批复;本表应有项目经理签字并加盖项目经理部用章、总监理工程师签字并加盖项目监理机构用章、建设单位代表签字并加盖建设单位章。

表8-11　B.0.3 工程复工报审表

工程名称：_____　　　　　　编号：_____

致：_____（项目监理机构）

　　编号为_____《工程暂停令》所停工的_____部位（工序），现已满足复工条件，我方申请于____年____月____日复工，请予以审批。

　　附件：证明文件资料

施工项目经理部（盖章）

项目经理（签字）

年　月　日

审核意见：

项目监理机构（盖章）

总监理工程师（签字）

年　月　日

审批意见：

建设单位（盖章）

建设单位代表（签字）

年　月　日

注：本表一式三份，项目监理机构、建设单位、施工单位各一份。

（4）分包单位资格报审表（表8-12）。施工单位按施工合同约定选择分包单位时，需要向项目监理机构报送《分包单位资格报审表》及相关证明材料。专业监理工程师对《分包单位资格报审表》提出审查意见后，由总监理工程师审核签认。

（5）施工控制测量成果报验表（表8-13）。施工单位完成施工控制测量并自检合格后，需要向项目监理机构报送《施工控制测量成果报验表》及施工控制测量依据和成果表。专业监理工程师审查合格后予以签认。

第八章 建设工程监理文件资料管理

表8-12 B.0.4 分包单位资格报审表

工程名称： 　　　　　　　　　　　　　　　　　　　　编号：

致：_____（项目监理机构）
经考察,我方认为拟选择的_____（分包单位）具有承担下列工程的施工或安装资质和能力,可以保证本工程按施工合同第_____条款的约定进行施工或安装。请予以审查。

分包工程名称(部位)	分包工程量	分包工程合同额
合计		

附件：1. 分包单位资质材料
　　　2. 分包单位业绩材料
　　　3. 分包单位专职管理人员和特种作业人员的资格证书
　　　4. 施工单位对分包单位的管理制度

　　　　　　　　　　　　　　施工项目经理部（盖章）
　　　　　　　　　　　　　　项目经理（签字）
　　　　　　　　　　　　　　　　　　　　　　　　　　年　月　日

审查意见：

　　　　　　　　　　　　　　专业监理工程师（签字）
　　　　　　　　　　　　　　　　　　　　　　　　　　年　月　日

审核意见：

　　　　　　　　　　　　　　项目监理机构（盖章）
　　　　　　　　　　　　　　总监理工程师（签字）
　　　　　　　　　　　　　　　　　　　　　　　　　　年　月　日

注：本表一式三份,项目监理机构、建设单位、施工单位各一份。

表8-13　B.0.5　施工控制测量成果报验表

工程名称：　　　　　　　　　　　　　　　　编号：

致：＿＿＿＿＿＿（项目监理机构） 　　我方已完成＿＿＿＿＿＿的施工控制测量，经自检合格，请予以查验。 　　附件：1. 施工控制测量依据资料 　　　　　2. 施工控制测量成果表 　　　　　　　　　　　　　　　施工项目监理部（盖章） 　　　　　　　　　　　　　　　技术负责人（签字） 　　　　　　　　　　　　　　　　　　　　　　　　年　月　日
审查意见：   　　　　　　　　　　　　　　　项目监理机构（盖章） 　　　　　　　　　　　　　　　专业监理工程师（签字） 　　　　　　　　　　　　　　　　　　　　　　　　年　月　日

注：本表一式三份，项目监理机构、建设单位、施工单位各一份。

（6）工程材料、构配件、设备报审表（表8-14）。施工单位在对工程材料、构配件、设备自检合格后，应向项目监理机构报送《工程材料、构配件、设备报审表》及清单、质量证明材料和自检报告。专业监理工程师审查合格后予以签认。

表8-14　B.0.6　工程材料、构配件、设备报审表

工程名称：　　　　　　　　　　　　　　　　编号：

致：＿＿＿＿＿＿（项目监理机构） 　　于＿＿年＿＿月＿＿日进场的拟用于工程＿＿＿＿＿＿部位的＿＿＿＿＿＿，经我方检验合格，现将相关资料报上，请予以审查。 　　附件：1. 工程材料、构配件或设备清单 　　　　　2. 质量证明文件 　　　　　3. 自检结果 　　　　　　　　　　　　　　　施工项目经理部（盖章） 　　　　　　　　　　　　　　　项目经理（签字） 　　　　　　　　　　　　　　　　　　　　　　　　年　月　日
审查意见：   　　　　　　　　　　　　　　　项目监理机构（盖章） 　　　　　　　　　　　　　　　专业监理工程师（签字） 　　　　　　　　　　　　　　　　　　　　　　　　年　月　日

注：本表一式二份，项目监理机构、施工单位各一份。

(7) 报审、报验表(表8-15)。该表主要用于隐蔽工程、检验批、分项工程的报验,也可用于为施工单位提供服务的试验室的报审。专业监理工程师审查合格后予以签认。

(8) 分部工程报验表(表8-16)。填写说明及填写要求:本表一式三份,项目监理机构、建设单位、施工单位各一份;本表用于项目监理机构对分部工程的验收。分部工程所包含的分项工程全部自检合格后,施工单位报送项目监理机构;分部工程质量控制资料包括《分部(子分部)工程质量验收记录表》及工程质量验收规范要求的质量控制资料、安全及功能检验(检测)报告等;在分部工程完成后,应根据专业监理工程师签认的分项工程质量评定结果进行分部工程的质量等级汇总评定,填写本表报项目监理机构。总监理工程师组织对分部工程进行验收,并提出验收意见;基础分部、主体分部和单位工程报验时应注意企业自评、设计认可、监理核定、建设单位验收、政府授权的质监站监督的程序;本表应有施工单位技术负责人签字并加盖项目经理部章、专业监理工程师签字、总监理工程师签字并加盖项目监理机构用章。

表8-15 B.0.7 报审、报验表

工程名称:　　　　　　　　　　　　　编号:

致:_____(项目监理机构) 　　我方已完成_____工作,经自检合格,请予以审查或验收。 　　附件:□隐蔽工程质量检验资料 　　　　　□检验批质量检验资料 　　　　　□分项工程质量检验资料 　　　　　□施工试验室证明资料 　　　　　□其他 　　　　　　　　　　　　施工项目经理部(盖章) 　　　　　　　　　　　　项目经理或项目技术负责人(签字) 　　　　　　　　　　　　　　　　　　　　　　　年　月　日
审查或验收意见: 　　　　　　　　　　　　项目监理机构(盖章) 　　　　　　　　　　　　专业监理工程师(签字) 　　　　　　　　　　　　　　　　　　　　　　　年　月　日

注:本表一式二份,项目监理机构、施工单位各一份。

表8-16 B.0.8 分部工程报验表

工程名称：   编号：

致：_____（项目监理机构）
    我方已完成_____（分部工程），经自检合格，现将有关资料报上，请予以验收。
    附件：分部工程质量资料

施工项目经理部（盖章）
项目技术负责人（签字）

年 月 日

验收意见：

专业监理工程师（签字）

年 月 日

验收意见：

项目监理机构（盖章）
总监理工程师（签字）

年 月 日

注：本表一式三份，项目监理机构、建设单位、施工单位各一份。

（9）监理通知回复单（表8-17）。施工单位收到《监理通知单》（表8-3）并按要求进行整改、自查合格后，应向项目监理机构报送《监理通知回复单》回复整改情况，并附相关资料。项目监理机构收到施工单位报送的《监理通知回复单》后，一般可由原发出《监理通知单》的专业监理工程师进行核查，认可整改结果后予以签认。重大问题可由总监理工程师进行核查签认。

第八章 建设工程监理文件资料管理

表 8-17　B.0.9 监理通知回复单

工程名称：　　　　　　　　　　　　　　　编号：

致：_____（项目监理机构）
我方接到编号为_____的监理通知单后，已按要求完成相关工作，请予以复查。 　　附件：需要说明的情况   　　　　　　　　　　　　　　　　　施工项目经理部（盖章） 　　　　　　　　　　　　　　　　　项目经理（签字） 　　　　　　　　　　　　　　　　　　　　　　　　　　　年　月　日
复查意见：   　　　　　　　　　　　　　　　　　项目监理机构（盖章） 　　　　　　　　　　　　　　　　　总监理工程师或专业监理工程师（签字） 　　　　　　　　　　　　　　　　　　　　　　　　　　　年　月　日

注：本表一式三份，项目监理机构、建设单位、施工单位各一份。

　　（10）单位工程竣工验收报审表（表 8-18）。单位（子单位）工程完成后，施工单位自检符合竣工验收条件后，应向项目监理机构报送《单位工程竣工验收报审表》及相关附件，申请竣工验收。总监理工程师在收到《单位工程竣工验收报审表》及相关附件后，应组织专业监理工程师进行审查并进行预验收，合格后签署预验收意见。《单位工程竣工验收报审表》需要由总监理工程师签字，并加盖执业印章。

　　（11）工程款支付报审表（表 8-19）。该表适用于施工单位工程预付款、工程进度款、竣工结算款等的支付申请。项目监理机构对施工单位的申请事项进行审核并签署意见，经建设单位批准后方可由总监理工程师签发《工程款支付证书》。

表 8-18　B.0.10 单位工程竣工验收报审表

工程名称：　　　　　　　　　　　　　　　　编号：

建设工程监理

致：_____（项目监理机构）
　　我方已按照施工合同要求完成_____工程，经自检合格，先将有关资料报上，请予以预验收。
　　附件：1. 工程质量验收报告
　　　　　2. 工程功能检验资料

　　　　　　　　　　　　　　　　　施工单位（盖章）
　　　　　　　　　　　　　　　　　项目经理（签字）
　　　　　　　　　　　　　　　　　　　　　年　月　日

预验收意见：
　　经预验收，该工程合格/不合格，可以/不可以组织正式验收。

　　　　　　　　　　　　　　　　　项目监理机构（盖章）
　　　　　　　　　　　　　　　　　总监理工程师（签字、加盖执业印章）
　　　　　　　　　　　　　　　　　　　　　年　月　日

注：本表一式三份，项目监理机构、建设单位、施工单位各一份。

第八章 建设工程监理文件资料管理

表 8-19　B.0.11 工程款支付报审表

工程名称：　　　　　　　　　　　　编号：

致：_____（项目监理机构）
根据施工合同约定，我方已完成_____工作，建设单位应在_____年____月____日前支付该项工程款共（大写）_____（小写：_____），请予以审核。 附件： □已完成工程量报表 □工程竣工结算证明材料 □相应的支持性证明文件 　　　　　　　　　　　　　　　　施工项目经理部（盖章） 　　　　　　　　　　　　　　　　项目经理（签字） 　　　　　　　　　　　　　　　　　　　　　　　　年　月　日
审查意见： 1. 施工单位应得款为： 2. 本期应扣款为： 3. 本期应付款为： 附件：相应支持性材料 　　　　　　　　　　　　　　　　专业监理工程师（签字） 　　　　　　　　　　　　　　　　　　　　　　　　年　月　日
审核意见： 　　　　　　　　　　　　　　　　项目监理机构（盖章） 　　　　　　　　　　　　　　　　总监理工程师（签字、加盖执业印章） 　　　　　　　　　　　　　　　　　　　　　　　　年　月　日
审批意见：   　　　　　　　　　　　　　　　　建设单位（盖章） 　　　　　　　　　　　　　　　　建设单位代表（签字） 　　　　　　　　　　　　　　　　　　　　　　　　年　月　日

注：本表一式三份，项目监理机构、建设单位、施工单位各一份；工程竣工结算报审时本表一式四份，项目监理机构、建设单位各一份，施工单位二份。

（12）施工进度计划报审表（表8-20）。该表适用于施工总进度计划、阶段性施工进度计划的报审。施工进度计划在专业监理工程师审查的基础上，由总监理工程师审核签认。

表8-20　B.0.12 施工进度计划报审表

工程名称：　　　　　　　　　　　　　　编号：

致：_____（项目监理机构） 　　根据施工合同约定，我方已完成_____工程施工进度计划的编制和批准，请予以审查。 　　附件：□施工总进度计划 　　　　　□阶段性进度计划   　　　　　　　　　　　　　　　　　　施工项目经理部（盖章） 　　　　　　　　　　　　　　　　　　项目经理（签字） 　　　　　　　　　　　　　　　　　　　　　　　年　月　日
审查意见：   　　　　　　　　　　　　　　　　　　专业监理工程师（签字） 　　　　　　　　　　　　　　　　　　　　　　　年　月　日
审核意见： 　　　　　　　　　　　　　　　　　　项目监理机构（盖章） 　　　　　　　　　　　　　　　　　　总监理工程师（签字） 　　　　　　　　　　　　　　　　　　　　　　　年　月　日

注：本表一式三份，项目监理机构、建设单位、施工单位各一份。

（13）费用索赔报审表（表8-21）。填写说明及填写要求：本表一式三份，项目监理机构、建设单位、施工单位各一份；该表为施工单位报请项目监理机构审核工程费用索赔事项的用表。

第八章 建设工程监理文件资料管理

表8-21 B.0.13 费用索赔报审表

工程名称：_____ 编号：_____

致：_____（项目监理机构） 　　根据施工合同_____条款，由于_____的原因，我方申请索赔金额（大写）_____，请予以批准。 　　索赔理由：   　　附件：□索赔金额的计算 　　　　　□证明材料 　　　　　　　　　　　　　施工项目经理部（盖章） 　　　　　　　　　　　　　项目经理（签字） 　　　　　　　　　　　　　　　　　　　　　　年　月　日
审核意见： 　　□不同意此项索赔。 　　□同意此项索赔，索赔金额为（大写）_____。 　　同意/不同意索赔的理由：   　　附件：□索赔审查报告 　　　　　　　　　　　　　项目监理机构（盖章） 　　　　　　　　　　　　　总监理工程师（签字、加盖执业印章） 　　　　　　　　　　　　　　　　　　　　　　年　月　日
审批意见：   　　　　　　　　　　　　　建设单位（盖章） 　　　　　　　　　　　　　建设单位代表（签字） 　　　　　　　　　　　　　　　　　　　　　　年　月　日

注：本表一式三份，项目监理机构、建设单位、施工单位各一份。

依据合同规定，非施工单位原因造成的费用增加，导致施工单位要求费用补偿时方可申请；施工单位在费用索赔事件结束后的规定时间内，填报费用索赔报审表，向项目监理机构提出费用索赔。表中应详细说明索赔事件的经过、索赔理由、索赔金额的计算，并附上证明材料，证明材料应包括索赔意向书、索赔事项的相关证明材料；收到施工单位报送的费用索赔报审表后，总监理工程师应组织专业监理工程师按标准规范及合同文件有关章节要求进行审核与评估，并与建设单位、施工单位协商一致后进行签认，报建设单位审批,不同意部分应说明理由;本表应有施工单位项目经理签字并加盖项目经理部用章、总监理工程师签字并加盖总监理工程师执业印章和项目监理机构用章、建设单位代表签字并加盖建设单位用章。

（14）工程临时/最终延期报审表（表8-22）。施工单位申请工程延期时,需要向项目监理机构报送《工程临时/最终延期报审表》。项目监理机构对施工单位的申请事项进行审核并签署意见,经建设单位批准后方可延长合同工期。《工程临时/最终延期报审表》需要由总监理工程师签字,并加盖执业印章。

表8-22 B.0.14 工程临时/最终延期报审表

工程名称： 编号：

致：＿＿＿＿＿＿＿（项目监理机构） 　　根据施工合同＿＿＿＿＿＿（条款）,由于＿＿＿＿＿＿原因,我方申请工程临时/最终延期＿＿＿＿ ＿＿＿＿＿（日历天）,请予批准。 　　附件： 　　1. 工程延期依据及工期计算 　　2. 证明材料 　　　　　　　　　　　　　　　　　　施工项目经理部（盖章） 　　　　　　　　　　　　　　　　　　项目经理（签字） 　　　　　　　　　　　　　　　　　　　　　　　　　　　　年　月　日
审核意见： 　　□同意临时/最终延期＿＿＿＿＿（日历天）。工程竣工日期从施工合同约定的＿＿＿＿年＿＿月＿＿日延迟到＿＿＿＿年＿＿月＿＿日。 　　□不同意延期,请按约定竣工日期组织施工。 　　　　　　　　　　　　　　　　　　项目监理机构（盖章） 　　　　　　　　　　　　　　　　　　总监理工程师（签字、加盖执业印章） 　　　　　　　　　　　　　　　　　　　　　　　　　　　　年　月　日
审批意见：   　　　　　　　　　　　　　　　　　　建设单位（盖章） 　　　　　　　　　　　　　　　　　　建设单位代表（签字） 　　　　　　　　　　　　　　　　　　　　　　　　　　　　年　月　日

注：本表一式三份,项目监理机构、建设单位、施工单位各一份。

3. 通用表（C类表）

（1）工作联系单（表8-23）。该表用于项目监理机构与工程建设有关方（包括建设、施工、监理、勘察、设计等单位和上级主管部门）之间的日常工作联系。有权签发《工作联系单》的负责人有建设单位现场代表、施工单位项目经理、工程监理单位项目总监理工程师、设计单位本工程设计负责人及工程项目其他参建单位的相关负责人等。

表8-23　C.0.1 工作联系单

工程名称：	编号：

致：_____
发文单位（盖章） 负责人（签字） 　　　　　　　　　　　　　　　年　月　日

（2）工程变更单（表8-24）。施工单位、建设单位、工程监理单位提出工程变更时，应填写《工程变更单》，由建设单位、设计单位、监理单位和施工单位共同签认。

表8-24　C.0.2 工程变更单

工程名称：	编号：

致：_____ 　　由于_____原因，兹提出_____工程变更，请予以审批。 　　附件： 　　□变更内容 　　□变更设计图 　　□相关会议纪要 　　□其他 　　　　　　　　　　　　　　变更提出单位： 　　　　　　　　　　　　　　负责人： 　　　　　　　　　　　　　　　　　　　　　年　月　日		
工程数量增/减		
费用增/减		
工期变化		
施工项目经理部（盖章） 项目经理（签字）		设计单位（盖章） 设计负责人（签字）
项目监理机构（盖章） 总监理工程师（签字）		建设单位（盖章） 负责人（签字）

注：本表一式四份，建设单位、项目监理机构、设计单位、施工单位各一份。

(3)索赔意向通知书(表8-25)。施工过程中发生索赔事件后,受影响的单位依据法律法规和合同约定,向对方单位声明或告知索赔意向时,需要在合同约定的时间内报送《索赔意向通知书》。

表8-25　C.0.3 索赔意向通知书

工程名称：　　　　　　　　　　　　　编号：

致：＿＿＿＿＿＿＿＿＿

根据施工合同＿＿＿＿＿＿＿＿(条款)的约定,由于发生了＿＿＿＿＿＿＿＿事件,且该事件的发生非我方原因所致。为此,我方向＿＿＿＿＿＿＿＿(单位)提出索赔要求。

附近：索赔事件资料

提出单位(盖章)

负责人(签字)

年　月　日

(二)基本表式应用说明

1. 基本要求

(1)应依照合同文件、法律法规及标准等规定的程序和时限签发、报送、回复各类表。

(2)应按有关规定,采用碳素墨水、蓝黑墨水书写或黑色碳素印墨打印各类表,不得使用易褪色的书写材料。

(3)应使用规范语言,法定计量单位,公历年、月、日填写各类表。各类表中相关人员的签字栏均须由本人签署。由施工单位提供附件的,应在附件上加盖骑缝章。

(4)各类表在实际使用中,应分类建立统一编码体系。各类表式应连续编号,不得重号、跳号。

(5)各类表中施工项目经理部用章样章应在项目监理机构和建设单位备案,项目监理机构用章样章应在建设单位和施工单位备案。

2. 需要总监理工程师签字并加盖执业印章的表式

(1)A.0.2　工程开工令；

(2)A.0.5　工程暂停令；

(3)A.0.7　工程复工令；

(4)A.0.8　工程款支付证书；

(5)B.0.1　施工组织设计/(专项)施工方案报审表；

(6)B.0.2　工程开工报审表；

(7)B.0.10　单位工程竣工验收报审表；

(8)B.0.11　工程款支付报审表；

(9)B.0.13　费用索赔报审表；

(10)B.0.14　工程临时/最终延期报审表。

3. 需要建设单位审批同意的表式

（1）B.0.1 施工组织设计/（专项）施工方案报审表（仅对超过一定规模的危险性较大的分部分项工程专项施工方案）；

（2）B.0.2 工程开工报审表；

（3）B.0.3 工程复工报审表；

（4）B.0.11 工程款支付报审表；

（5）B.0.13 费用索赔报审表；

（6）B.0.14 工程临时/最终延期报审表。

4. 需要工程监理单位法定代表人签字并加盖工程监理单位公章的表式

只有"A.0.1 总监理工程师任命书"需要由工程监理单位法定代表人签字，并加盖工程监理单位公章。

5. 需要由施工项目经理签字并加盖施工单位公章的表式

"B.0.2 工程开工报审表""B.0.10 单位工程竣工验收报审表"必须由项目经理签字并加盖施工单位公章。

6. 其他说明

对于涉及工程质量方面的基本表式，由于各行业、各部门的专业要求不同，各类工程的质量验收应按相关专业验收规范及相关表式要求办理。如没有相应表式，工程开工前，项目监理机构应根据工程特点、质量要求、竣工及归档组卷要求，与建设单位、施工单位进行协商，定制工程质量验收相应表式。项目监理机构应事前使施工单位、建设单位明确定制各类表式的使用要求。

二、工程监理主要文件资料编制要求

《建设工程监理规范》（GB/T 50319—2013）明确规定了监理规划、监理实施细则、监理日志、监理月报、监理工作总结及工程质量评估报告等监理文件资料的编制内容和要求，其中，监理规划与监理实施细则已在其他章节进行阐述，此处不再介绍。

（一）监理例会会议纪要

1. 第一次工地会议内容及会议纪要编写要点

第一次工地会议是建设单位、工程监理单位和施工单位对各自人员及分工、开工准备、监理例会的要求等情况进行沟通和协调的会议。总监理工程师应介绍监理工作的目标、范围和内容、项目监理机构及人员职责分工、监理工作程序、方法和措施等。第一次工地会议在建设工程开工前召开，由建设单位主持召开，并由项目监理机构负责整理会议纪要，与会各方代表会签纪要。必要时，可邀请设计等相关单位参加第一次工地会议。

第一次工地会议应包括以下主要内容：

（1）建设单位、施工单位和工程监理单位分别介绍各自驻现场的组织机构、人员及其分工。

（2）建设单位介绍工程开工准备情况。建设单位根据监理合同宣布对总监理工程师的授权。一般情况下，建设单位应在工程开工前将本工程委托的工程监理单位名称、委托监理工作的范围、内容和权限以及对总监理工程师的任命等书面告知施工单位。

(3)施工单位介绍施工准备情况。
(4)建设单位代表和总监理工程师对施工准备情况提出意见和要求。
(5)总监理工程师介绍监理规划的主要内容。
(6)研究确定各方在施工过程中参加监理例会的主要人员,召开监理例会的周期、地点及主要议题。
(7)其他有关事项。第一次工地会议纪要由项目监理机构负责整理。会议纪要应明确记录与会单位、会议时间、会议地点、与会人员(应有签到表)、会议程序、会议议题及内容等。第一次会议纪要应对项目正式开工需要解决、处理的问题予以归纳,明确记录这些问题的原因、责任、解决和处理这些问题的措施、条件、完成期限,以便下次监理例会中予以检查落实。第一次工地会议结束后,应尽快整理会议纪要并经与会单位代表会签后发送相关单位签收。

2. 监理例会的主要内容及其会议纪要的编写要点

项目监理机构应定期召开监理例会,并组织有关单位研究解决与监理相关的问题。监理例会是项目监理机构进行协调工作的重要手段,主要对工程实施过程中发生的质量、进度、造价、安全生产管理、合同履约情况等进行动态检查、分析协调和控制,明确相关问题的责任及处理措施。

监理例会由总监理工程师或其授权的专业监理工程师主持,会议频次一般每周一次,一般由建设单位和施工单位参加。必要时,项目监理机构可邀请设计单位、设备供应厂商甚至行政主管部门等相关单位参加。

专题会议是由总监理工程师或其授权的专业监理工程师主持或参加的,为解决监理过程中的工程专项问题而不定期召开的会议。专题会议纪要的内容包括会议主要议题、会议内容、与会单位、参加人员及召开时间等。

监理例会以及由项目监理机构主持召开的专题会议的会议纪要,应由项目监理机构负责整理,与会各方代表应会签。

监理例会应包括以下主要内容:
(1)检查上次例会议定事项的落实情况,分析未完事项原因。
(2)检查分析工程项目进度计划完成情况,提出下一阶段进度目标及其落实措施。
(3)检查分析工程项目质量、施工安全管理状况,针对存在的问题提出改进措施。
(4)检查工程量核定及工程款支付情况。
(5)解决需要协调的有关事项,包括未作出决定的工程变更、延期、索赔及保险等问题。
(6)其他有关事宜。

监理例会由项目监理机构指定专人记录、整理、打印。主要的内容包括:会议时间、会议地点、会议主持人、出席者单位、人员的姓名、职务、会议议题、议定事项(包括负责落实单位、负责人和时限要求)、其他事项等。

监理例会会议纪要的内容应真实、简明扼要;会议纪要须经与会各方代表(负责人)会签;会议纪要发放到与会各方,并应有签收手续;会议纪要中的议定事项,有关方应在规定的时间内落实。

(二)监理日志

1. 监理日志的主要内容

监理日志是项目监理机构每日对建设工程监理工作及施工进展情况所做的记录。监理日志是项目监理机构在实施建设工程监理过程中每日形成的文件,由总监理工程师根据工程实际情况指定专业监理工程师负责记录。监理日志与监理日记不同,监理日记是项目监理机构每个监理工作人员的工作日记。

监理日志应包括下列主要内容:

(1)天气和施工环境情况:

1)天气情况:晴、阴、多云、阵雨、小雨、中雨、大雨、暴雨、降雪、气温、风力等;

2)不可抗力发生的过程、影响的程度。

(2)当日施工进展情况:当日施工的部位、内容、施工班组(工种、人数)、施工机械(种类、数量)使用情况、安全生产管理情况、材料/构配件/设备见证取样送检、实验质量情况,施工质量情况等。

(3)监理工作情况:包括旁站、巡视、见证取样、平行检验等情况;当日发出的监理指令、监理报表、会议纪要及其他监理文件;现场安全生产管理监理工作情况。

(4)当日存在的问题及解决的情况:应注明发现问题的详细部位、形象状况、处理办法与复验结果。

(5)其他有关事项:

1)当日收到的设计变更、建设单位或施工单位的联系函及处理情况;

2)政府颁发的有关法规、文件收到的时间、执行的时间;

3)当日工地停水、停电的原因,由此导致停工而造成的经济损失情况;

4)合同外工程及零星用工;

5)项目监理部完成的附加(额外)工作等。

2. 监理日志的管理要点

监理日志应真实而完整记载工程施工情况、项目监理部的工作情况,是项目监理资料的重要组成部分。

(1)监理日志应置于监理办公室中固定而显眼的位置,便于项目监理部相关专业监理工程师记录,每个成员查阅。

(2)监理日志应采取纪实的方法,逐日如实地记录工程施工监理的全过程。其内容应真实可靠,全面准确,客观地反映监理工作情况。不得后补,严禁伪造。

(3)监理日志应反映在工程建设过程中监理人员的全部工作情况,对参与人、时间、地点、原因、经过、结果等都应如实记录。

(4)监理日志应字迹工整、语句通顺、语言简练,逻辑强;涉及责任问题时应具有可追溯性;对于发现的问题,应有发现、整改通知、整改、验收全过程,自行闭合。

(5)监理日志系监理单位内部的管理资料,未经项目总监理工程师的批准,不得在项目监理部以外的人员中间传阅、复印。

(6)总监理工程师应定期审阅监理日志,全面了解监理工作情况。

(三)监理月报

监理月报是项目监理机构每月向建设单位提交的建设工程监理工作及建设工程实施情况等分析总结报告,是记录、分析总结项目监理机构监理工作及工程实施情况的文档资料,既能反映建设工程监理工作及建设工程实施情况,也能确保建设工程监理工作可追溯。

监理月报应真实地反映工程施工的进度、质量和现状,监理工作情况,做到数据准确、重点突出、语言简练,必要时附上影像数据。

监理月报的主要内容如下:

1. 本月工程实施概况

(1)工程进展情况,实际进度与计划进度的比较,施工单位人、机、料进场及使用情况,本期在施部位的工程照片。

(2)工程质量情况,分项分部工程验收情况,工程材料、设备、构配件进场检验情况,主要施工试验情况,本月工程质量分析。

(3)施工单位安全生产管理工作评述。

(4)已完工程量与已付工程款的统计及说明。

2. 本月监理工作情况

(1)工程进度控制方面的工作情况。

(2)工程质量控制方面的工作情况。

(3)安全生产管理方面的工作情况。

(4)工程计量与工程款支付方面的工作情况。

(5)合同其他事项的管理工作情况。

(6)监理工作统计及工作照片。

3. 本月工程实施的主要问题分析及处理情况

(1)工程进度控制方面的主要问题分析及处理情况。

(2)工程质量控制方面的主要问题分析及处理情况。

(3)施工单位安全生产管理方面的主要问题分析及处理情况。

(4)工程计量与工程款支付方面的主要问题分析及处理情况。

(5)合同其他事项管理方面的主要问题分析及处理情况。

4. 下月监理工作重点

(1)在工程管理方面的监理工作重点。

(2)在项目监理机构内部管理方面的工作重点。

监理月报应由总监理工程师组织专业监理工程师编制,并在约定时间内报送建设单位和监理单位。监理月报的编制时间宜为上月 26 日至本月 25 日,并应在下月 5 日前发出。

(四)工程质量评估报告

(1)工程竣工预验收合格后,总监理工程师应组织专业监理工程师编写工程质量评估报告,并应经总监理工程师和工程监理单位技术负责人审核签字后报建设单位。

(2)工程质量评估报告应包括以下主要内容:

1）工程概况；
2）工程各参建单位；
3）工程质量验收情况；
4）工程质量事故及其处理情况；
5）竣工资料审查情况；
6）工程质量评估结论。

质量评估报告不可空洞无物，要内容真实，用语规范，数据翔实，评估有据，结论明确，真正体现监理单位在质量控制方面的能力和水平。

（五）监理工作总结

项目竣工后，项目监理机构应对监理工作进行总结，监理工作总结经总监理工程师签字后报工程监理单位，监理单位加盖单位公章后报送建设单位。监理工作总结是监理单位对合同履约情况的总结，也是监理工作成效的工作汇报，是监理单位价值的体现。

监理工作总结应包括下列主要内容：

(1) 工程概况。主要有工程的名称，工程建设地点，工程建设规模，工程概预算或建筑安装工程费。

(2) 工程参建单位。各主要参建单位名称。

(3) 工程控制目标。主要是质量、进度及造价控制目标。

(4) 项目监理机构。主要是项目监理机构的人员组成及专业分工情况。

(5) 建设工程监理合同履行情况。主要是项目质量、进度、造价的控制情况；安全生产管理的监理工作情况；合同及信息管理情况；工作协调情况。

(6) 监理工作成效。主要是项目监理机构通过监理工作，运用各种控制方法和协调手段，最终该项目取得的成绩，达到了什么效果。

(7) 监理工作中发现的问题及其处理情况。主要是在监理过程中发现了哪些问题，如何处理的，效果如何，结果怎样，有哪些经验和教训等。

(8) 说明和建议。

监理工作总结是项目监理机构完成的一项工作，可由总监理工程师组织有关专业监理工程师共同编写，并由总监理工程师认真审核，或由总监理工程师汇总各专业监理工程师意见和建议后亲自执笔编写。监理工作总结的内容应符合监理规范的要求，内容真实全面，文字言简意赅，数据分析到位，有经验，有成效，有总结。

第三节 建设工程监理文件资料管理职责和要求

一、建设工程监理文件资料的管理职责

建设工程监理文件资料应以施工及验收规范、工程合同、设计文件、工程施工质量验收标准、建设工程监理规范等为依据填写，并随工程进度及时收集、整理，认真书写，项目齐全、准确、真实，无未了事项。表格应采用统一格式，特殊要求需增加的表格应统一归类，按要求归档。

根据《建设工程监理规范》(GB/T 50319—2013),项目监理机构文件资料管理的基本职责如下:

(1)应建立和完善监理文件资料管理制度,宜设专人管理监理文件资料。

(2)应及时、准确、完整地收集、整理、编制、传递监理文件资料,宜采用信息技术进行监理文件资料管理。

(3)应及时整理、分类汇总监理文件资料,并按规定组卷,形成监理档案。

(4)应根据工程特点和有关规定,保存监理档案,并应向有关单位、部门移交需要存档的监理文件资料。

二、建设工程监理文件资料的管理要求

建设工程监理文件资料的管理要求体现在建设工程监理文件资料管理全过程,包括监理文件资料收发文与登记、传阅、分类存放、组卷归档、验收与移交等。

(一)建设工程监理文件资料收文与登记

项目监理机构所有收文应在收文登记表上按监理信息分类分别进行登记,应记录文件名称、文件摘要信息、文件发放单位(部门)、文件编号以及收文日期,必要时应注明接收文件的具体时间,最后由项目监理机构负责收文人员签字。

在监理文件资料有追溯性要求的情况下,应注意核查所填内容是否可追溯。

当不同类型的监理文件资料之间存在相互对照或追溯关系(如监理通知与监理通知回复单)时,在分类存放的情况下,应在文件和记录上注明相关文件资料的编号和存放处。

项目监理机构文件资料管理人员应检查监理文件资料的各项内容填写和记录是否真实完整,签字认可人员应为符合相关规定的责任人员,并且不得以盖章和打印代替手写签认。建设工程监理文件资料以及存储介质的质量应符合要求,所有文件资料必须符合文件资料归档要求,如用碳素墨水填写或打印生成,以满足长期保存的要求。

对于工程照片及声像资料等,应注明拍摄日期及所反映的工程部位等摘要信息。收文登记后应交给项目总监理工程师或由其授权的监理工程师进行处理,重要文件内容应记录在监理日志中。

涉及建设单位的指令、设计单位的技术核定单及其他重要文件等,应将其复印件公布在项目监理机构专栏中。

(二)建设工程监理文件资料传阅与登记

有些建设工程监理文件档案资料需要在有关人员间进行传阅,总监理工程师或其授权的监理工程师应确定传阅人员的范围和名单,并制定文件传阅纸以便于各传阅人传阅。文件传阅纸上应注明文件的名称、收/发文的日期、责任人、传阅期限和传阅人的签名。每位传阅人在阅后应在文件传阅纸上签名并注明日期。文件和记录的传阅期限不应超过该文件的处理期限。建设工程监理文件在有关人员传阅完毕后,原件应按时交还给项目监理机构的资料管理人员进行归档留存。

(三)建设工程监理文件资料发文与登记

监理人员在开展监理工作时,会根据工程实际情况发放许多资料,所有发文必须由项

目总监理工程师或其授权的监理工程师签名,加盖项目监理部图章并进行专项登记,如有紧急处理的文件,还可在文件首页标注"急件"字样。

所发文件应按有关的监理资料分类和编码要求进行分类编码,项目监理部要制作发文登记表,所有发文均应在发文登记表上登记。登记的内容包括文件资料的分类编码、发文文件的名称、文件的摘要信息、接收文件的单位(部门)名称、发文日期等,重要的文件尤其是强调时效性的文件应注明发文的具体时间。文件发出后,应要求收件人及时签名。

所有发文均应留有底稿,必要时还应附有一份文件传阅纸,资料管理人员应根据文件签发情况确定文件的责任人和相关传阅人员。文件传阅过程中,每位传阅人都要进行阅后签名和阅读日期。发文的传阅期限不能超过其处理期限。重要的发文内容应在相应的监理日记中加以记录。

项目监理部的资料管理人员应及时将所发文件的原件放入相应的资料柜或资料夹中,并在文件资料清单中进行记录。

(四)建设工程监理文件资料分类存放

建设工程监理文件资料必须使用科学的分类方法进行存放,以便于在项目实施过程中进行查阅和求证,同时也方便在项目竣工后文件和档案的归档和移交。各项目监理部应配备存放建设工程监理文件资料的专用资料柜和用于监理文件资料分类归档存放的专用资料夹或资料盒。随着计算机信息技术的日益完善,在大中型的项目中要采用计算机对监理文件资料进行辅助管理。

资料管理人员可以根据项目的建设规模、项目的性质等灵活安排各个资料盒和资料柜的内容,不要死板硬套。例如,合同类文件和勘察设计类文件数量较少,就可以合并在一个文件夹中;工程质量控制申报审批文件中建筑材料、构配件、设备报审文件的数量较多,可单独存放在一个文件夹内,在某些大型项目中,甚至可以按材料、设备、构配件分类存放在多个文件夹内。某些文件内容较多(如监理大纲、监理规划或施工组织设计)不宜存放在文件夹中时,可在文件夹内部附上说明文件编号和存放地点,然后将该文件保存在指定位置。根据我国目前对建设工程安全生产管理工作的要求,安全生产管理的监理资料宜单独存放,以便于日常控制和管理。

监理资料管理部门应注意建立适宜的文件档案资料存放地点,防止文件档案资料受潮霉变或虫害侵蚀等。

资料夹(盒)装满或工程项目某一分部或单位工程结束时,资料应及时转存至档案袋,档案袋的封面应以相同的编号进行标识。

如果有些资料缺项,那么应该类号和分类号都不变,但资料可以空缺。

项目建设过程中文件档案资料的分类原则应根据工程特点确定,监理单位的技术管理部门可以根据各个单位的文件档案资料管理规定,制定明确的框架性原则,以便统一管理并体现出本单位的特色。以上所举的例子是在施工阶段监理文件的分类方法,这些资料只是监理工作之中需要和产生文件和档案的一部分,与工程竣工后移交给建设单位及地方城建档案管理部门的资料相比还有所欠缺。

(五)建设工程监理文件资料组卷归档

工程监理文件资料归档内容、组卷方式及工程监理档案验收、移交和管理工作,应根据《建设工程监理规范》(GB/T 50319—2013)、《建设工程文件归档规范》(GB/T 50328—2014)以及工程所在地有关部门规定执行。

1. **建设工程监理文件资料编制要求**

(1)归档的文件资料一般应为原件。

(2)文件资料内容及其深度须符合国家有关工程勘察、设计、施工、监理等方面的技术规范、标准的要求。

(3)文件资料内容必须真实、准确,与工程实际相符。

(4)文件资料应采用耐久性强的书写材料,如碳素墨水、蓝黑墨水,不得使用易褪色的书写材料,如红色墨水、纯蓝墨水、圆珠笔、复写纸、铅笔等。

(5)文件资料应字迹清楚,图样清晰,图表整洁,签字盖章手续完备。

(6)文件资料中文字材料幅面尺寸规格宜为 A4 幅面(297 mm×210 mm)。纸张应采用能够长时间保存的韧力大、耐久性强的纸张。

(7)文件资料的缩微制品,必须按国家缩微标准进行制作,主要技术指标(解像力、密度、海波残留量等)要符合国家标准,保证质量,以适应长期安全保管。

(8)文件资料中的照片及声像档案,要求图像清晰,声音清楚,文字说明或内容准确。

(9)文件资料应采用打印形式并使用档案规定用笔,手工签字,在不能使用原件时,应在复印件或抄件上加盖公章并注明原件保存处。

应用计算机辅助管理建设工程监理文件资料时,相关文件和记录经相关负责人员签字确定、正式生效并已存入项目监理机构相关资料夹时,信息管理人员应将储存在计算机中的相应文件和记录的属性改为"只读",并将保存的目录名记录在书面文件上,以便于进行查阅。在建设工程监理文件资料归档前,不得删除计算机中保存的有效文件和记录。

2. **建设工程监理文件资料组卷方法及要求**

(1)组卷原则及方法:

1)组卷应遵循监理文件资料的自然形成规律,保持卷内文件的有机联系,便于档案的保管和利用;

2)一个建设工程由多个单位工程组成时,应按单位工程组卷;

3)监理文件资料可按单位工程、分部工程、专业、阶段等组卷。

(2)组卷要求:

1)案卷不宜过厚,文字材料卷厚度不宜超过 20 mm,图纸卷厚度不宜超过 50 mm;电子文件立卷时,应与纸质文件在案卷设置上一致,并应建立相应的标识关系。

2)案卷内不应有重份文件,印刷成册的工程文件应保持原状。

(3)卷内文件排列。

卷内文件按表的类别和顺序排列。电子文件的组织和排序可按纸质文件进行。

1)文字材料按事项、专业顺序排列。同一事项的请示与批复、同一文件的印本与定稿、主件与附件不能分开,并按批复在前、请示在后,印本在前、定稿在后,主件在前、附件在后的顺序排列。

2)图纸按专业排列,同专业图纸按图号顺序排列。

3)既有文字材料又有图纸的案卷,文字材料排前,图纸排后。

3. 建设工程监理文件资料归档范围和保管期限

建设工程监理文件资料归档范围应符合《建设工程文件归档规范》(GB/T 50328—2014)附录A和附录B的要求。对规范附录A"建筑工程文件归档范围表"和附录B"市政工程文件归档范围表"中所列城建档案管理机构接收范围,各城市可根据本地情况适当拓宽和缩减。隧道、涵洞等工程文件的归档范围可参照规范附录B执行。

在确定归档范围时,如果纸质档案的归档范围有所缩减,那么,电子档案的归档范围应保证不小于《建设工程文件归档规范》(GB/T 50328—2014)附录A和附录B的范围。

(1) 归档范围。《建设工程文件归档规范》(GB/T 50328—2014)规定的监理文件资料归档范围,分为必须归档保存和选择性归档保存两类。其中,建筑工程文件中监理文件资料归档见表8-26。

表8-26 建筑工程监理文件归档范围

类别		序号	类别	保存单位及归档要求		
				建设单位	监理单位	城建档案馆
工程准备阶段文件	招投标文件	1	工程监理招投标文件	必须	必须	
		2	监理合同	必须	必须	必须
	开工审批文件	1	建设工程施工许可证	必须	必须	必须
	工程建设基本信息	1	监理单位工程项目总监及监理人员名册	必须	必须	
监理文件	监理管理文件	1	监理规划	必须	必须	必须
		2	监理实施细则	必须	必须	必须
		3	监理月报	选择性	必须	
		4	监理会议纪要	必须	必须	
		5	监理工作日志		必须	
		6	监理工作总结	必须	必须	必须
		7	工程复工报审表	必须	必须	必须
	进度控制文件	1	工程开工报审表	必须	必须	必须
	质量控制文件	1	质量事故报告及处理资料	必须	必须	必须
		2	旁站监理记录	选择性	必须	
		3	见证取样和送检人员备案表	必须	必须	
		4	见证记录	必须	必须	
	工期管理文件	1	工程延期申请表	必须	必须	必须
		2	工程延期申请表	必须	必须	必须
	监理验收文件	1	竣工移交证书	必须	必须	必须
		2	监理资料移交书	必须	必须	

续表 8-26

建设工程监理

类别		序号	类别	保存单位及归档要求		
				建设单位	监理单位	城建档案馆
施工文件	施工管理文件	1	工程概况表	必须	必须	选择性
		2	分包单位资质报审表	必须	必须	
		3	建设单位质量事故勘查记录	必须	必须	必须
		4	建设工程质量事故报告书	必须	必须	必须
		5	见证试验检测汇总表	必须	必须	必须
	施工技术文件	1	图纸会审记录	必须	必须	必须
		2	设计变更通知单	必须	必须	必须
		3	工程洽商记录(技术核定单)	必须	必须	必须
	进度造价文件	1	工程开工报审表	必须	必须	必须
		2	工程复工报审表	必须	必须	必须
		3	工程延期申请表	必须	必须	必须
	施工物资文件	1	砂、石、砖、水泥、钢筋、隔热保温、防腐材料、轻骨料出厂证明文件	必须	必须	选择性
		2	涉及消防、安全、卫生、环保、节能的材料、设备的检测报告或法定机构出具的有效证明文件	必须	必须	选择性
		3	钢材试验报告	必须	必须	必须
		4	水泥试验报告	必须	必须	必须
		5	砂试验报告	必须	必须	必须
		6	碎(卵)石试验报告	必须	必须	必须
		7	外加剂试验报告	选择性	必须	必须
		8	砖(砌块)试验报告	必须	必须	必须
		9	预应力筋复试报告	必须	必须	必须
		10	预应力锚具、夹具和连接器复试报告	必须	必须	必须
		11	钢结构用钢材复试报告	必须	必须	必须
		12	钢结构用防火涂料复试报告	必须	必须	必须
		13	钢结构用焊接材料复试报告	必须	必须	必须
		14	钢结构用高强度大六角头螺栓连接副复试报告	必须	必须	必须

续表 8-26

类别		序号	类别	保存单位及归档要求		
				建设单位	监理单位	城建档案馆
施工文件	施工物资文件	15	钢结构用扭剪型高强螺栓连接副复试报告	必须	必须	必须
		16	幕墙用铝塑板、石材、玻璃、结构胶复试报告	必须	必须	必须
		17	散热器、供暖系统保温材料、通风与空调工程绝热材料、风机盘管机组、低压配电系统电缆的见证取样复试报告	必须	必须	必须
		18	节能工程材料复试报告	必须	必须	必须
	施工记录文件	1	隐蔽工程验收记录	必须	必须	必须
		2	工程定位测量记录	必须	必须	必须
		3	基槽验线记录	必须	必须	必须
		4	地基验槽记录	必须	必须	必须
	施工质量验收文件	1	分项工程质量验收记录	必须	必须	
		2	分部(子分部)工程质量验收记录	必须	必须	必须
		3	建筑节能分部工程质量验收记录	必须	必须	必须
工程竣工验收文件	竣工验收与备案文件	1	监理单位工程质量评估报告	必须	必须	必须
		2	工程竣工验收报告	必须	必须	必须
		3	工程竣工验收会议纪要	必须	必须	必须
		4	专家组竣工验收意见	必须	必须	必须
		5	工程竣工验收证书	必须	必须	必须
		6	规划、消防、环保、民防、防雷等部门出具的认可文件或准许使用文件	必须	必须	必须
		7	建设工程竣工验收备案表	必须	必须	必须
	竣工决算文件	1	监理决算文件	必须	必须	选择性

(2)保管期限。工程档案保管期限分为永久保管、长期保管和短期保管。永久保管是指工程档案无限期地、尽可能长远地保存下去;长期保管是指工程档案保存到该工程被

彻底拆除;短期保管是指工程档案保存10年以下。

保管期限的长短应根据卷内文件的保存价值确定。当同一案卷内有不同保管期限的文件时,该案卷保管期限应从长。

(六)建设工程监理文件资料验收与移交

1. 验收

建设工程档案验收时,应查验下列主要内容:

(1)工程档案齐全、系统、完整,全面反映工程建设活动和工程实际状况;
(2)工程档案已整理立卷,立卷符合本规范的规定;
(3)竣工图的绘制方法、图式及规格等符合专业技术要求,图面整洁,盖有竣工图章;
(4)文件的形成、来源符合实际,要求单位或个人签章的文件,其签章手续完备;
(5)文件的材质、幅面、书写、绘图、用墨、托裱等符合要求;
(6)电子档案格式、载体等符合要求;
(7)声像档案内容、质量、格式符合要求。

2. 移交

(1)列入城建档案管理机构接收范围的工程,建设单位在工程竣工验收备案前,必须向城建档案管理机构移交一套符合规定的工程档案。
(2)停建、缓建建设工程的档案,可暂由建设单位保管。
(3)对改建、扩建和维修工程,建设单位应组织设计、施工单位对改变部位据实编制新的工程档案,并应在工程竣工验收备案前向城建档案管理机构移交。
(4)当建设单位向城建档案管理机构移交工程档案时,应提交移交案卷目录,办理移交手续,双方签字、盖章后方可交接。
(5)工程监理单位应根据城建档案管理机构要求,对归档文件完整、准确、移交情况和案卷质量进行审查,审查合格后方可向建设单位移交。
(6)工程监理单位应在工程竣工验收前将监理文件资料按合同约定的时间、套数移交给建设单位,办理移交手续。
(7)工程监理单位向建设单位移交档案时,应编制移交清单,双方签字,盖章后方可交接。
(8)项目监理机构需向本单位归档的文件,应按国家有关规定和《建设工程文件归档规范》(GB/T 50328—2014)要求立卷归档。

思考题

1. 工程监理基本表式有哪几类?应用时应注意什么?
2. 主要的监理文件资料有哪些?编制时应注意什么?
3. 项目监理机构对监理文件资料的管理职责有哪些?
4. 建设工程档案验收时,应查验哪些主要内容?
5. 需要归档的监理文件资料验收有哪些要求?

第九章　建设工程项目管理及服务

工程监理企业是以从事工程项目管理服务为专长的企业,要求其从业人员具有相应的工程技术和管理知识,需要掌握项目管理知识体系和工程项目管理服务内容,也要熟悉工程监理与项目管理一体化、工程项目全过程集成化管理模式。

第一节　工程建设程序

工程建设程序是指建设工程从策划、决策、设计、施工,到竣工验收、投入生产或交付使用的整个建设过程中,各项工作必须遵循的先后顺序。按照工程建设内在规律,每一项建设工程都要经过投资决策和建设实施两个发展阶段。投资决策阶段主要包括编报项目建议书和可行性研究报告两个阶段,建设实施阶段主要包括勘察设计、建设准备、施工安装、生产准备、竣工验收等阶段。各阶段之间存在着严格的先后次序,可以进行合理交叉,但不能任意颠倒次序。

一、投资决策阶段

(一)编报项目建议书

项目建议书是拟建项目单位向政府投资主管部门提出的要求建设某一工程项目的建议文件,是对工程项目建设的轮廓设想。项目建议书的主要作用是推荐一个拟建项目,论述其建设的必要性、建设条件的可行性,供政府投资主管部门选择并确定是否进行下一步工作。

项目建议书一般应包括以下几方面内容:
(1)项目提出的必要性和依据;
(2)产品方案、拟建规模和建设地点的初步设想;
(3)资源情况、建设条件、协作关系和设备技术引进国别、厂商的初步分析;
(4)投资估算、资金筹措及还贷方案设想;
(5)项目进度安排;
(6)经济效益和社会效益的初步估计;
(7)环境影响的初步评价。

对于政府投资工程项目,项目建议书按要求编制完成后,应根据建设规模和限额划分报送有关部门审批。项目建议书经批准后,可以进行可行性研究工作,但并不代表项目一定上马,批准的项目建议书不是工程项目的最终决策。

(二)编报可行性研究报告

可行性研究是指在工程项目决策之前,通过调查、研究、分析建设工程在技术和经济等方面的可行性和合理性,对可能的多种方案进行比较论证,同时对工程建成后的综合效益进行预测和评价的一种投资决策分析活动。

可行性研究应完成以下工作内容:
(1)进行市场研究,以解决工程建设的必要性问题;
(2)进行工艺技术方案研究,以解决工程建设的技术可行性问题;
(3)进行财务和经济分析,以解决工程建设的经济合理性问题。

可行性研究工作完成后,需要编写出反映其全部工作成果的可行性研究报告。凡是可行性研究未通过的项目,不得进行下一步工作。

(三)投资决策管理制度

根据《国务院关于投资体制改革的决定》(国发〔2004〕20号),政府投资工程实行审批制,非政府投资工程实行核准制或备案制。

1. 政府投资工程

对于采用直接投资和资本金注入方式的政府投资工程,政府需要从投资决策的角度审批项目建议书和可行性研究报告,除特殊情况外,不再审批开工报告,同时还要严格审批其初步设计和概算;对于采用投资补助、转贷和贷款贴息方式的政府投资工程,则只审批资金申请报告。

政府投资工程一般都要经过符合资质要求的咨询中介机构的评估论证,特别重大的工程还应实行专家评议制度。国家将逐步实行政府投资工程公示制度,以广泛听取各方面的意见和建议。

2. 非政府投资工程

对于企业不使用政府资金投资建设的工程,政府不再进行投资决策性质的审批,区别不同情况实行核准制或登记备案制。

(1)核准制。企业投资建设《政府核准的投资项目目录》中的项目时,仅需向政府提交项目申请报告,不再经过批准项目建议书、可行性研究报告和开工报告的程序。

(2)备案制。对于《政府核准的投资项目目录》以外的企业投资项目,实行备案制。除国家另有规定外,由企业按照属地原则向地方政府投资主管部门备案。

为扩大大型企业集团的投资决策权,对于基本建立现代企业制度的特大型企业集团,投资建设《政府核准的投资项目目录》中的项目时,可以按项目单独申报核准,也可编制中长期发展建设规划,规划经国务院或国务院投资主管部门批准后,规划中属于《政府核准的投资项目目录》中的项目不再另行申报核准,只需办理备案手续。企业集团要及时向国务院有关部门报告规划执行和项目建设情况。

二、建设实施阶段

建设工程实施阶段工作内容主要包括勘察设计、建设准备、施工安装、生产准备及竣工验收。对于生产性工程项目,在施工安装后期,还需要进行生产准备工作。

(一)勘察设计

1. 工程勘察

工程勘察通过对地形、地质及水文等要素的测绘、勘探、测试及综合评定,提供工程建设所需的基础资料。详细的工程勘察可以保证建设工程顺利进行,有利于提高建设工程的经济、社会和环境效益。

2. 工程设计

工程设计一般划分为两个阶段,即初步设计和施工图设计。对于重大工程和技术复杂工程,可根据需要增加技术设计阶段,也称扩大初步设计阶段。

(1)初步设计。初步设计是根据可行性研究报告的要求进行具体实施方案设计,主要体现在指定的地点、时间和投资控制数额内,拟建项目在技术上的可行性和经济上的合理性,并通过对建设工程作出的基本技术经济规定,编制工程总概算。

初步设计不得随意改变被批准的可行性研究报告所确定的建设规模、工程标准、建设地址和总投资等控制目标。如果初步设计提出的总概算超过可行性研究报告总投资的10%以上或其他主要指标需要变更时,需重新向原审批单位报批可行性研究报告。

(2)技术设计(扩大初步设计)。技术设计应根据初步设计和更详细的调查研究资料编制,以进一步解决初步设计中的重大技术问题,如工艺流程、建筑结构、设备选型及数量确定等,使工程设计更具体、更完善,技术指标更好。

(3)施工图设计。根据初步设计或技术设计的要求,结合工程现场实际情况,再具体细化建筑物外形、空间、结构、构造、通信、管道系统、建筑设备等,以达到按图施工的程度。

3. 施工图设计文件的审查

根据《房屋建筑和市政基础设施工程施工图设计文件审查管理办法》(中华人民共和国住房和城乡建设部令第13号),建设单位应当将施工图送施工图审查机构审查。施工图审查机构对施工图审查的内容包括:

(1)是否符合工程建设强制性标准;

(2)地基基础和主体结构的安全性;

(3)消防安全性;

(4)人防工程(不含人防指挥工程)防护安全性;

(5)是否符合民用建筑节能强制性标准,对执行绿色建筑标准的项目,还应当审查是否符合绿色建筑标准;

(6)勘察设计企业和注册执业人员以及相关人员是否按规定在施工图上加盖相应的图章和签字;

(7)法律、法规、规章规定必须审查的其他内容。

任何单位或者个人不得擅自修改审查合格的施工图。确需修改的,凡涉及上述审查内容的,建设单位应当将修改后的施工图送原审查机构审查。

(二)建设准备

1. 建设准备工作内容

建设准备工作是为保障工程顺利开展而进行的各项准备工作,建设准备主要内容包括:

(1)征地、拆迁和场地平整;

(2)完成施工用水、电、通信、道路等接通工作;

(3)组织招标选择工程监理单位、施工单位及设备、材料供应商;

(4)准备必要的施工图纸；
(5)办理工程质量监督和施工许可手续。

2. 工程质量监督手续的办理

建设单位在办理施工许可证之前应当到规定的工程质量监督机构办理工程质量监督注册手续。办理质量监督注册手续时需提供下列资料：
(1)施工图设计文件审查报告和批准书；
(2)中标通知书和施工、监理合同；
(3)建设单位、施工单位和监理单位工程项目的负责人和机构组成；
(4)施工组织设计和监理规划(监理实施细则)；
(5)其他需要的文件资料。

3. 施工许可证的办理

必须申请领取施工许可证的建筑工程未取得施工许可证的，一律不得开工。从事各类房屋建筑及其附属设施的建造、装修装饰和与其配套的线路、管道、设备的安装，以及城镇市政基础设施工程的施工，建设单位在开工前应当向工程所在地县级以上人民政府建设主管部门申请领取施工许可证。

(三)施工安装

施工安装指按照工程设计要求、施工合同及施工组织设计，在保证工程质量、工期、投资及安全、环保等目标的前提下进行的实施活动。

施工安装活动中工期是一个重要的控制目标，工期应从开工日期开始计算，工程地质勘察、平整场地、旧建筑物拆除、临时建筑、施工用临时道路和水、电等工程开始施工的日期不能算作正式开工日期。按照规定，建设工程新开工时间是指工程设计文件中规定的任何一项永久性工程第一次正式破土开槽的开始日期。不需要开槽的工程，以正式开始打桩的日期作为开工日期。铁路、公路、水库等需要进行大量土石方工程的，以开始进行土石方工程施工的日期作为正式开工日期。分期建设的工程分别按各期工程开工的日期计算，如三期工程应根据工程设计文件规定的永久性工程开工的日期计算。

(四)生产准备

对于生产性工程项目而言，生产准备是工程项目投产前由建设单位进行的一项重要工作。生产准备是衔接建设和生产的桥梁，是工程项目建设转入生产经营的必要条件。

生产准备的主要工作内容包括：组建生产管理机构，制定管理有关制度和规定；招聘和培训生产人员，组织生产人员参加设备的安装、调试和工程验收工作；落实原材料、协作产品、燃料、水、电、气等的来源和其他需协作配合的条件，并组织工装、器具、备品、备件等的制造或订货等。

(五)竣工验收

工程竣工验收是工程建设程序的一个重要节点，是投资成果转入生产或使用的标志，也是全面考核工程建设成果、检验设计和施工质量的关键步骤。

通过审阅工程档案、实地查验建筑安装工程实体，对工程设计、施工和设备质量的各个环节进行全面评价。工程竣工验收合格后，建设工程方可投入使用；不合格的工程验收不予通过，对遗留问题要提出具体解决意见，限期落实完成。建设工程自竣工验收合格之日起即进入工程质量保修期(缺陷责任期)。建设工程自办理竣工验收手续后,发现存在工程质量缺陷的,应及时修复,费用由责任方承担。

当建设工程达到竣工验收条件时,由建设单位组织工程竣工验收,工程勘察、设计、施工、监理等参建单位应参加验收。

第二节 工程建设组织实施模式

工程建设可根据建设工程的具体情况采用不同的组织实施模式。2017年2月,《国务院办公厅关于促进建筑业持续健康发展的意见》(国办发〔2017〕19号)指出,要"完善工程建设组织模式",包括加快推行工程总承包和培育全过程工程咨询。政府投资工程应完善建设管理模式,带头推行工程总承包;鼓励投资咨询、勘察、设计、监理、招标代理、造价等企业采取联合经营、并购重组等方式发展全过程工程咨询,政府投资工程应带头推行全过程工程咨询,鼓励非政府投资工程委托全过程工程咨询服务;在民用建筑项目中,充分发挥建筑师的主导作用,鼓励提供全过程工程咨询服务。

一、工程总承包

(一)工程总承包的含义

在我国,工程总承包是指承包单位按照与建设单位签订的合同,对工程设计、采购、施工或者设计、施工等阶段实行总承包,并对工程的质量、安全、工期和造价等全面负责的工程建设组织实施方式。建设工程总承包的主要代表性模式有以下几种:

(1)EPC(engineering-procurement-construction)模式,即设计、采购、施工总承包模式,俗称交钥匙总承包模式,是指工程总承包企业按照合同约定,承担工程项目的设计、采购、施工、试运行服务等工作,并对承包工程的质量、安全、工期、造价全面负责,是我国目前推行总承包模式最主要的一种。

(2)DB(design-build)模式,即设计、施工总承包模式,是指工程总承包企业按照合同约定,承担工程项目设计和施工,并对承包工程的质量、安全、工期、造价全面负责。

(3)EPCM(engineering procurement construction management)模式,即设计采购与施工管理总承包模式,是国际建筑市场较为通行的项目支付与管理模式之一,也是我国目前推行总承包模式的一种。EPCM承包商是通过业主委托或招标而确定的,承包商与业主直接签订合同,对工程的设计、材料设备供应、施工管理进行全面的负责。根据业主提出的投资意图和要求,通过招标为业主选择、推荐最合适的分包商来完成设计、采购、施工任务。

(4)根据工程项目的不同规模、类型和业主要求,工程总承包还可采用设计-采购总承包(E-P)、采购-施工总承包(P-C)等方式。

(二)工程总承包模式的特点

(1)工程项目责任主体单一。由总承包单位负责工程设计、采购和施工,总承包合同关系单一,可减少工程实施中的争议和索赔发生。工程设计、采购与施工责任主体合一,能有效提高总承包单位的工作效率,激励总承包单位更加注重提高工程项目整体质量和效益。

(2)有利于控制工程造价。总承包单位负责工程总体控制,有利于减少工程施工安装阶段的设计变更,有利于工程造价控制,可减少建设单位工程投资失控风险。

(3)有利于控制工程质量。在工程总承包模式下,总承包单位通常会通过合同关系与部分专业工程分包单位建立了起责、权、利关系,总承包单位对各专业工程分包单位的施工质量负总责,这样就会在承包单位内部增加工程质量监控环节,工程质量既有分包单位的自控,又有总承包单位的监督管理。

(4)有利于缩短建设工期。采用工程总承包模式,工程设计、采购及施工任务均由总承包单位负责,在总承包单位的综合协调下,充分发挥总承包单位的核心作用,可使工程设计、采购与施工之间的衔接得到极大改善。有些施工和采购准备工作可与设计工作同时进行或搭接进行,从而可缩短建设工期。

(5)可减轻建设单位合同管理负担。对建设单位而言,采用工程总承包模式,合同关系简单,责、权、利关系明确,合同关系方减少,可大量减少建设单位协调工作量,合同管理工作量也大大减少。

(6)由于工程总承包的责任重、风险大,往往对工程总承包单位的资质、人员、设备、管理水平要求较高,因此工程总承包单位的选择范围小,同时因为应对工程实施风险,总承包单位通常会提高报价,最终导致工程总承包合同价较高。

(三)工程总承包模式适用条件

(1)工程建设内容明确、技术方案成熟。由于工程总承包的责任重、风险大,当工程建设内容明确、技术方案成熟时,总承包单位可以利用充分的资料和时间,仔细研究将要承担的工程建设的大部分风险,从而详细了解工程建设目的、范围、设计标准和其他技术要求,在此基础上进行工程规划设计、风险评估及工程估价等工作,从而向招标人提交一份技术先进可靠、价格和工期合理的投标书。

(2)严格履行总承包合同。建设单位和总承包单位都严格按合同履约,建设单位有权监督总承包单位工作,但不能过分干预总承包单位工作。总承包单位严格履行合同义务,并承担相应责任。

(四)工程总承包管理组织

根据《建设项目工程总承包管理规范》(GB/T 50358—2017),工程总承包单位应建立与工程总承包项目相适应的项目管理组织,并行使项目管理职能,实行项目经理负责制。

1. 项目部

工程总承包单位的项目管理组织宜采用矩阵式管理。项目组织机构实施项目经理负责制,并接受工程总承包单位职能部门指导、监督、检查和考核。项目组织机构的基本职能如下:

(1)项目部应具有工程总承包项目组织实施和控制职能;
(2)项目部应对项目质量、安全、费用、进度、职业健康和环境保护目标负责;
(3)项目部应具有内外部沟通协调管理职能。

2. 项目经理

工程总承包单位应在工程总承包合同生效后,应按照合同约定任命项目经理,如果有变更,需经建设单位同意。

(1)工程总承包项目经理应具备下列条件:

1)取得工程建设类注册建造师职业资格;

2)具备决策、组织、领导和沟通能力,能正确处理和协调与建设单位、项目相关方之间及企业内部各专业、各部门之间的关系;

3)具有工程总承包项目管理及相关的技术、经济、法律法规和信息化知识;

4)具有类似项目的管理经验;

5)具有良好的信誉和健康的身体。

(2)工程总承包项目经理应履行下列职责:

1)接受工程总承包单位的领导,执行工程总承包单位管理制度,维护企业合法权益;在授权范围内,代表企业签订各类协议、签发各类文件。

2)经工程总承包单位授权,代表企业组织实施工程总承包项目管理,对总承包合同约定的质量、进度、投资等管理目标负责。

3)根据总承包单位管理要求,对项目实施全过程进行策划、组织、协调和控制,完成项目管理目标责任书规定的绩效任务。

4)在授权范围内协调建设项目的外部关系,对项目部实施有效管理,及时解决项目实施中过程中出现的各类问题。

二、全过程工程咨询

(一)全过程工程咨询的含义

所谓全过程工程咨询,指工程咨询方综合运用多学科知识、工程实践经验、现代科学技术和经济管理方法,采用多种服务方式组合,为委托方在项目投资决策、建设实施乃至运营维护阶段持续提供局部或整体解决方案的智力性服务活动。

这里的"工程咨询方",可以是具备相应资质和能力的一家咨询单位,也可以是多家咨询单位组成的联合体。"委托方"可以是投资方、建设单位,也可能是项目使用或运营单位。这种全过程工程咨询不仅强调投资决策、建设实施全过程,甚至延伸至运营维护阶段;而且强调技术、经济和管理相结合的综合性咨询。

根据《国家发展改革委 住房城乡建设部关于推进全过程工程咨询服务发展的指导意见》(发改投资规〔2019〕515号),重点培育发展投资决策综合性咨询和工程建设全过程咨询,为固定资产投资及工程建设活动提供高质量智力技术服务,全面提升投资效益、工程建设质量和运营效率,推动高质量发展。

1. 投资决策综合性咨询

投资决策综合性咨询指综合性工程咨询单位接受投资者委托,就投资项目的市场、技术、经济、生态环境、能源、资源、安全等影响可行性的要素,结合国家、地区、行业发展规划及相关重大专项建设规划、产业政策、技术标准及相关审批要求进行分析研究和论证,为投资者提供决策依据和建议,其目的是减少分散专项评价评估,避免可行性研究论证碎片化。

投资决策综合性咨询服务可由工程咨询单位采取市场合作、委托专业服务等方式牵头提供,或由其会同具备相应资格的服务机构联合提供。牵头提供投资决策综合性咨询服务的机构,根据与委托方合同约定对服务成果承担总体责任;联合提供投资决策综合性咨询服务的,各合作方承担相应责任。鼓励纳入有关行业自律管理体系的工程咨询单位发挥投资机会研究、项目可行性研究等特长,开展综合性咨询服务。投资决策综合性咨询应当充分发挥咨询工程师(投资)的作用,鼓励其作为综合性咨询项目负责人,提高统筹服务水平。

为增强政府投资决策科学性,提高政府投资效益,政府投资项目要优先采取综合性咨询服务方式。政府投资项目要围绕可行性研究报告,充分论证建设内容、建设规模,并按照相关法律法规、技术标准要求,深入分析影响投资决策的各项因素,将其影响分析形成专门篇章纳入可行性研究报告;可行性研究报告包括其他专项审批要求的论证评价内容的,有关审批部门可以将可行性研究报告作为申报材料进行审查。

2. 工程建设全过程咨询

工程建设全过程咨询指由一家具有相应资质条件的咨询企业或多家具有相应资质条件的咨询企业组成联合体,为建设单位提供招标代理、勘察、设计、监理、造价、项目管理等全过程咨询服务,满足建设单位一体化服务需求,增强工程建设过程的协同性。全过程工程咨询企业可以为委托方提供项目决策策划、项目建议书和可行性研究报告编制,项目实施总体策划,项目管理,报批报建管理,勘察及设计管理,规划及设计优化,工程监理,招标代理,造价咨询,后评价和配合审计等咨询服务,也可包括规划和设计等活动。

工程建设全过程咨询项目负责人应当取得工程建设类注册职业资格且具有工程类、工程经济类高级职称,并具有类似工程经验。对于工程建设全过程咨询服务中承担工程勘察、设计、监理或造价咨询业务的负责人,应具有法律法规规定的相应职业资格。全过程咨询服务单位应根据项目管理需要配备具有相应执业能力的专业技术人员和管理人员。设计单位在民用建筑中实施全过程咨询的,要充分发挥建筑师的主导作用。

(二)全过程工程咨询的特点

与传统"碎片化"咨询相比,全过程工程咨询具有以下三大特点:

1. 咨询服务范围广

全过程工程咨询服务覆盖面广,主要体现在两个方面:一是从服务阶段看,全过程工程咨询覆盖项目投资决策阶段、建设实施(设计、招标、施工)阶段、项目运营过程,实现综合性、跨阶段、一体化的咨询服务;二是从服务内容看,投资决策综合性咨询包括投资项目的市场、技术、经济、生态环境、能源、资源、安全等要素,工程建设全过程咨询可提供招标代理、勘察、设计、监理、造价、项目管理等全过程咨询服务,而不只是局限于某一方面的技术或管理咨询。

2. 强调智力性策划

全过程工程咨询单位要运用工程技术、经济学、管理学、法学、信息技术等多学科知识和经验,为委托方提供智力服务,如投资机会研究、建设方案策划和比选、融资方案策划、招标方案策划、建设目标分析论证等,而不是只是为委托方做一些简单的工作。为此,需要全过程工程咨询单位拥有一批具备策划决策能力、组织领导能力、集成管控能力、专业技术能力、协调解决能力的高素质、应用型、复合型人才。

3. 实施多阶段、多类型集成服务

全过程工程咨询服务不是将各个阶段简单相加,而是要通过多阶段集成化咨询服务,为委托方创造价值。除投资决策综合性咨询和工程建设全过程咨询外,咨询单位可根据市场需求,从投资决策、工程建设、运营等项目全生命周期角度,开展跨阶段咨询服务组合或同一阶段内不同类型咨询服务组合。

第三节 建设工程项目管理

工程监理企业是集知识、经验于一体的以从事工程项目管理服务为专长的企业,集中了大量具有工程技术、管理、法律、经济、信息化的高素质复合型人才,为了进一步提升服务水平和拓展业务,从业人员需要掌握项目管理知识体系和工程项目管理服务内容,也要熟悉工程监理与项目管理一体化、工程项目全过程集成化管理模式。

美国项目管理学会(PMI)提出了项目管理知识体系(PMBOK),PMBOK 将项目管理活动归结为五个基本过程组,即启动过程组(initiating processes)、计划过程组(planning processes)、执行过程组(executing processes)、监控过程组(monitoring and controlling processes)和收尾过程组(closing processes)。项目作为临时性工作,必然以启动过程组开始,以收尾过程组结束。项目管理的集成化要求项目管理的监控过程组与其他过程组相互作用,形成一个整体。

一、项目管理基本过程组

1. 启动过程组

启动过程组是指获得授权,定义一个新项目或现有项目的一个新阶段,正式开始该项目或阶段的一组过程。

2. 计划过程组

计划过程组是指明确项目范围,优化目标,为实现目标而制定行动方案的一组过程。

3. 执行过程组

执行过程组是指完成项目计划中确定的工作以实现项目目标的一组过程。

4. 监控过程组

监控过程组是指跟踪、检查和调整项目进展和绩效,识别必要的计划变更并启动相应变更的一组过程。

5. 收尾过程组

收尾过程组是指为完结所有项目管理过程组的所有活动,以正式结束项目或阶段而实施的一组过程。

二、建设工程风险管理

风险,即生产目的与劳动成果之间的不确定性,大致有两层含义:一种定义强调了风险表现为收益不确定性;另一种定义则强调风险表现为成本或代价的不确定性,若风险表现为收益或者代价的不确定性,说明风险产生的结果可能带来损失、获利或无损失也无获

利,属于广义风险。而风险表现为损失的不确定性,说明风险只能表现出损失,没有从风险中获利的可能性,属于狭义风险。风险包括三个因素:风险因素、风险事故和损失。其中,风险因素是指引起或增加风险发生的机会的潜在原因,一般包括物质风险、道德风险和心理风险因素;风险事故是指引起风险的发生的直接原因,它的产生就是风险的发生;损失是指财产的损失,包括直接或间接的损失,这是风险产生的后果。风险的三个要素不是相互影响,而是风险因素导致风险事故的发生,而风险事故的发生又造成了损失。

风险管理是项目管理知识领域的重要组成部分,也是建设工程项目管理的重要内容。风险无处不在、无时不在,由于建设工程周期长、参建单位多、作业面广、工艺工序复杂,所以风险管理贯穿于建设工程的质量控制、造价控制、进度控制、合同管理、信息管理、安全管理、组织协调等诸多方面;因此,为有效地控制风险,监理工程师需要掌握风险管理的基本原理,并将其应用于建设工程监理服务的全过程,降低风险发生概率、减小风险带来的损失。

项目风险管理是指针对项目进行风险管理计划、识别、分析项目风险,制定和实施风险应对计划并监测风险的过程。具体内容包括风险管理计划、识别风险、风险定性分析、风险定量分析、风险应对计划、风险对策实施和风险监测。

(一)建设工程风险及其管理过程

建设工程风险是指在决策和实施过程中,造成实际结果与预期目标的差异性及其发生的概率。本节所指的建设工程风险是指损失的不确定性,即:风险发生必然带来损失,但风险发生的时间和方式等具有不确定性。

1. 建设工程风险分类

建设工程风险因素有很多,可从不同角度进行分类。

(1)按照风险来源进行划分,可分为自然风险、社会风险、经济风险、法律风险和政治风险。

(2)按照风险涉及的当事人划分,可分为建设单位风险、设计单位风险、施工单位风险、工程监理单位风险等。

(3)按风险可否管理划分,可分为可管理风险和不可管理风险。

(4)按风险影响范围划分,可分为局部风险和总体风险。

2. 建设工程风险管理过程

建设工程风险管理是一个识别风险、确定和度量风险,并制定、选择和实施风险应对方案的过程。风险管理是对建设工程风险进行管理的一个系统、循环过程。风险管理包括风险识别、风险分析与评价、风险预防和控制、风险跟踪和监控4个主要环节。

(1)风险识别。风险识别是风险管理的首要步骤,是指通过一定的方式,系统而全面地识别影响建设工程目标实现的风险事件并加以适当归类的过程。风险识别的目的是要建立风险清单。

(2)风险分析与评价。风险分析与评价是将建设工程风险事件发生的可能性和损失后果进行定量化的过程。通过风险分析与评价来确定各种风险事件发生的概率及其带来的损失大小或严重程度,如人工增加的数量、投资增加的数额、工期延误的时间等。

(3)风险预防和控制。风险预防和控制是为有效控制风险而确定建设工程风险事件最佳对策组合的过程。一般来说,风险预防和控制的对策主要有风险回避、损失控制、风险转移和风险自留。这些风险对策的适用对象各不相同,需要根据风险评价结果,对不同的风险事件选择最适宜的风险对策,从而形成最佳的风险对策组合。风险回避指的是投资者自主放弃这一具有风险的行动,完全避免了特定的损失;损失控制是指投资者制定相关计划或者采取一定的措施,将发生损失的可能性降到最低;风险转移指的是通过签订合约等方式,将可能产生的风险转移给他人承担;风险自留指的是对风险的承担,投资者将在产生损失时自行弥补。

(4)风险跟踪和监控。对风险对策所作出的决策还需要进一步落实到具体的计划和措施。在建设工程实施过程中,要不断地跟踪检查各项风险对策的执行情况,并评价各项风险对策的执行效果。当建设工程实施条件发生变化时,要确定是否需要重新进行风险识别,是否需要提出不同的风险对策。

(二)建设工程风险识别与评价

1. 风险识别

风险识别的主要内容是识别引起风险的主要因素、风险的性质、风险可能引起的后果;风险识别的主要目的是建立风险初始清单。

(1)风险识别方法。识别建设工程风险的方法有专家调查法、流程图法、财务报表法、经验数据法、初始清单法、风险调查法等。

1)专家调查法。专家调查法主要包括头脑风暴法、德尔菲法和访谈法。

2)流程图法。流程图是按建设工程实施全过程内在逻辑关系制成流程图,针对流程图中的关键环节和薄弱环节进行调查和分析,识别引起风险的主要因素,找出风险存在的原因,分析风险发生概率和发生后可能造成的损失,以及对建设工程实施过程的影响。流程图法虽然可以发现建设工程所面临的各种风险,但流程图分析仅着重于流程本身,而无法显示风险发生的损失值或损失发生的概率。

3)财务报表法。财务报表有助于确定一个特定工程可能遭受哪些损失以及在何种情况下遭受这些损失。通过分析资产负债表、现金流量表、损益表及有关补充资料,可以识别企业当前的所有资产、负债、责任及人身损失风险。将这些报表与财务预测、预算结合起来,可以发现建设工程未来风险。

4)经验数据法。经验数据法也称统计资料法,即根据已建各类建设工程与风险有关的统计资料来识别拟建工程风险。长期从事建设工程监理与相关服务的监理单位,应该积累大量的建设工程风险数据,尽管每一个建设工程及其风险有差异,但经验数据或统计资料足够多时,这些差异会大大减少,呈现出一些规律性。因此,已建各类建设工程与风险有关的数据是识别拟建工程风险的重要基础。

5)初始清单法。如果对每一个建设工程风险的识别都从头做起,至少有以下三方面缺陷:一是耗费时间和精力多,风险识别工作的效率低;二是由于风险识别的主观性,可能导致风险识别的随意性,其结果缺乏规范性;三是风险识别成果资料不便积累,对今后的风险识别工作缺乏指导作用。因此,为了避免以上缺陷,有必要建立建设工程风险初始清单。

初始清单法是指有关人员利用所掌握的丰富知识设计而成的初始风险清单表,尽可能详细地列举建设工程所有的风险类别,按照系统化、规范化的要求去识别风险。建立初始清单有两种途径:一是参照保险公司或风险管理机构公布的潜在损失一览表,再结合某建设工程所面临的潜在损失,对一览表中的损失予以具体化,从而建立特定工程的风险一览表;二是通过适当的风险分解方式来识别风险。对于大型复杂工程,首先将其按单项工程、单位工程分解,再对各单项工程、单位工程分别从时间维、目标维和因素维进行分解,可以较容易地识别出建设工程主要的、常见的风险。建设工程风险初始清单见表9-1。

表9-1　建设工程风险初始清单

风险因素		典型风险事件
技术风险	设计	设计内容不全、设计缺陷、错误和遗漏,应用规范不恰当,未考虑地质条件,未考虑施工可能性等
	施工	施工工艺落后,施工技术和方案不合理,施工安全措施不当,应用新技术新方案失败,未考虑场地情况等
	其他	工艺设计未达到先进性指标,工艺流程不合理,未考虑操作安全性等
非技术风险	自然与环境	洪水、地震、火灾、台风、雷电等不可抗拒自然力,不明的水文气象条件,复杂的工程地质条件,恶劣的气候,施工对环境的影响等
	政治法律	法律法规的变化、战争、骚乱、罢工、经济制裁或禁运等
	经济	通货膨胀或紧缩、汇率变化、市场动荡、社会各种摊派和征费的变化、资金不到位、资金短缺等
	组织协调	建设单位、项目管理咨询方、设计方、施工方、监理方之间的不协调及各方主体内部的不协调等
	合同	合同条款遗漏、表达有误,合同类型选择不当,承发包模式选择不当,索赔管理不力,合同纠纷等
	人员	建设单位人员、项目管理咨询人员、设计人员、监理人员、施工人员的素质不高、业务能力不强等
	材料设备	原材料、半成品、成品或设备供货不足或拖延,数量差错或质量规格问题,特殊材料和新材料的使用问题,过度损耗和浪费,施工设备供应不足、类型不配套、故障、安装失误、选型不当等

初始清单的建立可以更好地方便参建单位比较全面地认识或排查风险,特别是较早识别一些重要的建设工程风险,保障建设工程顺利地实施,但风险清单并不是风险识别的最终结论;因此,在初始风险清单建立后,需要参照同类建设工程风险的历史数据和风险处理经验,有针对性地进行建设工程风险调查,结合特定工程的具体情况进一步识别风险,从而对初始风险清单作一些必要的补充和修正。

6)风险调查法。由于建设工程实施周期长、工序复杂、作业面广、参建单位和人员众多,受环境影响比较大,两个不同的建设工程所面临的风险不可能完全一致。因比,在建设工程风险识别过程中,根据工程特点进行风险调查是必不可少的,也是建设工程风险识别的重要方法。

风险调查应当从分析具体工程特点入手,可以从组织、技术、经济、合同、环境等方面分析拟建工程的特点以及相应的潜在风险,一方面对初始风险清单已列出的风险进行鉴别和确认;另一方面,通过详细、认真的风险调查有可能发现此前尚未识别出的潜在风险。

（2）风险识别成果。风险识别成果是进行风险分析与评价的重要基础。风险识别的最主要成果是风险清单。风险清单最简单的作用是描述存在的风险并记录可能减轻风险的行为。建设工程风险清单见表9-2。

表9-2 建设工程风险清单

风险清单:		编号:	日期:
工程名称:		审核:	批准:
序号	风险因素	可能造成的后果	可能采取的措施
1			
2			
3			
…			

2. 风险分析与评价

为更有效地识别主要风险因素,方便工程项目管理者采取更有针对性的对策和措施,从而将风险给建设工程目标带来的损失降到最低程度,需要在风险识别的基础上,对风险进行分析与评价,即进一步分析和评价风险因素发生的概率、影响范围、可能造成损失的大小,以及风险发生后对建设工程目标的总体影响等。

风险分析与评价的任务包括:确定单一风险因素发生的概率;分析单一风险因素的影响范围大小;分析各个风险因素的发生时间;分析各个风险因素的结果,探讨这些风险因素对建设工程目标的影响程度;在单一风险因素量化分析的基础上,考虑多种风险因素对建设工程目标的综合影响、评估风险的程度并提出可能的措施作为管理决策的依据。

（1）风险度量。

1）风险事件发生的概率及概率分布。根据风险事件发生的频繁程度,可将风险事件发生的概率分为3~5个等级。等级的划分反映了一种主观判断。因此,等级数量的划分也可根据实际情况作出调整。

一般应用概率分布函数来描述风险事件发生的概率及概率分布。由于连续型的实际概率分布较难确定,因此在实践中,均匀分布、三角分布及正态分布最为常用。

2）风险度量方法。风险度量可用下列一般表达式来描述:

$$R=F(O,P) \tag{9-1}$$

式中　R——某一风险事件发生后对建设工程目标的影响程度;

O——该风险事件的所有后果集;

P——该风险事件对应于所有风险结果的概率值集。

(2)风险评定。

1)风险后果的等级划分。为了在采取措施时能分清轻重缓急,需要评定风险因素等级。通常,可按事故发生后果的严重程度划分为3~5个等级。

2)风险重要性评定。将风险事件发生概率(P)的等级和风险后果(O)的等级分别划分为大(H)、中(M)、小(L)三个区间,即可形成如图9-1所示的9个不同区域。在这9个不同区域中,有些区域的风险量是大致相等的,因此,可以将风险量的大小分为5个等级:①VL(很小);②L(小);③M(中等);④H(大);⑤VH(很大)。

3)风险可接受性评定。根据风险重要性评定结果,可以进行风险可接受性评定。在图9-1中,风险等级为大、很大的风险因素表示风险重要性较高,是不可接受的风险,需要给予重点关注;风险等级为中等的风险因素是不希望有的风险;风险等级为小的风险因素是可接受的风险;风险等级为很小的风险因素是可忽略的风险。

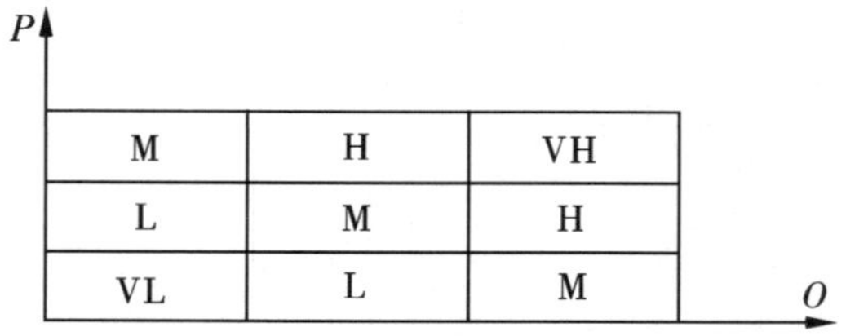

M	H	VH
L	M	H
VL	L	M

图9-1 风险等级图

(3)风险分析与评价的方法。

风险的分析与评价往往采用定性与定量相结合的方法来进行,这二者之间并不是相互排斥的,而是相互补充的。目前,常用的风险分析与评价方法有调查打分法、蒙特卡洛模拟法、计划评审技术法和敏感性分析法等,这里仅介绍调查打分法。

调查打分法又称综合评估法或主观评分法,是指将识别出的建设工程风险列成风险表,将风险表提交给有关专家,利用专家经验,对风险因素的等级和重要性进行评价,确定出建设工程主要风险因素。调查打分法是一种最常见、最简单且易于应用的风险评价方法。

1)调查打分法的基本步骤:

①针对风险识别的结果,确定每个风险因素的权重,以表示其对建设工程的影响程度。

②确定每个风险因素的等级值,等级值按经常、很可能、偶然、极小、不可能分为5个等级。当然,等级数量的划分和赋值也可根据实际情况进行调整。

③将每个风险因素的权重与相应的等级值相乘,求出该项风险因素的得分。计算式如下:

$$r_i = \sum_{j=1}^{m} \omega_{ij} S_{ij} \tag{9-2}$$

式中　r_i——风险因素 i 的得分；
　　　ω_{ij}——j 专家对风险因素 i 赋的权重；
　　　S_{ij}——j 专家对风险因素 i 赋的等级值；
　　　m——参与打分的专家数。

④将各个风险因素的得分逐项相加得出建设工程风险因素的总分,总分越高,风险越大。总分计算如下：

$$R = \sum_{i=1}^{n} r_i \tag{9-3}$$

式中　R——项目风险得分；
　　　r_i——风险因素 i 的得分；
　　　n——风险因素的个数。

调查打分法的优点在于简单易懂、能节约时间,而且可以比较容易地识别主要风险因素。

2）风险调查打分表。表9-3给出了建设工程风险调查打分表的一种格式。在表中,风险发生的概率按照高、中、低三个档次来进行划分,考虑风险因素可能对质量、成本、工期、安全、环境5个方面的影响,分别按照较轻、一般和严重来加以度量。

表9-3　风险调查打分

序号	风险因素	可能性			影响程度												
					成本			工期			质量			安全			环境		
		高	中	低	较轻	一般	严重	较轻	一般	严重	较轻	一般	严重	较轻	一般	严重	较轻	一般	严重
1	地质条件失真																		
2	设计失误																		
3	设计变更																		
4	施工工艺落后																		
5	材料质量低劣																		
6	施工水平低下																		
7	材料价格上涨																		
8	合同条款有误																		
9	成本预算粗略																		
10	管理人员短缺																		

（三）建设工程风险控制对策及监控

1. 风险控制对策

建设工程风险控制对策包括风险回避、损失控制、风险转移和风险自留。

（1）风险回避。风险回避是指在完成建设工程风险分析与评价后，如果发现风险事件发生概率很大且后果损失也很大，或者发生损失的概率并不大，但当风险事件发生后产生的损失是灾难性的、无法弥补的，同时又没有其他有效的对策来降低风险时，应采取放弃项目、放弃原有计划或改变目标等方法，使其不发生或不再发展，从而避免可能产生的潜在损失。比如在建设项目招投标阶段，如果发现项目即使中标后可能面临较大亏损，就果断放弃项目投标。

（2）损失控制。损失控制当建设工程项目管理者面临风险时采取的一种主动、积极的风险对策。损失控制通常可分为预防损失和减少损失两个方面。预防损失的主要作用在于降低损失发生的概率，而减少损失的作用在于降低损失的严重性或遏制损失的进一步发展，使损失最小化。通常，采取损失控制对策时，要制定有效的损失控制方案，方案中将预防损失措施和减少损失措施有机结合，并充分考虑为损失控制而付出的时间和费用方面的代价。

在采用风险控制对策时，所制定的风险控制措施应当形成一个周密的、完整的损失控制计划系统。该计划系统一般应由预防计划、灾难计划和应急计划三部分组成。

1）预防计划。预防计划的目的在于有针对性地预防损失的发生，其主要作用是降低损失发生的概率，在许多情况下也能在一定程度上降低损失的严重性。在损失控制计划系统中，预防计划的内容最广泛，具体措施最多，包括组织措施、经济措施、合同措施、技术措施。

2）灾难计划。灾难计划是一组事先编制好的、目的明确的工作程序和具体措施，为现场人员提供明确的行动指南，使其在灾难性的风险事件发生后，不至于惊慌失措，也不需要临时讨论研究应对措施，可以做到从容不迫、及时妥善地处理风险事故，从而减少人员伤亡以及财产和经济损失。灾难计划的内容应满足以下要求：①安全撤离现场人员；②援救及处理伤亡人员；③控制事故的进一步发展，最大限度地减少资产和环境损害；④保证受影响区域的安全尽快恢复正常。灾难计划在灾难性风险事件发生或即将发生时付诸实施。

3）应急计划。应急计划就是事先准备好若干种替代计划方案，当遇到某种风险事件时，能够根据应急预案对建设工程原有计划范围和内容作出及时调整，使中断的建设工程能够尽快全面恢复，并减少进一步的损失，使其影响程度减至最小。应急计划不仅要制定所要采取的相应措施，而且要规定不同工作部门相应的职责。应急计划应包括的内容有：调整整个建设工程实施进度计划、材料与设备的采购计划、供应计划；全面审查可使用的资金情况；准备保险索赔依据；确定保险索赔的额度；起草保险索赔报告；必要时需调整筹资计划等。

（3）风险转移。当有些风险无法回避、必须直接面对，而以自身的承受能力又无法有效地承担时，风险转移就是一种十分有效的选择。由于风险发生具有很大的不确定性，因此，风险转移是建设工程风险管理中应用非常广泛的一项对策。风险转移可分为非保险转移和保险转移两大类。

1)非保险转移。非保险转移又称为合同转移,因为这种风险转移一般是通过签订合同的方式将建设工程风险转移给非保险人的对方当事人。建设工程风险最常见的非保险转移有以下 3 种情况:

①建设单位将合同责任和风险转移给总承包单位。建设单位为了降低自身风险,通常通过合同条款约定将部分风险转移给总承包单位。例如,建设单位通过采用固定总价合同将涨价风险转移给总承包单位,在合同条款中约定工程变更的附加条款,将投资控制风险大部分转移给总承包单位等。

②总承包单位将风险转移给工程分包单位。总承包单位将工程中专业技术要求很强而自己缺乏相应技术和经验的内容分包给专业分包单位,比如工程防水、防腐、设备安装工程等,从而更有利于工程的投资、质量和进度控制。

③第三方担保。合同当事人一方要求另一方为其履约行为提供第三方担保。担保方所承担的风险仅限于合同责任,即由于委托方不履行或不适当履行合同以及违约所产生的责任。第三方担保主要有建设单位付款担保、施工单位履约担保、预付款担保、分包单位付款担保、工资支付担保等。

通过上述可知,非保险转移尽管可以转移某些不可保的潜在损失,如物价上涨、法规变化、设计变更等引起的投资增加,同时被转移者往往能较好地进行损失控制;但非保险转移的媒介是合同,风险转移的纽带也是合同,这就要求合同双方认真研究和制定合同条款,否则可能因为双方当事人对合同条款的理解发生分歧而导致转移失效。另外,无论是建设单位将合同责任和风险转移给总承包单位,还是总承包单位将风险转移给工程分包单位,都有可能因被转移者无力承担实际发生的重大损失而导致仍然由转移者来承担损失。例如,在分包单位无力完成分包工程内容时,最终还是要由总承包单位来完成;在采用固定总价合同的条件下,如果总承包单位无力承担涨价风险或政策性风险,最终只得由建设单位自己来承担涨价造成的损失。此外,第三方担保一般都要付出一定的代价,甚至付出的代价可能对超过实际发生的损失,从而对转移者不利。

2)保险转移。保险转移通常直接称为工程保险。通过购买保险,建设单位或施工单位作为投保人将本应由自己承担的工程风险(包括第三方责任)转移给保险公司,从而使自己免受风险损失。

需要说明的是,工程保险在我国起步较晚,由于工程保险的标目额较大,工程保险意识还不够强,保险并不能转移建设工程所有风险,一方面是因为存在不可保风险,另一方面则是因为有些风险不宜保险,比如施工单位对工程质量的保修责任。因此,对于建设工程风险,应将保险转移与风险回避、损失控制和风险自留结合起来运用。

(4)风险自留。风险自留是指将建设工程风险保留在风险管理主体内部,通过采取内部控制措施等来化解风险。风险自留可分为非计划性风险自留和计划性风险自留两种。

1)非计划性风险自留。非计划性风险自留是一种被动性的控制措施,往往是一种迫不得已的一种措施,通常是由于风险管理人员没有意识到建设工程某些风险的存在,或者不曾有意识地采取有效措施,以致风险发生后只好保留在风险管理主体内部。导致非计划性风险自留的主要原因有缺乏风险意识、风险识别失误、风险分析与评价失误、风险决策延误、风险决策实施延误等。比如,施工组织安排不合理,导致人员窝工或工期延误,只能被动性承担相应的损失。

2)计划性风险自留。计划性风险自留是主动的、有意识的、有计划的选择,是风险管理人员在经过正确的风险识别和风险评价后制定的风险对策。通常计划性风险自留往往是风险管理主体经过权衡风险损失和风险自留的代价后做出的应对措施,并已进行工程保险或实施了损失控制计划。比如,某个风险因素发生后给建设工程带来的损失较小,而如果采取应对措施所付出的代价比风险损失还要大,就可以采用计划性风险自留。

2. 风险监控

(1)风险监控的主要内容。风险监控是指跟踪已识别的风险和识别新的风险,保证风险计划的执行,并评估风险对策与措施的有效性。其目的是考察各种风险控制措施产生的实际效果、确定风险减少的程度、监视风险的变化情况,进而考虑是否需要调整风险管理计划以及是否启动相应的应急措施等。风险管理计划实施后,风险控制措施必然会对风险的发展产生相应的效果,监控风险管理计划实施过程的主要内容包括:

1)评估风险控制措施产生的效果;
2)及时发现和度量新的风险因素;
3)跟踪、评估风险的变化程度;
4)监控潜在风险的发展、监测工程风险发生的征兆;
5)提供启动风险应急计划的时机和依据。

(2)风险跟踪检查与报告。

1)风险跟踪检查。风险跟踪检查是风险监控的主要内容,在实际工作中,通常采用有针对性的具体措施详细记录风险跟踪的结果,然后定期地进行汇总整理后制成风险跟踪报告和相应的支撑材料,使建设项目风险管理者及时掌握风险发展趋势的相关信息,以便及时地采取有效的控制措施。

2)风险的重新评估。在建设项目实施的期间,只要在风险监控的过程中发现新的风险因素或风险有新的发展变化,就要对其进行重新评估,以便确定其发生概率或损失程度。除此之外,在风险管理进程中,即使没有出现新的风险,也需要在工程进展的关键时段对风险进行重新估计。

3)风险跟踪报告。风险跟踪的结果是要形成一份风险跟踪报告,编制和提交风险跟踪报告是风险管理的一项日常工作,报告中要记录风险跟踪检查情况、风险重新评估情况、拟定的应对措施等内容,报告通常供建设项目风险管理决策者使用。为了有效地控制风险,风险跟踪报告应该及时、准确并简明扼要,向建设项目风险管理决策者传达有用的风险信息。通常,在实际工作中,风险跟踪报告的格式、内容的详细程度、报告的周期、报告的审阅程序等应结合建设项目的实际情况或按照决策者的需要而定。

第四节　建设工程勘察、设计、保修阶段服务内容

随着全过程工程咨询和工程总承包模式的推广和实施,建设工程勘察、设计、保修阶

段的项目管理服务需求日益增多,已成为工程监理企业需要拓展的业务领域。目前,根据建设项目的实际情况,建设工程勘察、设计、保修阶段的项目管理服务有两种模式:一是工程监理企业既可接受建设单位委托,将建设工程勘察、设计、保修阶段项目管理服务与建设工程监理一并纳入建设工程监理合同,使建设工程勘察、设计、保修阶段项目管理服务成为建设工程监理相关服务;二是单独与建设单位签订项目管理服务合同,为建设单位提供建设工程勘察、设计、保修阶段项目管理服务。

一、工程勘察设计阶段服务内容

1. 协助建设单位编制工程勘察设计任务书

工程勘察设计任务书应包括以下主要内容:

(1)工程勘察设计范围,包括工程名称、工程性质、拟建地点、相关政府部门对工程的限制条件等。

(2)建设工程目标和建设标准。

(3)对工程勘察设计成果的要求,包括提交内容、提交质量和深度要求、提交时间、提交方式等。

2. 协助建设单位选择工程勘察设计单位

(1)选择方式。工程勘察设计单位的选择方式可根据法律法规的相关规定并结合工程的具体情况而定。如果是采用招标方式,则选择公开招标或邀请招标方式。有的工程可能需要采用设计方案竞赛方式选定工程勘察设计单位。

(2)工程勘察设计单位的审查。应审查工程勘察设计单位的资质等级、人员资格、勘察设计业绩以及工程勘察设计质量保证体系、社会信誉等。

3. 协助建设单位订立工程勘察设计合同

(1)合同谈判。根据工程勘察设计招标文件及任务书要求,协助建设单位进一步对工程勘察设计工作的范围、质量、进度、付款方式等方面予以细化,在合同谈判过程中,保障建设单位的权益并提高工程勘察设计合同的规范程度。

(2)合同订立。应界定由于地质情况、工程变化造成的工程勘察、设计范围变更,工程勘察设计单位的相应义务;应明确工程勘察设计单位配合其他工程参建单位的义务;应明确工程勘察设计费用涵盖的工作范围,并根据工程特点确定付款方式;应强调限额设计,将施工图预算控制在工程概算范围内。为保证工程勘察设计成果的质量,提高工程勘察设计单位的积极性,做到技术上可行、经济上合理,制定相应的奖励措施,激励设计单位最大程度的优化设计方案。

4. 审查工程勘察方案

工程监理单位应审查工程勘察单位提交的勘察方案,提出审查意见,并报建设单位。工程勘察单位变更勘察方案时,应按原程序重新审查。

工程监理单位应重点审查以下内容:

(1)勘察技术方案中工作内容与勘察合同及设计要求是否相符,是否有漏项或冗余。

(2)勘察点的布置是否合理,其数量、深度是否满足规范和设计要求。

(3)各类相应的工程地质勘察手段、方法和程序是否合理,是否符合有关规范的要求。

（4）勘察重点是否符合勘察项目特点，技术与质量保证措施是否还需要细化，以确保勘察成果的有效性。

（5）勘察方案中配备的勘察设备是否满足本工程勘察技术要求。

（6）勘察单位现场勘察组织及人员安排是否合理，是否与勘察进度计划相匹配。

（7）勘察进度计划是否满足工程总进度计划。

5. 检查工程勘察单位的技术、设备履约能力

工程监理单位应检查工程勘察人员的到岗情况、主要岗位操作人员的资格、所使用设备的先进性和数量、计量仪器的检定情况。

（1）主要岗位操作人员。现场及室内试验主要岗位操作人员是指钻探设备操作人员、记录人员和室内实验的数据签字和审核人员，这些人员应具有相应的有效的上岗资格。主要岗位操作人员应有较强责任心和丰富的工程经验、较强的技术能力。

（2）工程勘察设备、仪器。工程现场勘察所使用的设备、仪器应先进、完好，要求工程勘察单位提供设备、仪器清单，并做好设备、仪器使用及检定台账。计量仪器必须在有效的检定合格期内使用。严禁使用不合格或无检定证书的勘察设备、仪器。

6. 工程勘察的过程控制

在工程勘察过程中，工程监理单位应重点检查工程勘察进度、勘察范围，以及工程勘察单位合同履约情况；审核工程勘察单位提交的勘察费用支付申请，对于符合工程勘察合同要求的，签发工程勘察费用支付证书，并报建设单位批准。

工程监理单位应检查工程勘察单位执行勘察方案的情况，对关键点位的勘探与测试应进行现场检查。对于检查中发现的问题，应及时书面通知工程勘察单位。当工程监理单位与勘察单位意见不一致时，工程监理单位应提出书面意见供工程勘察单位参考，必要时可建议邀请有关专家进行专题论证，并及时报建设单位。

工程监理单位在检查勘察单位执行勘察方案的情况时，需重点检查以下内容：

1）工程地质勘察范围、内容是否准确、齐全；

2）钻探及原位测试等勘探点的数量、深度及勘探操作工艺、现场记录和勘探测试成果是否符合规范要求；

3）水、土、石试样的数量和质量是否符合要求；

4）取样、运输和保管方法是否得当；

5）试验项目、试验方法和成果资料是否全面；

6）物探方法的选择、操作过程和解释成果资料是否准确、完整；

7）水文地质试验方法、试验过程及成果资料是否准确、完整；

8）勘察单位操作是否符合有关安全操作规章制度；

9）勘察单位内业是否规范要求。

7. 工程勘察成果审查

工程监理单位应审查工程勘察单位提交的勘察成果报告，并向建设单位提交工程勘察成果评估报告，同时应参与工程勘察成果验收。

（1）工程勘察成果报告。工程勘察报告的深度应符合国家、地方及有关部门的相关文件要求，同时需满足工程设计和勘察合同相关约定的要求。

1）岩土工程勘察应正确反映场地工程地质条件、查明不良地质作用和地质灾害，并通过对原始资料的整理、检查和分析，提出资料完整、评价正确、建议合理的勘察报告。

2）工程勘察报告应有明确的针对性。详勘阶段报告应满足施工图设计的要求。

3）勘察文件的文字、标点、术语、代号、符号、数字均应符合有关标准要求。

4）勘察报告应有完成单位的公章（法人公章或资料专用章），应有法人代表（或其委托代理人）和项目主要负责人签章。图表均应有完成人、检查人或审核人签字。各种室内试验和原位测试，其成果应有试验人、检查人或审核人签字。测试、试验项目委托其他单位完成时，受托单位提交的成果还应有该单位公章、单位负责人签章。

（2）工程勘察成果评估报告。勘察评估报告由总监理工程师组织各专业监理工程师编制，必要时可邀请相关专家参加。工程勘察成果评估报告应包括下列内容：①勘察工作概况；②勘察报告编制深度、与勘察标准的符合情况；③勘察任务书的完成情况；④存在问题及建议；⑤评估结论。

8. 工程设计进度计划的审查

工程监理单位应依据设计合同及项目总体计划要求审查各专业、各阶段设计进度计划。审查内容包括：

（1）计划中各个节点是否存在漏项；

（2）出图节点是否符合建设工程总体计划进度节点要求；

（3）分析各阶段、各专业工种设计工作量和工作难度，并审查相应设计人员的配置安排是否合理；

（4）各专业计划的衔接是否合理，是否满足工程需要。

9. 工程设计过程控制

在工程设计过程中，工程监理单位应重点检查工程设计进度、设计范围、设计标准，以及工程设计单位合同履约情况；审核工程设计单位提交的设计费用支付申请，对于符合工程设计合同要求的，签发工程设计费用支付证书，并报建设单位批准。

10. 工程设计成果审查

工程监理单位应审查设计单位提交的设计成果，并提出评估报告。评估报告应包括下列主要内容：

（1）设计工作概况。

（2）设计深度、与设计标准的符合情况。

（3）设计任务书的完成情况。

（4）有关部门审查意见的落实情况。

（5）存在的问题及建议。

11. 工程设计"四新"的审查

工程监理单位应审查设计单位提出的新材料、新工艺、新技术、新设备（简称"四新"）在相关部门的备案情况，必要时应协助建设单位组织专家评审。

12. 工程设计概算、施工图预算的审查

工程监理单位应审查设计单位提出的设计概算、施工图预算，提出审查意见，并报建设单位。设计概算和施工图预算的审查内容包括：

（1）工程设计概算和工程施工图预算的编制依据是否准确、全面；

（2）工程设计概算和工程施工图预算内容是否超越工程范围、合同内容，编制说明是否符合建设工程项目实际情况等；

（3）各类取费项目是否符合项目所在地的规定，有无遗漏或在规定之外的取费；

（4）工程量计算有无漏算、重算和计算错误现象，工程量计算内容是否符合工程实际情况，工程量计算规则和计算依据是否正确；

（5）工程量清单项目和定额子目选用是否正确，价格信息是否恰当；

（6）税率计取是否正确；

（7）若建设单位有限额设计要求，则审查设计概算和施工图预算是否控制在规定的范围内。

13. 工程索赔事件防范

在工程勘察设计合同履行中，一旦发生由于对方原因导致进度、经济受影响的情况，比如约定的工作范围变化或工程内容等变化，势必导致相关方索赔事件的发生。为此，工程监理单位应该结合工程实际情况认真审查合同内容，对工程参建各方可能提出的索赔意向进行分析，事先制定相应的防范措施，尽可能减少索赔事件的发生，避免对后续工作造成影响。

工程监理单位对工程勘察设计阶段索赔事件进行防范的对策包括：

（1）协助建设单位编制符合工程特点及建设单位实际需求的勘察设计任务书、勘察设计合同等；

（2）加强对工程设计勘察方案和勘察设计进度计划的审查；

（3）协助建设单位及时提供勘察设计工作必需的基础性文件；

（4）保持与工程勘察设计单位沟通，及时解决工程勘察设计过程中存在的问题及工程勘察设计单位提出的合理要求；

（5）检查工程勘察设计工作情况，发现问题及时提出，减少错误；

（6）及时检查工程勘察设计文件及勘察设计成果，并报送建设单位；

（7）严格控制变更事项，加强变更审查，减少不必要的工程变更。

14. 协助建设单位组织工程设计成果评审

工程监理单位应协助建设单位组织专家对工程设计成果进行评审。工程设计成果评审程序如下：

（1）事先建立评审制度和程序，并编制设计成果评审计划；

（2）根据设计成果特点，确定相应的专家人选；

（3）邀请专家参与评审，并提供专家所需评审的设计成果资料、建设单位的需求等；

（4）组织相关专家对设计成果评审会议，收集各专家的评审意见；

（5）整理、分析专家评审意见，提出相关建议或解决方案，形成会议纪要或报告，并报建设单位或相关部门。

15. 协助建设单位报审有关工程设计文件

根据建设单位需要，工程监理单位可协助建设单位向政府有关部门报审有关工程设计文件,并根据审批意见,经建设单位同意,督促设计单位予以完善。

为了提高工作效率和工作质量,首先,工程监理单位需要了解设计文件政府审批程序、报审条件及所需提供的资料等信息;其次,应事先检查设计文件及附件的完整性、合规性;最后,及时与相关政府部门沟通联系,根据审批意见和要求,督促设计单位予以完善。

16.处理工程勘察设计延期、费用索赔

工程监理单位应根据勘察设计合同,协调处理勘察设计延期、费用索赔等事宜。

二、工程保修阶段服务内容

(一)定期回访

工程监理单位承担工程保修阶段服务工作时,应进行定期回访。首先,结合工程实际情况应制定工程保修期回访计划及检查内容;其次,应按保修期回访计划及检查内容开展工作,做好记录;最后,保修期相关服务结束前,应组织建设单位、勘察设计单位、施工单位等相关单位对工程进行全面检查,编制检查报告。在工程保修阶段服务期间,应认真履行服务职能,及时到场,协助建设单位妥善处理各种事件,定期向建设单位汇报工作情况和事件处理结果。

(二)工程质量缺陷处理

在工程保修阶段,对建设单位提出的工程质量缺陷,工程监理单位应安排监理人员及时到场并开展调查分析,并与建设单位、施工单位协商确定责任归属,提出处理建议。对于确由施工单位承担修复责任的工程质量缺陷,应书面通知施工单位制定整改方案并在规定时间内予以修复,并对修复过程实施全程监理,验收合格后予以签认,并报建设单位。对于非施工单位原因造成的工程质量缺陷,施工单位完工后验收合格,应核实施工单位申报的修复工程费用,并应签认工程款支付证书,同时报建设单位。

工程监理单位核实施工单位申报的修复工程费用应注意以下内容:

(1)修复工程费用核实应以施工单位编制、监理单位(或建设单位)审批后的修复方案作为依据;

(2)工程质量缺陷修复完毕后,经验收质量合格,方可计取全部修复费用;

(3)工程质量缺陷修复所发生的人工、材料、机械台班消耗量应按实际发生计算,各种费用计取按双方事先约定的方式进行,或参照工程所在地的有关规定执行。

第五节 建设工程监理与项目管理一体化

建设工程监理与项目管理一体化是指工程监理单位在实施建设工程监理的同时,为建设单位提供项目管理服务。根据国家发展改革委、住房城乡建设部联合印发的《关于推进全过程工程咨询服务发展的指导意见》(发改投资规〔2019〕515号),重点培育发展投资决策综合性咨询和工程建设全过程咨询,建设工程监理与项目管理一体化既符合国家推行建设工程监理制度的要求,也能满足建设单位对于工程项目管理专业化服务的需求,是为固定资产投资及工程建设活动提供高质量智力技术服务的迫切需求。推行建设工程监理与项目管理一体化,对于深化我国工程建设管理体制和工程项目实施组织方式的改革,全面提升投资效益、工程建设质量和运营效率,推动高质量发展,促进建设工程管理行业持续健康发展具有十分重要的意义。

一、建设工程监理与项目管理服务的区别

工程监理与项目管理服务均是由社会化的专业单位为建设单位(业主)提供服务,并且建设工程监理与项目管理在服务内容上有一定的交叉重叠,但二者服务的性质、范围及侧重点等方面有着本质区别。项目管理服务是指具有工程项目管理服务能力的单位受建设单位委托,按照合同约定,对建设工程项目组织实施进行全过程或若干阶段的管理服务。建设工程监理是指工程监理单位受建设单位委托,根据法律法规、工程建设标准、勘察设计文件及合同,在施工阶段对建设工程质量、进度、造价进行控制,对合同、信息进行管理,对工程建设相关方的关系进行协调,并履行建设工程安全生产管理法定职责的服务活动。

(一)服务性质不同

建设工程监理是一项具有中国特色的工程建设管理制度,是一种国家强制实施的制度。工程监理单位要依据法律法规、工程建设标准、勘察设计文件、建设工程监理合同及其他合同文件,代表建设单位在施工阶段对建设工程质量、进度、投资进行控制,对合同、信息进行管理,对工程建设相关方的关系进行协调,同时还要依据《建设工程安全生产管理条例》等法规、政策,履行建设工程安全生产管理的法定职责。工程项目管理服务属于自愿委托性质,往往是建设单位根据工作需要,结合自身的人力情况、专业水平、工程特点、技术难度等,委托社会化的专业单位协助其实施项目管理。

(二)服务范围和侧重点不同

根据工程监理与项目管理服务的性质和内涵可以看出,建设工程监理主要定位于建设工程施工阶段,根据委托合同的范围和内容进行相应的目标控制(即"三控两管一协调"),通过采用规划、控制、协调等方法为建设单位(业主)提供专业化服务;而工程项目管理服务阶段除了建设施工阶段以外,还可以覆盖项目决策、勘察设计、招投标等阶段,其服务贯穿于建设工程全过程,并且其价值和重要性体现在能够在项目策划决策阶段为建设单位(业主)提供专业化项目管理服务,更有利于实现工程项目的全寿命期、全过程管理。

二、工程监理与项目管理一体化的实施条件

实施工程监理与项目管理一体化,须具备以下条件:

1. 委托单位的信任和支持是前提

建设单位为了提高项目管理水平或受自身客观因素的影响,有工程监理与项目管理一体化的实际需求,并对工程监理单位充分的信任与支持,尊重工程监理与项目管理机构的意见,委托工程监理单位实施工程监理与项目管理一体化服务。因此,委托单位的信任和支持是顺利推进建设工程监理与项目管理一体化的前提。

2. 工程监理与项目管理团队素质是基础

工程监理与项目管理一体化服务涉及建设项目的全寿命期、全过程管理,工作要求高、难度大,因此,工程监理机构和项目管理团队的专业管理人员必须是有丰富经验的集

工程技术、经济、管理、法律、信息技术于一体的高素质复合型人才,才能提供高水平、优质的项目管理服务,否则,不具有工程项目集成化管理能力,很难得到建设单位的认可和信任,不可能获得良好的社会信誉和市场口碑。

3. 服务的规范化、标准化是保证

制度建设是工程监理和项目管理一体化的一项重要工作内容,制度健全、程序规范、工作标准化是保证工作质量和提升服务水平的重要保证,在工程监理企业与项目管理机构的全面管理和指导下,结合建设项目实际情况和委托单位的相关要求,总监理工程师负责组织建立健全相关工作标准和工作流程,不断完善工程监理与项目管理一体化服务的工作指标体系,实现工程监理与项目管理一体化服务的规范化、标准化。

三、工程监理与项目管理一体化的组织机构及岗位职责

对于工程监理企业而言,实施工程监理与项目管理一体化,首先需要结合工程项目特点、工程监理与项目管理要求,建立科学的组织机构,合理划分管理部门,科学制定岗位职责。

(一)组织机构

实施工程监理与项目管理一体化,仍应实行总监理工程师负责制。在总监理工程师全面管理下,工程监理单位派驻工程现场的机构可下设工程监理部、规划设计部、合同信息部、工程管理部等。建设工程监理与项目管理一体化组织机构见图9-2。相对于单一的工程监理模式,规划设计部、合同信息部、工程管理部主要承担建设工程项目管理服务的相应职责。

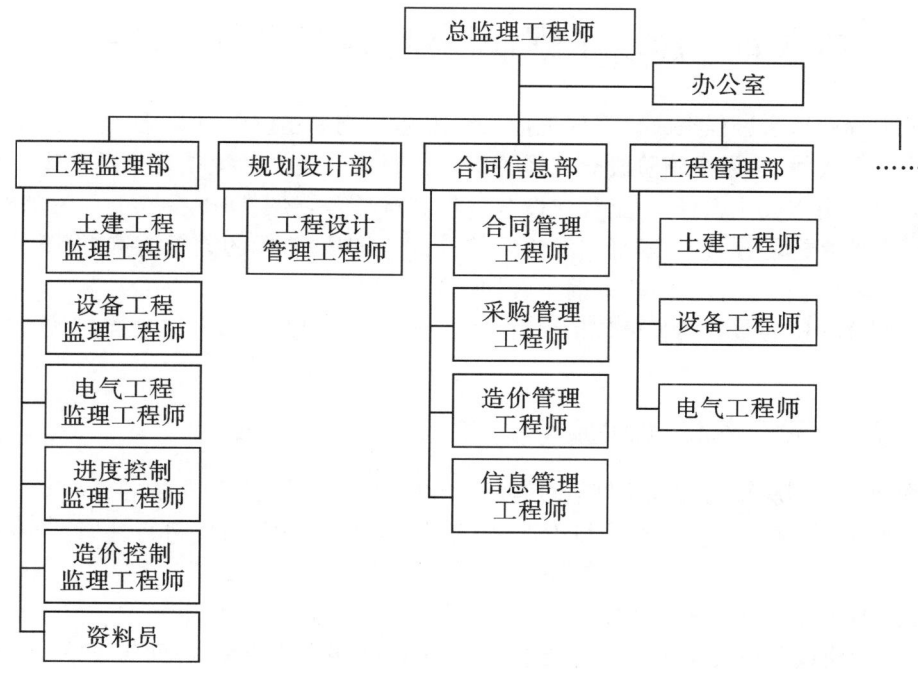

图9-2 建设工程监理与项目管理一体化组织机构

(二)岗位职责

总监理工程师是工程监理单位在建设工程项目的全权委托人,代表工程监理单位主持工程监理与项目管理机构的日常工作,制定工程监理与项目管理机构的人员分工和岗位职责,组织编写工程监理与项目管理规划,组织制定和实施工程监理与项目管理制度,主持工程监理与项目管理会议,定期组织形成工程监理与项目管理报告,履行工程监理与项目管理合同,协调处理与其他参建单位的关系。

(1)工程监理部职责。依据法律法规、工程建设标准、勘察设计文件、建设工程监理合同及其他合同文件,对建设工程质量、进度、投资进行控制,对合同、信息进行管理,对工程建设相关方的关系进行协调,同时还要依据《建设工程安全生产管理条例》等法规、政策,履行建设工程安全生产管理的法定职责。

(2)规划设计部职责。规划设计部负责协助建设单位进行工程项目策划以及设计管理工作。具体职责主要包括项目方案策划、融资策划、项目组织实施策划、项目目标论证及控制策划等,以及协助建设单位组织重大技术问题的论证、组织审查各阶段设计方案、组织设计变更的审核和咨询、协助建设单位组织设计交底和图纸会审会议等。

(3)合同信息部职责。合同信息部协助建设单位组织工程勘察、设计、施工及材料设备的招标工作;协助建设单位进行各类合同管理工作;审核与合同有关的实施方案、变更申请、结算申请;协助建设单位进行材料设备的采购管理工作;负责工程项目信息管理工作等。

(4)工程管理部职责。协助建设单位编制工程项目管理计划、办理前期有关报批手续、进行外部协调工作,为建设工程顺利实施创造条件。

第六节 建设工程项目全过程集成化管理

建设工程项目全过程集成化管理是指工程监理单位受建设单位委托,为其提供覆盖工程项目策划决策、建设实施阶段全过程的集成化管理。建设工程项目全过程集成化管理的核心是运用集成化思想,对工程建设全过程进行综合管理,即以系统工程为基础,实现知识门类的有机融合、各管理部门的协调整合、不同进展阶段的无缝衔接,而不是有关知识、各管理部门、不同进展阶段的简单叠加和简单联系。

工程监理单位的服务内容可包括项目策划、设计管理、招标代理、造价咨询、施工过程管理等。

一、全过程集成化管理服务内容

工程项目策划决策与建设实施全过程集成化管理服务可包括以下内容:

(1)协助建设单位进行工程项目策划、投资估算、融资方案设计、可行性研究、专项评估等。

(2)协助建设单位办理土地征用、规划许可等有关手续。

(3)协助建设单位提出工程设计要求、组织工程勘察设计招标;协助建设单位签订工程勘察设计合同并在其实施过程中履行管理职责。

(4)组织设计单位进行工程设计方案的技术经济分析和优化,审查工程概预算;组织评审工程设计方案。

(5)协助建设单位组织工程监理、施工、材料设备采购招标;协助建设单位签订工程总承包或施工合同、材料设备采购合同并在其实施过程中履行管理职责。

(6)协助建设单位提出工程实施用款计划,进行工程变更控制,处理工程索赔,结算工程价款。

(7)协助建设单位组织工程竣工验收,办理工程竣工结算,整理、移交工程竣工档案资料。

(8)协助建设单位编制工程竣工决算报告,参与生产试运行及工程保修期管理,组织工程项目后评估。

二、全过程集成化管理服务的重点

建设工程项目全过程集成化管理服务更加强调项目策划、范围管理、综合管理,更加需要组织协调、信息沟通,并能切实解决工程技术问题。

作为工程项目管理服务单位,需要注意以下重点:

(1)高度重视技术支持。切实协助建设单位解决实际技术问题是工程项目管理单位服务建设单位的首要任务,是工程项目管理单位服务能力的重要体现,也是使建设单位能够直观感受服务价值的重要途径。因此,工程建设全过程集成化管理服务需要更多、更广的工程技术支持,工程项目管理人员需要加强学习、不断提高自身水平,同时,还应根据需要有效地组织外部协作专家进行技术咨询、指导。

(2)准确把握建设单位需求。只有准确判断建设单位的工程项目管理需求,明确工程项目项目管理服务范围和内容,才能进行科学、合理的工程项目管理规划,从而为建设单位提供优质服务并获得用户满意。

(3)不断加强项目团队建设。项目团队是工程项目管理服务的基层单位和重要组成部分。在激烈的市场竞争下,工程项目项目管理单位需要提供优质、高水平的服务从而占有市场,因此,配备结构合理、运作高效、专业能力强、综合素质高的项目团队是高水平工程项目管理服务的坚实保障。

(4)充分发挥沟通协调作用。沟通协调是项目管理的重要方式,是处理各方关系的重要手段。建设工程项目信息包括文字信息、语言信息等,要重视信息管理,采用报告、会议等方式确保信息准确、及时、畅通,使工程各参建单位能够及时得到准确的信息并对信息做出快速反应,形成目标明确、步调一致的协同工作局面。

思考题

1. 工程建设程序包括哪些工作内容?
2. 全过程工程咨询、工程总承包的含义和特点是什么?
3. 工程总承包模式适用条件有哪些?

4. 建设工程风险管理过程包括哪些环节?
5. 建设工程风险识别方法有哪些?
6. 建设工程监理与项目管理服务的联系与区别是什么?
7. 建设工程监理与项目管理一体化的实施条件有哪些?

第十章 国际工程咨询与实施组织模式

工程咨询是一种服务,通常是指适应现代经济发展和社会进步的需要,集中专家群体或个人的智慧和经验,运用现代科学技术和工程技术、经济、法律、管理等方面的知识,并运用信息化手段为建设工程决策和管理提供的智力服务。当今时代,随着经济全球化及建筑市场的国内外融合,国际工程咨询业务越来越多,监理工程师应具有国际化视野,熟悉国际工程实施组织模式。

第一节 国际工程咨询

目前,国际工程咨询也在向全过程服务和全方位服务方向发展。其中,全过程服务分为建设工程实施阶段全过程服务和工程建设全过程服务两种情况。全方位服务是指除对建设工程三大目标实施控制外,还包括决策支持、项目策划、项目融资、项目规划和设计、重要工程设备和材料的国际采购等。

一、咨询工程师

咨询工程师(consulting engineer)是以从事工程咨询业务为职业的工程技术、经济、管理等人员的统称。一般来说,咨询工程师应具备熟练的专业技术和经营管理知识,丰富的实际工作经验,广泛的社会联系和良好的社会信誉。咨询工程师能在工程建设的各个阶段,为业主、承包商等各方提供各种形式和内容的咨询服务。

国际上对咨询工程师的理解与我国习惯上的理解有很大不同。按国际上的理解,我国的建筑师、结构工程师、各种专业设备工程师、监理工程师、造价工程师、招标师等都属于咨询工程师;甚至从事工程咨询业务有关工作(如处理索赔时可能需要审查承包商的财务账簿和财务记录)的审计师、会计师也属于咨询工程师之列。因此,不要将咨询工程师理解为"从事咨询工作的工程师"。也许是出于以上原因,1990年国际咨询工程师联合会(FIDIC)在其出版的《业主/咨询工程师标准服务协议书条件》(简称"白皮书")中已用"Consultant"取代了"Consulting Engineer"。"Consultant"一词可译为咨询人员或咨询专家,但我国仍按原习惯将"白皮书"中"Consultant"翻译为咨询工程师。

需要说明的是,由于绝大多数咨询工程师都是以公司形式开展工作,因此,咨询工程师一词在很多场合是指工程咨询公司。例如,"白皮书"中的业主显然不是与咨询工程师个人签订合同,而是与工程咨询公司签订合同;"白皮书"中具体条款的"咨询工程师"也是指工程咨询公司。为此,在阅读有关工程咨询外文资料时,要注意鉴别咨询工程师一词的确切含义,应当说在大多数情况下不会产生歧义,但有时可能需要仔细琢磨才能准确把握其含义。

(一)咨询工程师素质

工程咨询是科学性、综合性、系统性、实践性均很强的职业。作为从事这一职业的主体,咨询工程师应具备以下素质:

1. 知识面宽

建设工程自身的复杂程度及其不同的环境和背景、工程咨询公司服务内容的广泛性,要求咨询工程师具有较宽的知识面。除需要掌握建设工程专业技术知识外,还应熟悉与工程建设有关的经济、管理、金融和法律等方面的知识,对工程建设管理过程有深入的了解,并熟悉项目融资、设备采购、招标咨询的具体运作和有关规定。

在工程技术方面,咨询工程师不仅要掌握建设工程的专业应用技术,而且要有较深的理论基础,并了解当前最新技术水平和发展趋势;不仅要掌握建设工程的一般设计原则和方法,而且要掌握优化设计、可靠性设计、功能一成本设计等系统设计方法;不仅要熟谙工程设计各方面的技术要点和难点,而且要熟悉主要的施工技术和方法,能充分考虑设计与施工的结合,从而保证顺利地建成工程。

2. 精通业务

工程咨询公司的业务范围很宽,作为咨询工程师个人来说,不可能从事本公司所有业务范围内的工作。但是,每个咨询工程师都应有自己比较擅长的一个或多个业务领域,成为该领域的专家。对精通业务的要求,首先意味着要具有实际动手能力。工程咨询业务的许多工作都需要实际操作,如工程设计、项目财务评价、技术经济分析等,不仅要会做,而且要做得对、做得好、做得快。其次,要具有丰富的工程实践经验。只有通过不断的实践经验积累,才能提高业务水平和熟练程度,才能总结经验,找出规律,指导今后的工程咨询工作。此外,在当今社会,计算机应用和外语已成为必要的工作技能,作为咨询工程师也应在这两方面具备一定的水平和能力。

3. 协调管理能力强

工程咨询业务中有些工作并不是咨询工程师自己直接去做,而是组织其他人员去做;不仅涉及与本公司各方面人员的协同工作,而且经常与客户、建设工程参与各方、政府部门、金融机构等发生联系,处理各种面临的问题。在这方面,需要的不是专业技术和理论知识,而是组织、协调能力。这表明,咨询工程师不仅要是技术方面的专家,而且要成为组织管理、沟通协调方面的专家。

4. 责任心强

咨询工程师的责任心首先表现在职业责任感和敬业精神,要通过自己的实际行动来维护个人、公司、职业的尊严和名誉;同时,咨询工程师还负有社会责任,即应在维护国家和社会公众利益的前提下为客户提供服务。

责任心并不是空洞、抽象的,可以在实际咨询工作中得到充分体现。工程咨询业务往往由多个咨询工程师协同完成,每个咨询工程师独立完成其中某一部分工作。这时,咨询工程师的责任心就显得尤为重要。因为每个咨询工程师的工作成果都与其他咨询工程师的工作有密切联系,任何一个环节的错误或延误都会给该项咨询业务带来严重后果。因此,每个咨询工程师都必须确保按时、按质地完成预定工作,并对自己的工作成果负责。

5. 不断进取，勇于开拓

当今世界，科学技术日新月异，经济发展一日千里，新思想、新理论、新技术、新产品、新方法等层出不穷，对工程咨询不断提出新的挑战。如果咨询工程师不能以积极的姿态面对这些挑战，终将被时代所淘汰。因此，咨询工程师必须及时更新知识，了解、熟悉乃至掌握与工程咨询相关领域的新进展；同时，要勇于开拓新的工程咨询领域（包括业务领域和地区领域），以适应客户新需求，顺应工程咨询市场发展趋势。

（二）咨询工程师职业道德

道德准则要求咨询工程师具有正直、公平、诚信、服务等的工作态度和敬业精神，咨询工程师职业道德规范或准则虽然不是法律，但对咨询工程师的行为却有着相当大的约束力。国际上许多国家（尤其是发达国家）的工程咨询业已相当发达，相应地制定了各自的行业规范和职业道德规范，以指导和规范咨询工程师的职业行为。这些众多的咨询行业规范和职业道德规范虽然各不相同，但基本上是大同小异，其中在国际上最具普遍意义和权威性的是FIDIC道德准则。

FIDIC认为工程咨询业的工作，对于取得社会和环境的可持续发展成就至关重要。为了充分有效地进行工作，不仅要求咨询工程师不断提高自身的学识和技能，而且要求社会必须尊重咨询工程师的诚实与正直，信任咨询工程师的判断，并给予合理的报酬。

所有的FIDIC成员协会都认为，如果取得社会对咨询工程师的必要信任，以下准则对其会员的行为是极其重要的：

（1）对社会和工程咨询业的责任——咨询工程师应：
1）承担咨询业对社会所负有的责任；
2）寻求符合可持续发展原则的解决方案；
3）在任何情况下，始终维护咨询业的尊严、地位和荣誉。

（2）能力——咨询工程师应：
1）保持其知识和技能水平与技术、法律和管理的发展一致，在为客户提供服务时运用应有的技能，谨慎和勤勉地工作；
2）只承担能够胜任的任务。

（3）廉洁——咨询工程师应：
始终维护客户的合法利益，并廉洁、忠实提供服务。

（4）公正——咨询工程师应：
1）公正地提供专业建议、判断或决定；
2）告知客户在为其提供服务过程中可能产生的一切潜在的利益冲突；
3）不接受任何可能影响其独立判断的报酬。

（5）对他人公正——咨询工程师应：
1）推动"根据质量选择咨询服务"的理念；
2）不得故意或无意地损害他人名誉或业务；
3）不得直接或间接地试图取代已委托给其他咨询工程师的业务；
4）在客户未通知其他咨询工程师前，并在未接到客户终止其原先委托工作的书面指令之前，不得接管该咨询工程师的工作；

5）如被邀请评审其他咨询工程师的工作,应以恰当的方式和谦恭地进行。
（6）反腐败——咨询工程师应:
1）既不提供也不收受任何形式的酬劳,这种酬劳试图或实际:
①寻求影响对咨询工程师选聘过程或对其的补偿,和(或)影响其客户；
②寻求影响咨询工程师的公正判断。
2）应与所有合法组成的,对服务或施工合同管理进行询问的调查机构进行充分合作。

（三）咨询工程师的工作特点

（1）咨询工程师的工作是智力型工作。咨询工程师的工作具有较强的科学性和知识性,是集工程、经济、管理等多学科知识和项目经验在咨询工作中的具体运用,没有较为丰富的科学知识和项目工作经验作为支持,是不可能完成好咨询工作任务的。因此,作为咨询工作者平时应注意相关学科知识的学习和项目经验的积累。

（2）不直接建设工程项目实体。咨询工程师无论是接受业主委托还是其他工程项目参与人的委托,无论是阶段性委托还是全过程委托,都不直接去建设工程项目实体。在工程项目建设中,对工程项目实体进行直接建设和管理的是工程承包商。

（3）职业的规范性。咨询工程师作为一支专业队伍,有其独立的行业管理组织、市场准入规范、执业规则和道德准则。有关管理组织应对其成员进行监督,定期与不定期的检查,发现违反有关规定的事情应及时处理,以维护咨询工程师的职业形象。

（4）服务的有偿性。咨询工程师以咨询工作为职业,以其咨询劳动取得合法收入,其提供的工程咨询服务是有偿的。工程咨询服务费用的收取按国家有关规定与行业规则进行,不允许随意收取费用。

（四）咨询工程师的工作程序

咨询工程师的工作程序为三个阶段:咨询任务的获得,咨询任务的组织与实施,咨询工作的总结。

1. 咨询任务的获得

咨询工程师可从投资方或业主、金融机构、政府等获得咨询任务,其取得方式主要是委托方直接委托和咨询工程师投标获得。随着投资体制改革的逐步深入,更多的项目需要在市场上通过竞标获得。

2. 咨询任务的组织与实施

（1）工作前期准备:
①认真研究项目的相关资料。一般来说在合同签订之前,咨询工程师已对项目的有关情况进行了一些必要的了解,但由于各方面原因,这种了解受到一定的限制。在委托协议或合同签订之后,咨询工程师应尽快认真而详尽地研究有关资料,包括项目背景材料、国家相关法规、项目有关文件以及与项目有关的其他情况资料。特别要注意研究顾客明确的或隐含的要求与期望。

②制订项目咨询工作计划。对于每个咨询项目,委托方都有不同的要求,这些要求一般反应在委托方提供的项目工作大纲中。项目咨询工作计划是项目咨询工程师根据委托方要求,在对项目相关资料进行认真研究的基础上,按委托合同对项目工作内容、时间进

度、工作质量、费用情况、成果提交方式等方面的要求来制订的,用以指导、安排咨询工作。项目咨询工作计划编写一般由项目经理来完成。

③成立项目团队。根据工作计划的要求,咨询工程师要及时构建项目团队,并进行团队工作职责任务分工。

(2)组织计划实施:

①逐层落实工作计划。根据咨询工作计划的安排和咨询团队的职责任务分工,层层制订具体实施计划,把工作计划落实到人。需要到项目现场进行工作时,要严格执行咨询行业及企业现场的有关规定,并在企业的配合下完成相关工作。

②组织实施。在项目团队成员按照各自分工完成其相关的工作过程中,项目经理要进行认真的组织与协调。必要时要进行系统性组合与优化,对出现的差异部分进行修正。

③沟通与调整。为使咨询成果较好地符合委托方的要求,在咨询工作开展过程中,必须经常与委托方进行必要的沟通,特别是在正式交付咨询成果之前进行的沟通更为重要。

(3)提交咨询成果:在以上工作的基础上,咨询工程师按双方协商好的方式,将咨询成果正式交予委托方。咨询工程师的上述工作内容是相互关联的,有些内容之间是互为条件的,有些工作不是一次就能完成好的,可能需要根据进展情况进行调整,多次开展。

3. 咨询工作的总结

1)总结工作。咨询成果交付委托方后,项目经理要进行必要的咨询工作总结,包括工作经验和教训等,同时对一些资料、文本等进行归档。

2)回访。在适当的时候,对委托方要进行必要的回访,一方面是了解咨询成果的实际效果,另一方面也是听取委托方对咨询工作的意见,以利于今后咨询工作的开展和咨询任务的取得。

(五)咨询工程师的作用

1. 咨询工程师是设计者

为了保持项目的连续性,在国际招标的项目中,业主选择设计者时,原则是与施工监理综合考虑,尽量找同一咨询工程师负责设计和施工监理,一贯到底,以免日后出现设计与监理相互推诿责任的现象。

2. 咨询工程师是施工监理

咨询工程师对施工中的安全、质量、进度、费用进行跟踪,控制承包商的施工行为,确保总目标的实现。咨询工程师管理合同的重要手段是对工程付款的控制。他有权并负责对施工进行验工计价和在最终付款时颁发的各项证书。

3. 咨询工程师是准仲裁员

当业主与承包商意见不一时,首先是异议一方向咨询工程师书面记录争端,并要求做出准仲裁决定。咨询工程师一般是在听取其法律顾问的建议后,对有关争端做出准仲裁决定。

4. 咨询工程师是业主的代理人

咨询工程师受聘于业主,为其监督管理工程的施工,是为业主具体管理项目的项目经理。

二、工程咨询公司的服务对象和内容

工程咨询公司的业务范围很广泛,其服务对象可以是业主、承包商、国际金融机构和贷款银行,工程咨询公司也可以与承包商联合投标承包工程。工程咨询公司的服务对象不同,相应的服务内容也有所不同。

(一)为业主服务

为业主服务的工程咨询公司常被称作项目的业主工程师,是工程咨询公司最基本、最广泛的业务形式之一,为业主提供工程所需的技术咨询服务,或者代表业主对设计、施工中的质量、进度、投资进行监督与管理。

工程咨询公司为业主服务既可以是全过程服务(包括实施阶段全过程和工程建设全过程),也可以是阶段性服务。

工程建设全过程服务的内容包括可行性研究、工程设计(初步设计、技术设计、施工图设计)、工程招标、材料设备采购、施工管理(监理)、生产准备、调试验收、后评价等一系列工作。在全过程服务的条件下,咨询工程师不仅是作为业主的受雇人开展工作,而且也代行业主的部分职责。

阶段性服务是指工程咨询公司仅承担上述工程建设全过程服务中某一阶段的服务工作。一般来说,除了生产准备和调试验收之外,其余各阶段工作业主都可能单独委托工程咨询公司来完成。阶段性服务又分为两种不同的情况:一种是业主已经委托某工程咨询公司进行全过程服务,但同时又委托其他工程咨询公司对其中某一或某些阶段的工作成果进行审查、评价,例如,对可行性研究报告、设计文件都可以采取这种方式;另一种是业主分别委托多个工程咨询公司完成不同阶段的工作,在这种情况下,业主仍然可能将某一阶段工作委托某一工程咨询公司完成,再委托另一工程咨询公司审查、评价其工作成果。业主还可能将某一阶段工作(如施工监理)分别委托多个工程咨询公司来完成。

(二)为承包商服务

工程咨询公司为承包商服务主要有以下几种情况:

1.为承包商提供合同咨询和索赔服务

当承包商受自身水平或经验的限制,对建设工程的某种组织管理模式不了解或对合同所规定的适用法律不熟悉甚至根本不了解,承包商都可能委托工程咨询公司提供合同咨询和索赔服务,如承包商对 CM 模式、EPC/DB 模式、对招标文件中所选择的合同条件、AIA 合同条件或 JCT 合同条件等很陌生,就需要工程咨询公司为其提供合同咨询,从而避免或减少合同风险,提高合同管理水平。当承包商对合同所规定的适用法律不熟悉甚至根本不了解,或发生重大、特殊的索赔事件而承包商自己又缺乏相应的索赔经验时,承包商都可能委托工程咨询公司为其提供索赔服务。

2.为承包商提供技术咨询服务

当承包商(特别是技术实力较弱或管理水平、经验不足的中小承包商)在项目实施过程中遇到技术难题,或工业项目中工艺系统设计和生产流程设计方面的问题时,工程咨询公司可以为其提供相应的技术咨询服务,充当技术顾问的角色。

3. 为承包商提供工程设计服务

在这种情况下,工程咨询公司实质上是承包商的设计分包商,直接服务对象是工程的总承包商,咨询合同只在咨询公司和总承包商之间签订。

(三)为贷款方服务

这里所说的贷款方包括一般的贷款银行、国际金融机构(如世界银行、亚洲开发银行等)和国际援助机构(如联合国开发计划署、粮农组织等)。工程咨询公司为贷款方服务的常见形式是受银行聘请作为顾问,咨询公司的评估侧重于项目的工艺方案、系统设计的可靠性和投资估算的准确性,并对项目的财务指标再次核算或进行敏感性分析,重点是投资效益和风险的分析。为国际组织贷款项目提供咨询服务主要包括:咨询公司或个人作为咨询专家,受聘参与对华贷款及相关的技术援助;投标参与这些机构在国际上其他地区或国家贷款或技术援助项目的咨询服务。

(四)联合承包工程

在国际上,一些大型工程咨询公司往往与设备制造商和土木工程承包商组成联合体,参与工程总承包或交钥匙工程的投标,中标后共同完成工程建设的全部任务。在少数情况下,工程咨询公司甚至可以作为总承包商,承担建设工程的主要责任和风险,而承包商则成为分包商。工程咨询公司还可能参与 PPP/BOT 项目,甚至作为这类项目的发起人和策划公司。

虽然联合承包工程的风险相对较大,但可以给工程咨询公司带来更多的利润,而且在有些项目上可以更好地发挥工程咨询公司在技术、信息、管理等方面的优势。采用多种形式参与联合承包工程,已成为国际上大型工程咨询公司拓展业务的一个趋势。

第二节　国际工程组织实施模式

随着社会技术经济水平的发展,建设工程业主的需求也在不断变化和发展,总的趋势是希望简化自身管理工作,得到更全面、更高效的服务,更好地实现建设工程预定目标。与此相适应,建设工程组织实施模式也在不断地发展,国际上出现了许多新型模式。这里主要介绍 CM 模式、Partnering 模式和 Project Controlling 模式。

一、CM 模式

CM(construction management)在我国被翻译为建筑工程管理。但由于"建筑工程管理"的内涵很广泛,难以准确反映 CM 模式的含义,故这里直接用 CM 表示。

(一)CM 模式产生背景

1968 年,汤姆森(Charles B. Thomson)等人受美国建筑基金会委托,在美国纽约州立大学研究关于如何加快设计和施工速度以及如何改进控制方法的报告中,通过对许多大建筑公司的调查,在综合各方面经验的基础上,提出了快速路径法(fast-track method),又称为阶段施工法(phased construction method)。这种方法的基本特征是将设计工作分为若干阶段(如基础工程、上部结构工程、装修工程、安装工程)完成,每一阶段设计工作完成后,就组织相应工程内容的施工招标,确定施工单位后即开始相应工程内容的施工。与传统模式相比,快速路径法可以缩短建设周期。从理论上讲,其缩短的时间应为传统模式条件下设计工作和施工招标工作所需时间与快速路径法条件下第一阶段设计工作和第一次施工招标工作所需时间之差。对于大型、复杂的建设工程来说,这一时间差额很长,甚至可能超过1年。但实际上,与传统模式相比,快速路径法大大增加了施工阶段组织协调和目标控制的难度,例如,设计变更增多,施工现场多个施工单位同时分别施工导致工效降低等。这表明,在采用快速路径法时,如果管理不当,就可能欲速不达。因此,迫切需要采用一种与快速路径法相适应的新的组织管理模式。CM模式便在如此背景下应运而生。

所谓CM模式,就是在采用快速路径法时,从建设工程开始阶段就雇用具有施工经验的CM单位(或CM经理)参与到建设工程实施过程中,以便为设计人员提供施工方面的建议且随后负责管理施工过程。这种安排的目的是将建设工程实施作为一个完整过程来对待,并同时考虑设计和施工因素,力求使建设工程在尽可能短的时间内以尽可能低的费用和满足要求的质量建成并投入使用。

特别要注意的是,不要将CM模式与快速路径法混为一谈。因为快速路径法只是改进了传统模式条件下建设工程实施顺序,不仅可在CM模式中使用,也可在其他模式中使用,如平行承发包模式、工程总承包模式(此时设计与施工的搭接是在工程总承包商内部完成的,且不存在施工与招标的搭接),而CM模式则是以使用CM单位为特征的建设工程组织实施模式,具有独特的合同关系和组织形式。

(二)CM模式种类

CM模式可分为代理型CM和非代理型CM两种类型。

1. 代理型CM(CM/agency)

代理型CM模式又称为纯粹CM模式。采用代理型CM模式时,CM单位是业主的咨询单位,业主与CM单位签订咨询服务合同,CM合同价就是CM费,其表现形式可以是百分率(以今后陆续确定的工程费用总额为基数)或固定数额的费用;业主分别与多个施工单位签订所有的工程施工合同。需要说明的是,CM单位对设计单位没有指令权,只能向设计单位提出一些合理化建议。这一点同样适用于非代理型CM模式。这也是CM模式与全过程工程项目管理的重要区别。

代理型CM模式中,CM单位通常是具有较丰富施工经验的专业CM单位或咨询单位。

2. 非代理型CM(CM/non-agency)

非代理型CM模式又称为风险型CM模式(at-risk CM),在英国则称为管理承包(management contracting)。采用非代理型CM模式时,业主一般不与施工单位签订工程施工合同,但也可能在某些情况下,对某些专业性很强的工程内容和工程专用材料、设备,业主与少数施工单位和材料、设备供应单位签订合同。业主与CM单位所签订的合同既包括CM服务内容,也包括工程施工承包内容;而CM单位与施工单位和材料、设备供应单位签订合同。

采用非代理型CM模式时,业主对工程费用不能直接控制,因而在这方面存在很大风险。为了促使CM单位加强费用控制,业主往往要求在CM合同中预先确定一个具体数额的保证最大价格(guaranteed maximum price,GMP),GMP 包括总的工程费用和 CM 费。而且在合同条款中通常规定,如果实际工程费用加 CM 费超过 GMP,超出部分应由 CM 单位承担;反之,节余部分归业主所有。为提高 CM 单位控制工程费用的积极性,也可在合同中约定,节余部分由业主与 CM 单位按一定比例分成。

不难理解,如果 GMP 数额过高,就失去了控制工程费用的意义,业主所承担的风险增大;反之,GMP 数额过低,则 CM 单位所承担的风险加大。因此,GMP 具体数额的确定就成为 CM 合同谈判的一个焦点和难点。确定一个合理的 GMP,一方面取决于 CM 单位的水平和经验,另一方面更主要的是取决于设计所达到的深度。因此,如果 CM 单位介入时间较早(如在方案设计阶段即介入),则可能在 CM 合同中暂不确定 GMP 具体数额,而是规定确定 GMP 的时间(不是从日历时间而是从设计进度和深度考虑)。但是,这样会大大增加 GMP 谈判的难度和复杂性。

非代理型 CM 模式中,CM 单位通常是由过去的总承包商演化而来的专业 CM 单位或总承包商。

(三)CM 模式适用情形

从 CM 模式特点来看,在以下几种情况下尤其能体现其优点:

(1)设计变更可能性较大的建设工程。某些建设工程,即使采用传统模式即等全部设计图纸完成后再进行施工招标,在施工过程中仍然会有较多的设计变更(不包括因设计本身缺陷引起的变更)。在这种情况下,传统模式利于工程造价控制的优点体现不出来,而 CM 模式则能充分发挥其缩短建设周期的优点。

(2)时间因素最为重要的建设工程。尽管建设工程的质量、造价、进度三者是一个目标系统,三大目标之间存在对立统一关系。但是,某些建设工程的进度目标可能是第一位的,如生产某些急于占领市场的产品的建设工程。如果采用传统模式组织实施,建设周期太长,虽然总投资可能较低,但可能因此而失去市场,导致投资效益降低乃至很差。

(3)因总的范围和规模不确定而无法准确确定造价的建设工程。这种情况表明业主的前期项目策划工作做得不好,如果等到建设工程总的范围和规模确定后再组织实施,持续时间太长。因此,可采取确定一部分工程内容即进行相应的施工招标,从而选定施工单位开始施工。但是,由于建设工程总体策划存在缺陷,因而应用 CM 模式的局部效果可能较好,而总体效果可能不理想。

值得注意的是,不论哪一种情形,应用 CM 模式都需要有具备丰富施工经验的高水平 CM 单位,这是应用 CM 模式的关键和前提条件。

二、Partnering 模式

Partnering 模式于 20 世纪 80 年代中期首先在美国出现,到 20 世纪 90 年代中后期,其应用范围逐步扩大到英国、澳大利亚、新加坡等国家和中国香港特别行政区,近年来日益受到工程管理界的重视。

Partnering 一词看似简单,但要准确地译成中文却比较困难。我国将其译为伙伴关系。

Partnering 模式意味着业主与建设工程参与各方在相互信任、资源共享的基础上达成一种短期或长期的协议;在充分考虑参与各方利益的基础上确定建设工程共同的目标;建立工作小组,及时沟通以避免争议和诉讼的产生,相互合作、共同解决建设工程实施过程中出现的问题,共同分担工程风险和有关费用,以保证参与各方目标和利益的实现。

(一) Partnering 模式主要特征

1. 出于自愿

Partnering 协议并不仅仅是建设单位与承包单位双方之间的协议,而且需要工程项目参建各方共同签署,包括建设单位、总承包单位、主要的分包单位、设计单位、咨询单位、主要的材料设备供应单位等。参与 Partnering 模式的有关各方必须是完全自愿,而非出于任何原因的强迫。Partnering 模式的参与各方要充分认识到,这种模式的出发点是实现建设工程的共同目标以使参与各方都能获益,只有在认识上达到统一,才能在行动上采取合作和信任的态度,才能愿意共同承担风险和有关费用,共同解决问题和争议。

2. 高层管理者参与

Partnering 模式的实施需要突破传统的观念和组织界限,因而工程项目参建各方高层管理者参与以及在高层管理者之间达成共识,对于该模式的顺利实施是非常重要的。由于 Partnering 模式需要参与各方共同组成工作小组,要分担风险、共享资源,因此,高层管理者的认同、支持和决策是关键因素。

3. Partnering 协议不是法律意义上的合同

Partnering 协议与工程合同是两个完全不同的文件。在工程合同签订后,工程参建各方经过讨论协商后才会签署 Partnering 协议。该协议并不改变参与各方在有关合同中规定的权利和义务。Partnering 协议主要用来确定参建各方在工程建设过程中的共同目标、任务分工和行为规范,是工作小组的纲领性文件。当然,该协议的内容也不是一成不变的,当有新的参与者加入时,或某些参与者对协议的某些内容有意见时,都可以召开会议经过讨论对协议内容进行修改。

4. 信息开放性

Partnering 模式强调资源共享,信息作为一种重要的资源,对于参与各方必须公开。同时,参与各方要保持及时、经常和开诚布公的沟通,在相互信任的基础上,要保证工程质量、造价、进度等方面的信息能为参与各方及时、便利地获取。这不仅能保证建设工程目标得到有效控制,而且能减少许多重复性工作,降低成本。

(二) Partnering 模式与其他模式的比较

Partnering 模式与工程建设其他组织实施模式的比较见表 10-1。

表 10-1 Partnering 模式与其他模式比较

	其他模式	Partnering 模式
目标	业主与施工单位均有三大目标,但除了质量方面双方目标一致外,在费用和进度方面双方目标可能矛盾	将建设工程参与各方的目标融为一个整体,考虑业主和参与各方利益的同时要满足甚至超越业主的预定目标,着眼于不断地提高和改进
期限	合同规定的期限	可以是一个建设工程的一次性合作,也可以是多个建设工程的长期合作
信任性	信任是建立在对完成建设工程能力的基础上,因而每个建设工程均需组织招标(包括资格预审)	信任是建立在共同的目标、不隐瞒任何事实以及相互承诺的基础上,长期合作则不再招标
回报	根据建设工程完成情况的好坏,施工单位有时可能得到一定的奖金(如提前工期奖、优质工程奖)或再接到新的工程	认为建设工程产生的结果很自然地已被彼此共享,各自都实现了自身的价值;有时可能就建设工程实施过程中产生的额外收益进行分配
合同	传统的具有法律效力的合同	传统的具有法律效力的合同加非合同性的 Partnering 协议
相互关系	强调各方的权利、义务和利益,在微观利益上相互对立	强调共同的目标和利益,强调合作精神,共同解决问题
争议与索赔	次数多、数额大,常常导致仲裁或诉讼	较少出现甚至完全避免

(三)Partnering 模式组成要素

成功运作 Partnering 模式所不可缺少的元素包括以下几方面:

1. 长期协议

虽然 Partnering 模式也经常用于单个工程项目,但从各国实践情况看,在多个工程项目上持续运用 Partnering 模式可以取得更好效果,这也是 Partnering 模式的发展方向。通过与业主达成长期协议、进行长期合作,承包单位能够更加准确地了解业主需求,同时能保证承包单位不断地获取工程任务,从而使承包单位将主要精力放在工程项目的具体实施上,充分发挥其积极性和创造性。这样既有利于对工程项目质量、造价、进度的控制,同时也降低了承包单位的经营成本。对业主而言,一般只有通过与某一承包单位的成功合作,才会与其达成长期协议,这样不仅使业主避免了在选择承包单位方面的风险,而且可以大大降低"交易成本",缩短建设周期,取得更好的投资效益。

2. 共享

工程参建各方共享有形资源(如人力、机械设备等)和无形资源(如信息、知识等)、共享工程项目实施所产生的有形效益(如费用降低、质量提高等)和无形效益(如避免争议和诉讼的产生、工作积极性提高、承包单位社会信誉提高等),同时,工程项目参建各方共同分担工程的风险和采用 Partnering 模式所产生的相应费用。

在 Partnering 模式中,信息应在工程参建各方之间及时、准确而有效地传递、转换,才能保证及时处理和解决已经出现的争议和问题,提高整个建设工程组织的工作效率。为此,需将传统的信息传递模式转变为基于电子信息网络的信息传递模式,如图 10-1 所示。

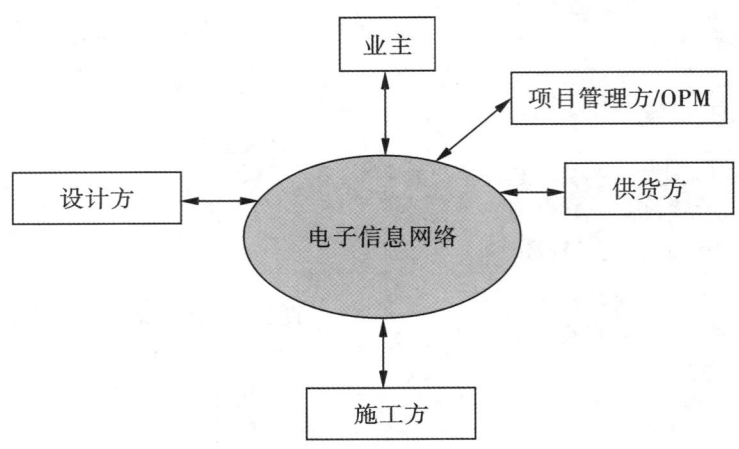

图 10-1 基于电子信息网络的信息传递模式

3. 信任

相互信任是确定工程项目参建各方共同目标和建立良好合作关系的前提,是 Partnering 模式的基础和关键。只有对工程参建各方的目标和风险进行分析和沟通,并建立良好的关系,彼此间才能更好地理解;只有相互理解,才能产生信任,而只有相互信任,才能产生整体性效果。Partnering 模式所达成的长期协议本身就是相互信任的结果,其中每一方的承诺都是基于对其他参建方的信任。只有相互信任,才能将建设工程其他承包模式中常见的参建各方之间相互对立的关系转化为相互合作关系,才能够实现参建各方的资源和效益共享。

4. 共同目标

在一个确定的建设工程中,参建各方都有其各自不同的目标和利益,在某些方面甚至还有矛盾和冲突。尽管如此,工程参建各方之间还是有许多共同利益的。例如,通过工程设计单位、施工单位、业主三方的配合,可以降低工程风险,对参建各方均有利;还可以提高工程的使用功能和使用价值,这样不仅提高了业主的投资效益,而且也提高了设计单位和施工单位的社会声誉。因此,采用 Partnering 模式要使工程参建各方充分认识到,只有建设工程实施结果本身是成功的,才能实现他们各自的目标和利益,从而取得双赢或多赢的结果。为此,就需要通过分析、讨论、协调、沟通,针对特定建设工程确定参与各方共同的目标,在充分考虑参与各方利益的基础上努力实现这些共同的目标。

5. 合作

工程参建各方要有合作精神,并在相互之间建立良好的合作关系。但这只是基本原则,要做到这一点,还需要有组织保证。Partnering 模式需要突破传统的组织界限,建立一个由工程参建各方人员共同组成的工作小组。同时,要明确各方的职责,建立相互之间的信息流程和指令关系,并建立一套规范的操作程序。该工作小组围绕共同的目标展开工作,在工作过程中鼓励创新、合作的精神,对所遇到的问题要以合作的态度公开交流,协商解决,力求寻找一个使工程参建各方均满意或均能接受的解决方案。工程参建各方之间这种良好的合作关系创造出和谐、愉快的工作氛围,不仅可以大大减少争议和矛盾的产生,而且可以及时做出决策,大大提高工作效率,有利于共同目标的实现。

(四)Partnering 模式适用情况

Partnering 模式总是与建设工程组织管理模式中的某一种模式结合使用,较为常见的情况是与总分包模式、工程总承包模式、CM 模式结合使用。这表明,Partnering 模式并不能作为一种独立存在的模式。从 Partnering 模式的实践情况看,并不存在什么适用范围的限制。但是,Partnering 模式的特点决定了其特别适用于以下几类建设工程:

1. 业主长期有投资活动的建设工程

比较典型的有大型房地产开发项目、商业连锁建设工程、代表政府进行基础设施建设投资的业主的建设工程等。由于长期有连续的建设工程作保证,业主与承包单位等工程参建各方的长期合作就有了基础,有利于增加业主与工程参建各方之间的了解和信任,从而可以签订长期的 Partnering 协议,取得比在单个建设工程中运用 Partnering 模式更好的效果。

2. 不宜采用公开招标或邀请招标的建设工程

例如军事工程、涉及国家安全或机密的工程、工期特别紧迫的工程等。在这些建设工程中,相对而言,投资一般不是主要目标,业主与承包单位较易形成共同的目标和良好的合作关系。而且,虽然没有连续的建设工程,但良好的合作关系可以保持下去,在今后新的建设工程中仍然可以再度合作。这表明,即使对于短期内一个确定的建设工程,也可以签订具有长期效力的协议(包括在新的建设工程中套用原来的 Partnering 协议)。

3. 复杂的不确定因素较多的建设工程

如果建设工程的组成、技术、参建单位复杂,尤其是技术复杂、施工的不确定因素多,在采用一般模式时,往往会产生较多的合同争议和索赔,容易导致业主与承包单位产生对立情绪,相互之间的关系紧张,影响整个建设工程目标的实现,其结果可能是两败俱伤。在这类建设工程中采用 Partnering 模式,可以充分发挥其优点,能协调工程参建各方之间的关系,有效避免和减少合同争议,避免仲裁或诉讼,较好地解决索赔问题,从而更好地实现工程参建各方共同的目标。

4. 国际金融组织贷款的建设工程

按贷款机构的要求,这类建设工程一般应采用国际公开招标(或称国际竞争性招标),常常有外国承包商参与,合同争议和索赔经常发生而且数额较大。同时,一些国际著名的承包商往往有 Partnering 模式的实践经验,至少对这种模式有所了解。因此,在这类建设工程中采用 Partnering 模式,容易为外国承包商所接受并较为顺利地运作,从而可以有效地防范和处理合同争议和索赔,避免仲裁或诉讼,较好地控制建设工程目标。当然,在这类建设工程中,一般是针对特定建设工程签订 Partnering 协议而不是签订长期的 Partnering 协议。

三、Project Controlling 模式

Project Controlling 模式于 20 世纪 90 年代中期在德国首次出现并形成相应理论。Project Controlling 可理解为"项目总控",但这里仍采用英文原文。

(一) Project Controlling 模式产生背景

Project Controlling 模式是适应大型建设工程业主高层管理人员决策需要而产生的。在大型建设工程的实施中,即使业主委托了工程咨询单位进行全过程、全方位的项目管理,但重大问题仍需业主自己决策。例如,当进度目标与造价目标发生矛盾时或质量目标与造价目标发生矛盾时,要做出正确的决策对业主来说是相当困难的。另一方面,某些大型和特大型建设工程(如我国长江三峡工程、德国统一铁路改造工程等)往往由多个颇具规模和复杂性的单项工程和单位工程组成,业主通常是委托多个各具专业优势的工程项目管理咨询单位分别对不同的单项工程和单位工程进行项目管理,而不可能仅仅委托一家工程项目管理咨询单位对整个建设工程进行全面的项目管理。在这种情况下,如果不同的单项工程之间出现矛盾,业主是很难做出正确决策的。

要做出正确决策,必须具备一定的前提:首先,要有准确、详细的信息,使业主对工程实施情况有一个正确、清晰而全面的了解;其次,要对工程实施情况和有关矛盾及其原因有正确、客观的分析(包括偏差分析);最后,要有多个经过技术经济分析和比较的决策方案供业主选择。而常规的工程项目管理往往难以满足业主决策的这些要求。

Project Controlling 方实质上是建设工程业主的决策支持机构,其日常工作就是及时、准确地收集建设工程实施过程中产生的与建设工程目标有关的各种信息,并科学地对其进行分析和处理,最后将处理结果以多种不同的书面报告形式提供给业主管理人员,以使业主能够及时地做出正确决策。

Project Controlling 模式的出现反映了工程项目管理专业化发展的一种新趋势,即专业分工的细化。工程项目管理咨询服务既可以是全过程、全方位的服务,也可以仅仅是某一阶段(如设计阶段或施工阶段)的服务或仅仅是某一方面(如质量控制或投资控制)的服务;既可以是建设工程实施过程中的实务性服务或综合管理服务,也可以仅仅是为业主提供决策支持服务。这样,不仅可以更好地适应业主的不同要求,而且有利于工程项目管理咨询单位发挥各自的特长和优势,有利于在工程项目管理咨询服务市场形成有序竞争的局面。

(二) Project Controlling 模式种类

根据建设工程的特点和业主方组织结构的具体情况,Project Controlling 模式可分为单平面 Project Controlling 和多平面 Project Controlling 两种类型。

1. 单平面 Project Controlling 模式

当业主只有一个管理平面(指独立的功能齐全的管理机构),一般只设置 1 个 Project Controlling 机构,称为单平面 Project Controlling 模式。单平面 Project Controlling 模式的组织关系简单,Project Controlling 方的任务明确,仅向项目总负责人(泛指与项目总负责人所对应的管理机构)提供决策支持服务。为此,Project Controlling 方首先要协调和确定整个项目的信息组织,并确定项目总负责人对信息的需求。在项目实施过程中,收集、分析

和处理信息,并将信息处理结果提供给项目总负责人,以使其掌握项目总体进展情况和趋势,并做出正确决策。

2. 多平面 Project Controlling 模式

当项目规模大到业主必须设置多个管理平面时,Project Controlling 方可以设置多个平面与之对应,这就是多平面 Project Controlling 模式,如图 10-2 所示。

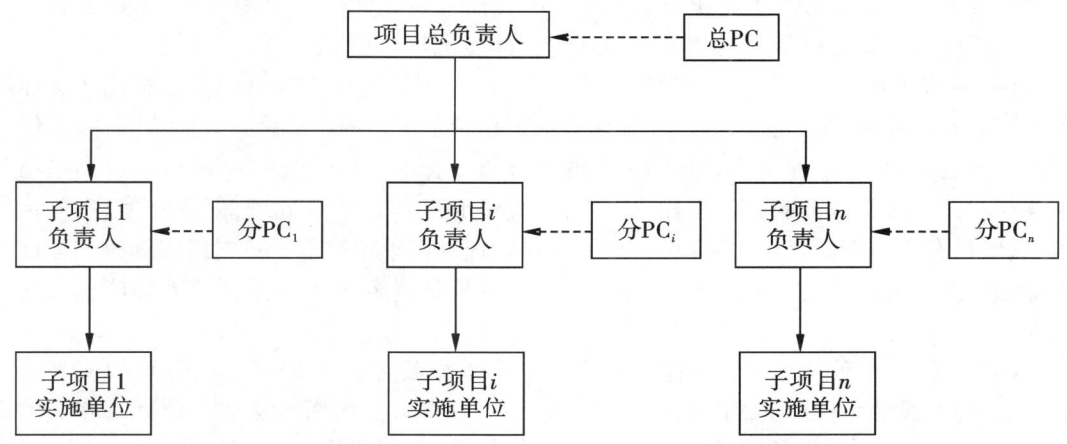

图 10-2　多平面 Project Controlling 模式的组织结构

多平面 Project Controlling 模式的组织关系较为复杂,Project Controlling 方的组织需要采用集中控制和分散控制相结合的形式,即针对业主项目总负责人(或总管理平面)设置总 Project Controlling 机构,同时针对业主各子项目负责人(或子项目管理平面)设置相应的分 Project Controlling 机构。这表明,Project Controlling 方的组织结构与业主项目管理的组织结构有明显的一致性和对应关系。在多平面 Project Controlling 模式中,总 Project Controlling 机构对外服务于业主项目总负责人,对内则确定整个项目的信息规则,指导、规范并检查分 Project Controlling 机构的工作,同时还承担了信息集中处理者的角色。而分 Project Controlling 机构则服务于业主各子项目负责人,且必须按照总 Project Controlling 机构所确定的信息规则进行信息处理。

(三) Project Controlling 与工程项目管理服务的比较

Project Controlling 与工程项目管理服务具有一些相同点,主要表现在:一是工作属性相同,即都属于工程咨询服务;二是控制目标相同,即都是控制建设工程质量、造价、进度三大目标;三是控制原理相同,即都是采用动态控制、主动控制与被动控制相结合并尽可能采用主动控制。

Project Controlling 与工程项目管理服务的不同之处主要表现在以下几方面:

(1) 两者地位不同。工程项目管理咨询单位是在业主或业主代表的直接领导下,具体负责工程项目建设过程的管理工作,业主或业主代表可在合同规定的范围内向工程项目管理咨询单位在该项目上的具体工作人员下达指令;而 Project Controlling 咨询单位直接向业主的决策层负责,相当于业主决策层的智囊,为其提供决策支持,业主不向 Project

Controlling 咨询单位在该项目上的具体工作人员下达指令。

（2）两者服务时间不尽相同。工程项目管理咨询单位可以为业主仅仅提供施工阶段的服务，也可以为业主提供实施阶段全过程乃至工程建设全过程的服务，其中以实施阶段全过程服务在国际上最为普遍；而 Project Controlling 咨询单位一般不为业主仅仅提供施工阶段的服务，而是为业主提供实施阶段全过程和工程建设全过程的服务，甚至还可能提供项目策划阶段的服务。由于 Project Controlling 模式在国际上的应用尚不普遍，已有的项目实践尚不具有统计学上的意义，因而还很难说以哪一种情况为主。

（3）两者工作内容不同。工程项目管理咨询单位围绕建设工程目标控制有许多具体工作，例如，设计和施工文件的审查，分部分项工程乃至工序的质量检查和验收，各施工单位施工进度的协调，工程结算和索赔报告的审查与签署等；而 Project Controlling 咨询单位不参与建设工程具体的实施过程和管理工作，其核心工作是信息处理，即收集信息、分析信息、出具有关的书面报告。可以说，工程项目管理咨询单位侧重于负责组织和管理建设工程物质流的活动，而 Project Controlling 咨询单位只负责组织和管理建设工程信息流的活动。

（4）两者权力不同。由于工程项目管理咨询单位具体负责工程建设过程的管理工作，直接面对设计单位、施工单位以及材料和设备供应单位，因而对这些单位具有相应的权力，如下达开工令、暂停施工令、工程变更令等指令权，对已实施工程的验收权、对工程结算和索赔报告的审核与签署权，对分包商的审批权等；而 Project Controlling 咨询单位不直接面对这些单位，对这些单位没有任何指令权和其他管理方面的权力。

（四）应用 Project Controlling 模式需注意的问题

（1）Project Controlling 模式一般适用于大型和特大型建设工程。因为在这些工程中，即使委托多个工程项目管理咨询单位分别进行全过程、全方位的项目管理，业主仍然有数量众多、内容复杂的项目管理工作，往往涉及重大问题的决策，业主自己没有把握做出正确决策，而一般的工程项目管理咨询单位也不能提供这方面服务，因而业主迫切需要高水平的 Project Controlling 咨询单位为其提供决策支持服务。而对于中小型建设工程来说，常规工程项目管理服务已能够满足业主需求，不必采用 Project Controlling 模式。

（2）Project Controlling 模式不能作为一种独立存在的模式。在这一点上，Project Controlling 模式与 Partnering 模式有共同之处。但是，Project Controlling 模式与 Partnering 模式仍有明显的区别。由于 Project Controlling 模式一般适用于大型和特大型建设工程，而在这些建设工程中往往同时采用多种不同的组织管理模式，这表明，Project Controlling 模式往往是与建设工程组织管理模式中的多种模式同时并存，且对其他模式没有任何"选择性"和"排他性"。另外，采用 Project Controlling 模式时，仅在业主与 Project Controlling 咨询单位之间签订有关协议，该协议不涉及建设工程其他参与方。

（3）Project Controlling 模式不能取代工程项目管理服务。Project Controlling 与工程项目管理服务都是业主所需要的，在同一个建设工程中，两者是同时并存的，不存在相互替代、孰优孰劣的问题，也不存在领导与被领导的关系。实际上，应用 Project Controlling 模式能否取得预期效果，在很大程度上取决于业主是否得到高水平的工程项目管理服务。不难理解，在特定建设工程中，工程项目管理咨询单位的水平越高，业主自己项目管理的

工作就越少,面对的决策压力就越小,从而使 Project Controlling 咨询单位的工作较为简单,效果就较好。尤其要注意的是,不能因为有了 Project Controlling 咨询单位的信息处理工作,而淡化或弱化工程项目管理咨询单位常规的信息管理工作。

(4) Project Controlling 咨询单位需要工程参建各方的配合。Project Controlling 咨询单位的工作与工程参建各方有非常密切的联系。信息是 Project Controlling 咨询单位的工作对象和基础,而建设工程的各种有关信息都来源于工程参建各方;另外,为了能向业主决策层提供有效的、高水平的决策支持,必须保证信息的及时性、准确性和全面性。由此可见,如果没有工程参建各方的积极配合,Project Controlling 模式就难以取得预期效果。需要特别强调的是,在这一点上,所谓工程参建各方也包括工程项目管理咨询单位或工程监理单位。而且,由于工程项目管理咨询单位直接面对工程其他参建方,因而其与 Project Controlling 咨询单位的配合显得尤为重要。

思考题

1. FIDIC 规定的咨询工程师道德准则有哪些?
2. 工程咨询公司的服务对象和内容有哪些?
3. 咨询工程师的素质有哪些要求?

参考文献

[1] 中国建设监理协会. 建设工程监理概论[M]. 4版. 北京:中国建筑工业出版社,2014.
[2] 刘伊生. 建设工程项目管理理论与实务[M]. 北京:中国建筑工业出版社,2018.
[3] 中国建设监理协会. 建设工程监理概论[M]. 北京:知识产权出版社,2009.
[4] 刘桦. 建设工程监理概论[M]. 北京:化学工业出版社,2008.
[5] 全国注册咨询工程师(投资)资格考试参考教材编写委员会. 工程项目组织与管理 2012年版[M]. 北京:中国计划出版社,2011.
[6] 项目管理学会. 项目管理知识体系指南(PMBOK指南)[M]. 6版. 北京:电子工业出版社,2018.